青贮玉米
提质增效关键技术及病虫害防治

杨克泽　汪亮芳　主编

中国农业科学技术出版社

图书在版编目（CIP）数据

青贮玉米提质增效关键技术及病虫害防治 / 杨克泽，汪亮芳主编. --北京：中国农业科学技术出版社，2024.9. --ISBN 978-7-5116-7082-3

Ⅰ.S513

中国国家版本馆 CIP 数据核字第 2024J8P726 号

责任编辑	于建慧
责任校对	李向荣
责任印制	姜义伟 王思文

出 版 者	中国农业科学技术出版社
	北京市中关村南大街 12 号　邮编：100081
电　　话	（010）82109708（编辑室）　　（010）82106624（发行部）
	（010）82109709（读者服务部）
网　　址	https://castp.caas.cn
经 销 者	各地新华书店
印 刷 者	北京中科印刷有限公司
开　　本	148 mm×210 mm　1/32
印　　张	9.625
字　　数	231 千字
版　　次	2024 年 9 月第 1 版　2024 年 9 月第 1 次印刷
定　　价	50.00 元

◀━━ 版权所有·翻印必究 ━━▶

《青贮玉米提质增效关键技术及病虫害防治》编委会

主 编　杨克泽　汪亮芳

编 委　（按姓氏笔画排序）

马金慧　王士军　任宝仓　刘　强

李　钰　李文学　杨小龙　吴之涛

徐志鹏　常　浩　谢涛生　魏玉杰

作者简介

杨克泽，女，汉族，1984年生，中共党员，甘肃会宁人，农学硕士，高级农艺师，现任甘肃省农业工程技术研究院植物保护研究所所长，2021年入选"陇原青年英才"，2022年入选中国科学院"西部青年学者"，2021年和2023年分别获得甘肃省科学技术厅"优秀共产党员"荣誉称号。作为主要完成人，完成的项目获全国农牧渔业丰收奖三等奖、甘肃省农牧渔业丰收奖三等奖；撰写的论文被评为"第九届全国种子病理学会学术研讨会"优秀论文一等奖。现主持中国科学院西部之光"西部青年学者"项目1项、甘肃省科技计划乡村振兴专题"制种玉米重大病虫害绿色防控技术研究与示范"1项、武威市重点研发农业类项目1项；作为技术骨干参与在研项目3项，授权国家发明专利1项、实用新型专利7项，在国家核心期刊等发表玉米病虫害相关论文40余篇。

汪亮芳，女，汉族，1994年生，甘肃武山人，农学硕士，助理研究员，2020年毕业于四川农业大学水稻研究所植物病理学专业，同年参加工作，就职于甘肃省农业工程技术研究院，主要从事玉米病虫害绿色防控技术的研究工作，现主持甘肃省青年基金项目1项，参与省（市）级项目5项，发表论文5篇。

前　言

玉米（*Zea mays* L.）是我国主要的粮食作物之一，同时也作为工业原料和饲料在国民经济中扮演着关键角色。2023年中央"一号文件"强调要发展青贮饲料。青贮玉米作为重要的青贮饲料，其现代化产业的发展对于推进畜牧业的高质量发展起着至关重要的作用，是响应国家规划和乡村振兴发展需求的具体实践。我国实施"粮改饲"试点计划以来，青贮玉米推广种植速度显著提升，种植面积逐年增加，2014年达625万亩，2019年达1 500万亩，2022年达4 220万亩，与此同时，禁牧区域的扩大也为青贮玉米市场带来广阔前景。目前，我国青贮玉米品种在品质方面已经显著提升至发达国家水平，春播青贮玉米产量略高于发达国家，但在种植规模上，我国与发达国家之间还是存在较大的差距。

我国青贮玉米迅速发展过程中也面临诸多问题，主要包括优质高产品种选育、栽培措施、不同生态区域品种筛选、田间管理、病虫害预防控制青贮技术和全程机械化技术等方面。

目前，根据用途可以将青贮玉米分为粮饲通用型、青贮专用型和饲草型3种，科学评价青贮玉米需要综合考虑果穗、籽粒及秸秆的产量和品质。青贮玉米实现高产首先要选择适宜的优质品种，其次要协调好各关键生长因子间的关系和作用，还要得到科技创新技术的支持，减少成本，提高经济效益。全产业链发展过程中每个环节都影响该产业的高质量发展。

我国学者就青贮玉米进行了大量研究，取得了一系列的重要进展，笔者及团队成员近十年就青贮玉米全产业链存在的一些关键技术问题进行了研究，结合国内最新研究进展和本团队工作成果，分别对我国青贮玉米育种、品种适应性、栽培技术、病虫害绿色防控、玉米种子带菌、机械化水平和青贮技术等方面进行总结，并对我国青贮玉米发展面临的疑难问题进行了分析，提出了对策，为我国青贮玉米产业高质量发展提供参考。

本书共分 10 个章节，其中，第一章至第六章主要由杨克泽撰写，共计 13 万余字，第七章至第十章主要由汪亮芳撰写，共计 10 万余字。本书还得到了项目团队成员马金慧、任宝仓、李文学、李钰、吴之涛、杨小龙、徐志鹏、常浩和魏玉杰等同志的帮助和支持，也得到了王士军、魏玉杰和刘强等同志的指导，在这里一并表示诚挚的感谢！不足之处，希望广大读者予以批评指正。

编　者

2024 年 7 月

目 录

第一章 概 述 ·· 1
  第一节 青贮玉米的概念 ·· 1
  第二节 青贮玉米的特点 ·· 2
  第三节 青贮玉米全产业链提质增效技术研究现状 ················ 3
  第四节 发展青贮玉米的重要性 ·· 7
  参考文献 ··· 9

第二章 栽培技术对青贮玉米生长及产量的影响 ················ 10
  第一节 播期的影响 ·· 11
  第二节 种植密度的影响 ·· 12
  第三节 施肥的影响 ·· 13
  第四节 种植模式的影响 ·· 14
  第五节 覆膜的影响 ·· 15
  第六节 收获的影响 ·· 16
  参考文献 ··· 17

第三章 品种选育和品种适应性 ·· 19
  第一节 我国青贮玉米育种现状 ·· 19
  第二节 我国青贮玉米品种适应性研究现状 ······················ 20

第三节 主要国审青贮玉米品种 ………………………… 22

第四节 主要甘审青贮玉米品种 ………………………… 36

参考文献 ……………………………………………………… 42

第四章 青贮玉米青贮技术与品质 ………………………… 43

第一节 青贮技术研究概况 ……………………………… 43

第二节 青贮发酵原理 …………………………………… 44

第三节 青贮发酵过程 …………………………………… 45

第四节 青贮玉米的品质 ………………………………… 47

参考文献 ……………………………………………………… 59

第五章 青贮玉米栽培技术 ………………………………… 61

第一节 选地与土壤处理 ………………………………… 61

第二节 品种选择与种子处理 …………………………… 66

第三节 播种 ……………………………………………… 70

第四节 田间管理 ………………………………………… 72

第五节 田间监测与记录 ………………………………… 76

第六节 收获 ……………………………………………… 85

参考文献 ……………………………………………………… 87

第六章 玉米种子携带病原菌研究及防治 ………………… 89

第一节 玉米种子带菌引起的主要病害 ………………… 89

第二节 玉米种带真菌主要类群 ………………………… 93

第三节 玉米种带细菌主要类群 ………………………… 95

第四节 玉米种子带菌检测方法 ………………………… 95

第五节 防治对策及建议 ………………………………… 98

第六节 小结与展望 ……………………………………… 100

参考文献 …………………………………………………………101

第七章 青贮玉米主要病害识别及防治 …………………………102
第一节　绪论 ……………………………………………………102
第二节　非侵染性病害识别与防治 ……………………………103
第三节　真菌性病害识别及防治 ………………………………112
第四节　细菌性病害识别及防治 ………………………………152
第五节　病毒性病害识别及防治 ………………………………157
参考文献 …………………………………………………………162

第八章 青贮玉米主要害虫识别及防治 …………………………164
第一节　地下害虫识别及防治 …………………………………164
第二节　钻蛀害虫识别及防治 …………………………………171
第三节　刺吸害虫识别及防治 …………………………………175
第四节　锉吸害虫识别及防治 …………………………………177
第五节　食叶害虫识别及防治 …………………………………179
第六节　病虫害绿色防控策略与措施 …………………………183
参考文献 …………………………………………………………186

第九章 青贮玉米疑难问题原因分析及防治 ……………………188
第一节　大小穗、空秆形成原因及防治 ………………………188
第二节　弯头形成原因及防治 …………………………………192
第三节　多穗形成原因及防治 …………………………………196
第四节　秃尖缺粒形成原因及防治 ……………………………199
参考文献 …………………………………………………………201

第十章 青贮玉米病虫害绿色防控 ………………………………204
第一节　病虫害发生的影响因素 ………………………………204

第二节　青贮玉米病虫害综合防治 …………………………………211
第三节　种子包衣防治技术 …………………………………………226
第四节　药剂拌种防治技术 …………………………………………231
第五节　硅肥与18%吡唑醚菌酯SC混喷防治技术 …………………240
第六节　可溶性硅和杀菌剂混施防治技术 …………………………250
第七节　杀菌剂对玉米穗腐病的毒力测定及田间药效试验 …263
参考文献 …………………………………………………………………276

附录 ……………………………………………………………………285

第一章

概　述

第一节　青贮玉米的概念

青贮玉米，又称粮兼饲玉米、饲料玉米。关于青贮玉米的概念，目前存在两种说法。一种指在青贮玉米成熟期，先收获玉米果穗，然后再收获玉米的茎秆和叶片，只对玉米的茎叶进行切碎加工，装入密闭的青贮窖中贮藏发酵而调制成青贮饲料，冬季新鲜饲料短缺时可供家畜食用，叫作秸秆青贮。另一种认为青贮玉米是指在适宜的青贮收获期，收获连同玉米果穗、茎秆和叶片等整株的新鲜玉米，然后经过切碎加工，装填到密闭的青贮容器中进行贮藏，经过微生物发酵，调制成柔软多汁的青贮饲料，饲喂牛羊等草食牲畜，叫作全株青贮，这种认识与国际上基本一致，这种全株青贮的方法是全球生产奶肉等副食产品主要的饲料来源之一。受到现有粮食生产政策的制约，我国全株青饲玉米的数量非常有限，主要还是以收获籽粒玉米品种为主。

青贮玉米饲料具有柔软多汁、气味芳香、营养丰富、口感良好、消化率高和耐贮藏等优点，并且发酵后的青贮玉米饲料所占空间小，适合长时间贮藏，并且全年都能提供均衡的供应，成为满足奶牛、肉牛、肉羊等冬季青粗饲料需求的最佳选择。青贮玉米鲜样中含粗蛋白能达到3%以上，并且还富含糖类。研究表明，用玉米青贮饲料喂养奶牛，可以使每头奶牛一年的鲜奶产量增加500～600kg，同时还能减少1/5的精饲料消耗。

相对于普通玉米而言，青贮玉米需要综合考虑果穗、籽粒及秸秆的产量和品质。2021年修订的国家级玉米品种审定标准规定，收获时参试青贮玉米品种生物产量（干重）应较青贮玉米对照品种平均增产≥3%，每年区域试验增产试验点率≥50%；参试青贮玉米品种的生育期要与对照品种相当或不晚于对照；参试青贮玉米品种整株粗蛋白含量≥7%，中性洗涤纤维含量≤40%，淀粉含量≥30%。

第二节 青贮玉米的特点

一、营养丰富

青贮玉米保藏于密封厌氧条件，由于不受日晒雨淋，也没有机械损失，贮藏期间氧化分解作用较弱，养分损失小，因而青贮玉米饲料能够较好地保存原料的营养特性。青贮玉米饲料中含有多种维生素、粗脂肪、矿物质、粗纤维、蛋白质和糖类等营养物质，这些营养物质对于饲喂肉羊、肉牛、奶牛等草食牲畜具有重要的营养价值。

二、适口性好

青贮玉米饲料经过乳酸菌发酵后，会产生一定量的芳香族化合物和大量乳酸，柔嫩多汁，气味酸甜，适口性强，适合牛羊等草食性家畜。青贮玉米的茎秆经贮藏发酵后，粗老的茎秆软化，可提高青贮饲料的消化率，使其所含的营养成分更容易被消化和吸收，并且青贮玉米饲料能够刺激牲畜的食欲，可以提高奶牛的食欲和更高的产奶量。

三、便于保存

我国北方地区，冬季气候寒冷，一般大部分地区饲草无法生长，青绿饲料紧缺。青贮玉米饲料不受季节的限制，可平衡饲草生长季与枯草季的矛盾，四季均可供应，保存时间长，若管理得当可以贮藏几十年，大大延长了玉米秸秆的贮存利用时间，并且仍保持青绿饲料的水分多、维生素含量高、颜色青绿等优点，是冬春季饲料供应的不错选择。此外，由于青贮玉米饲料单位体积贮存量大，贮藏空间较干草小，贮存要求和设备也相对简单，大大降低了成本，节省了建仓所需的资金。

第三节 青贮玉米全产业链提质增效技术研究现状

一、国内外青贮玉米全产业链提质增效技术研究

青贮玉米是一种重要的饲料作物，其栽培技术对于提高畜牧业生产效益具有重要意义。近年来，国内外对青贮玉米全产业链提质增效技术不断深入研究，取得了一系列重要的研究成果。目前，国

内外对于青贮玉米全产业链提质增效技术的研究主要集中在以下方面。

1. 青贮玉米品种选育和改良

国内外科研人员针对青贮玉米的生物学特性和生长环境等积极开展了一系列品种选育和改良工作，通过杂交育种、基因编辑等手段，培育出高产、优质、适应性强的青贮玉米新品种。通过选育适宜不同生态种植区种植和青贮的优良品种，提高青贮玉米的产量和品质。

2. 青贮玉米栽培种植技术和加工工艺

主要包括土壤管理、种植密度、生长环境、优化施肥和灌溉技术等种植技术，以及青贮发酵和青贮加工工艺等方面。目前，青贮玉米栽培种植利用大量先进的智能化、自动化种植和收获设备，青贮玉米的种植技术不断改进，能够生产出品质更好的青贮玉米饲料，同时大大减少了人力，种植效率、产量和质量都得到了显著提升，加工利用方式也更加精细和高效。除传统的青贮饲料外，还发展出了青贮玉米汁、青贮玉米片等新型产品，进一步提高了青贮玉米的利用率和附加值，使其在市场上更具竞争力。

3. 青贮玉米病虫害防治技术的研究

通过引入优质抗病基因、减药增效和病虫害绿色防控等措施，保证了青贮玉米的安全生产，显著提高了青贮玉米的产量和品质。

4. 营养价值与评价

青贮玉米的营养价值丰富，包括淀粉、粗纤维、粗蛋白、矿物质等营养成分。国内外学者对青贮玉米的营养成分进行了深入研究，并建立了相应的评价体系。通过对比不同品种、不同种植条件下的青贮玉米营养价值，为畜牧业合理选择和使用青贮玉米提供了科学依据。

5. 应用普及与产业发展

近年来，青贮玉米的应用越来越普及，成为我国畜牧业发展的重要支撑。同时，随着畜牧业对饲料品质要求的提高，青贮玉米的市场需求也在不断增加。

总的来说，青贮玉米在国内外都受到了广泛的关注和研究。随着畜牧业的发展和饲料品质要求的提高，青贮玉米的研究和应用将会更加深入和广泛。未来，更多的创新成果和先进技术应用于青贮玉米的种植、加工和利用中，将为畜牧业的发展提供更有力的支撑。

然而，目前国内外青贮玉米栽培技术研究仍存在一些问题和挑战，需要进一步研究和解决。

二、青贮玉米全产业链提质增效关键技术要解决的问题

青贮玉米全产业链提质增效关键技术要解决的技术问题主要包括优质高产品种选育、栽培措施、不同生态区域品种筛选、田间管理、病虫害预防与控制以及机械化收获和青贮技术等，涉及农业生产的全过程，也涉及育种、栽培、植保和机械等多个专业。

青贮玉米全产业链提质增效关键技术的集成，首先要选育优质高产适应性好的品种，需要加强青贮玉米品种选育和改良工作，通过引进和培育适宜青贮的优良品种，提高青贮玉米的产量和品质。

除品种外，国内外青贮玉米栽培技术研究也需要进一步加强，需要深入研究青贮玉米栽培技术，包括土壤管理、肥料施用、种植密度、生长环境等方面，以提高青贮玉米的产量和质量，例如光照、水分、养分、温度也是影响作物生长和产量的重要因素。要实

现青贮玉米高产，需要调整关键生长因子的关系和作用。播种适宜的品种是高产的前提；不同的播种时间会导致青贮玉米的生长过程中温度、光照、水分和气体条件差异较大，种植密度会影响光能、养分的有效利用和植物的光合作用；不同种植区的光照和水分条件不同，不同品种对密度的耐受性也不同，因此适宜的种植密度能使玉米青贮在有限的生长条件下实现产量最大化，使其既充分利用光能和地力，又能实现高产；需要确定青贮玉米不同生长阶段补充水肥类型及其用量。此外，还需要加强青贮玉米病虫害防治技术研究，包括病虫害识别、病虫害防治药剂的选择和施用、病虫害绿色防控等问题。

除了上述生产过程中的问题，青贮玉米饲料的保存也是青贮玉米提质增效全产业链的一项重要内容，在古代，人们利用自然条件和简单的技术来保存饲料，例如将牧草或农作物秸秆堆放在地窖或洞穴中，通过自然发酵来保存其养分，但是这种方法的保存效果有限，且容易受到天气和环境的影响。随着青贮玉米种植面积逐渐扩大和青贮饲料需求加大，人们发现批量收获的青贮饲料如何贮藏成为一个难题，但如果直接在外面堆放，秸秆中营养物质容易流失，秸秆品质也会下降。青贮玉米的出现，为人们提供了一种更为理想的饲料来源。青贮玉米在生长过程中积累了大量的养分，通过青贮发酵加工可以将其保存下来，供牲畜在冬季或饲料短缺时期使用，不仅保持了秸秆中的营养物质，而且发酵后茎叶更加鲜嫩多汁、容易消化，还能增强饲料的适口性，提高青贮饲料的营养价值。但是发酵中如何如何控制水分、乳酸菌等条件来提高青贮饲料的品质也是青贮玉米全产业链的研究重点。

总之，青贮玉米全产业链提质增效关键技术主要就是解决青贮玉米从种到收整个过程中的栽培、种植、保存和利用等方面的问题。随着国家对饲料品质和环保要求的提高，青贮玉米的栽培和利用将会得到更加广泛的关注和应用。

第四节　发展青贮玉米的重要性

玉米作为"饲料之王"，是继小麦、水稻的第三大粮食作物。随着畜牧业的发展，玉米早已成为全世界重要的饲料、粮食和经济兼用性作物，尤其是奶牛饲养的常备饲料和肉牛育肥的强化饲料，对整个国民经济发展有着巨大的影响，青贮玉米是我国牧草产业的重要组成部分，发展青贮玉米是促进我国畜牧业高质量发展的重要举措。

2015年中央"一号文件"正式提出，深入推进农业结构调整，加快发展牧草业，支持青贮玉米和苜蓿等饲草料种植。2023年中央"一号文件"明确提出要发展青贮饲料。发展青贮玉米产业是促进我国现代畜牧业可持续发展的重要手段，是响应国家规划、适应农村经济发展需求、促进农村生态环境改善的重要动力。

我国启动实施"粮改饲试点"计划以来，青贮玉米推广种植面积逐年加大，加之禁牧区域的放大，青贮玉米市场前景十分广阔。青贮玉米品种产量和品质已达到发达国家水平，且青贮玉米春播区的产量较发达国家略高。2014年种植面积达625万亩，2019年达1 500万亩，2022年达4 220万亩，但仍与其他国家存在较大差距，欧洲国家青贮玉米种植面积约占玉米总面积的42%，我国青贮玉米种植面积仅占玉米种植总面积的6.5%。

目前，我国青贮玉米依据用途不同可分为青贮专用型玉米、粮饲通用型玉米、饲草型玉米3种，青贮专用型玉米是专用于青贮的饲料玉米，一般不作粮食用，其植株高大、茎秆粗壮多汁、叶片繁茂、适合在乳熟期至蜡熟期进行收割青贮，这类玉米具有较高的生物产量和优良的青贮品质，主要以植株地上绿色部分作为牲畜的饲料，是牛羊等草食家畜的优质饲料来源；粮饲通用型玉米既可作为普通籽粒玉米品种，也可作为青贮玉米品种，具有一定的籽粒产量，也含有较高的生物产量和青贮品质，通常在籽粒成熟收获后，其叶片仍然很繁茂，茎叶、秸秆等仍然保存青绿多汁，适合青贮；饲草型玉米是指收获地上整体生物量用作牧草而不一定具有果穗籽粒的新型饲用作物，它是将玉米植株中的部分或全部切碎制成干燥的饲料，主要用于家畜的冬季饲养因其纤维含量较高，粗蛋白质含量较低，因此非常适合作为畜牧饲料，加入动物饲料中具有增加产奶量和提高免疫力等作用。

种植高产量高品质的青贮玉米不仅可以给牛羊等草食动物提供丰富的营养物质，满足畜牧业发展需求，还可以改善农业生态环境，优化产业结构，对我国乡村振兴战略的实施提供科技支撑。我国青贮玉米方面的研究相对较多，取得了一系列的重要进展，主要集中在品种选育、品种适应性选择、栽培种植技术、病虫害防治、机械收获和青贮技术等方面。虽然新品种的选育和播种前的品种选择非常重要，但栽培技术的提升优化是青贮玉米丰产高产的关键。

总的来说，我国青贮玉米产业在栽培技术、生物产量、青贮品质、育种和贮藏发酵等方面都取得了显著进展。然而，我们也应该认识到，与发达国家相比，我国青贮玉米产业还存在一定的差距和不足。展望未来，我国青贮玉米产业拥有广阔的发展前景和巨大的市场潜力。随着国家对农业产业结构的持续优化和畜牧业高质量发展的需求，青贮玉米作为重要的饲料来源，将在未来发挥更加重要的作用。一方面，政府将继续加大对青贮玉米产业的扶持力度，通过政策引导、资金扶持等措施，鼓励农民种植青贮玉米，扩大种植面积，提高产量和品质。另一方面，政府还将加强青贮玉米产业的科技创新和人才培养，推动产业向智能化、绿色化、高效化方向发展。

参考文献

李素玲，刘虹，骈耀斌，等，2010. 优质青贮玉米杂交种强盛30号的选育研究［J］. 山西农业科学，38（6）：5-7.

鲁珊，肖荷霞，徐玉鹏，等，2019. 青贮玉米发展现状及高产高效栽培技术［J］. 作物研究，33（6）：590-591. DOI：10.16848/j.cnki.issn.1001-5280.2019.06.21.

钱寅森，武启迪，季中亚，等，2021. 我国青贮玉米生产与加工研究进展［J］. 江苏农业科学，49（23）：41-46. DOI：10.15889/j.issn.1002-1302.2021.23.007.

吴军，2004. 高油玉米秸秆青贮品质分析和营养价值评价［D］. 北京：中国农业大学.

袁金龙，2014. 青贮发酵过程与青贮饲料的特点［J］. 养殖技术顾问（2）：61.

第二章

栽培技术对青贮玉米生长及产量的影响

我国青贮玉米栽培技术方面的研究相对较多,主要集中在品种选择、栽培模式、种植密度、施肥以及播种期等方面。播种前的品种选择是青贮玉米丰产的关键,栽培技术提升是高产的基础,因此,应根据本地气象条件和青贮需求选择匹配生育期、抗病虫、抗倒伏、生物产量高和持绿性好的国审品种。合理选择播期、种植模式和密度等因素也是影响青贮玉米高产的重要因素,在青贮玉米生产过程中播种过早或过晚都会影响青贮玉米产量和质量。不同时期播种的玉米,其各项营养品质指标表现出不同的变化趋势,生育期日照时数和降水量是青贮玉米产量形成的关键。研究表明,青贮玉米适当早播可以获得较高的产量和较好的秸秆营养品质。选用耐密品种是提高青贮玉米生物产量的途径之一,合理密植才能获得高生物产量和品质;生育前期,密度对青贮玉米的株高影响较大,密度对单株重、鲜物质产量、干物质产量、茎干重、叶干重和果穗干重也具有极显著影响;合理施肥是影响青贮玉米产量的重要措施,施肥量、何时施肥和施肥方法等与青贮玉米的产量和品质有着密切的关系。不同种植模式对青贮玉米生物产量和品质都有显著影响，大量研究表明，覆膜种植能够明显提高饲用玉米产量，经济效益优于不覆膜种植；适时收获是青贮玉米栽培种植非常重要的环节，提前或延期收获都会影响饲草产量和品质，对青贮玉米高产栽培至关重要，因为收获期推迟会导致青贮玉米干物质含量、淀粉含量、酸性洗涤纤维和中性洗涤纤维含量显著增加，但粗蛋白含量会降低。

第一节　播期的影响

在青贮玉米生产过程中，播种过早或过晚都会影响青贮玉米产量和质量。大量研究表明，青贮玉米适当早播可以获得较高的产量和较好的秸秆营养品质。随着青贮玉米播期的延后，其光合速率逐渐降低，果穗变短变细，从而影响干物质累积，最终导致减产。在浑善达克沙地5月下旬至6月上旬播种青贮玉米可明显提高产量；海河平原区青贮玉米适宜播种期在6月5日左右；在大庆寒地，5月8—15日播种青贮玉米生物量及干物质最高。晚播对青贮玉米整株干物质量和品质都有较大影响，一般从5月上旬至6月中旬，每晚播种1d，干物质产量也会相应降低1%。李雯等（2021）研究表明，在冀西北坝上农牧交错区德美亚1号的适宜播期为5月7日。终霜日前7d，在青海省海南州和海北州海西州种植铁研53均能达到高产，在青海省东部农业区，终霜日前15d种植可获得高产，在该区乐都试验点终霜日时播种的铁研53淀粉含量为48.7%、蛋白质含量达6.82%、中性洗涤纤维含量为40.3%、酸性洗涤纤维含量为20.1%，品质最佳。郭傲等（2023）研究表明，在内蒙古东部中晚熟地区，随着青贮玉米播期的推后，其茎粗和株高均有增加的趋势，随生育进程加快，吐丝后日照时数、有效积温和降水量对青贮玉米品质形成影响较大，在5月1日左右播种北农青贮368等品种可使该地区青贮玉米达到优质高产的效果。综上所述，青贮玉米播种时期的不同对营养品质指标影响较大，生育期日照时数和降水量是青贮玉米产量形成的关键。青贮玉米春播一般在5~10cm土壤温度稳定在10℃时进行，温度适宜时，要抢墒早播，雨后提前覆膜保墒。夏播既要前茬作物充分成熟，也要考虑下茬作物适时播种，所以要找准时机，适时抢播。

第二节　种植密度的影响

选用耐密品种是提高青贮玉米生物产量的途径之一，合理密植才能获得高生物产量和品质。青贮玉米生长前期，密度对青贮玉米株高的影响较大，密度越大，株高越高。密度对单株重、鲜物质产量、干物质产量、茎干重、叶干重和果穗干重具有极显著影响。大量研究表明，生育后期密度对株高的影响不明显，但密度越大茎粗越小。随着密度增大的生物产量和籽粒产量均表现为先增后减，在山东临沂地区建议种植密度为70 000~75 000株/hm²，在冀西北地区适宜的种植密度为75 000~79 500株/hm²。刘晏斌等（2022）研究表明，在云南罗平海拔1 000~2 000m区域按90 000株/hm²种植青贮玉米比75 000株/hm²单株玉米品质有所下降，但能显著提高鲜草量、玉米籽粒量和干物质量，产牛奶量提高12.33%，增产效益明显。游永亮（2021）等研究表明，海河平原区青贮玉米种植密度为75 000~82 500株/hm²，为降低成本，减少倒伏风险，推荐种植密度为75 000株/hm²。青海各地区在种植铁研53时应将密度控制在75 000~82 500株/hm²产量及综合营养品质最佳，随着种植密度的增加，金刚青贮50和铁研53的总产草量以及总营养量呈上升趋势，且在75 000株/hm²时最高。在甘肃庆阳地区，东单13、科玉188和濮单6号适宜种植密度分别为75 000株/hm²、67 500株/hm²和52 500株/hm²。在西藏山南河谷农区种植的郑单958种植密度为12 500~13 500株/hm²时，青贮玉米产量和品质综合表现最优。青贮玉米品种间耐密程度差异很大，适合的种植密度是青贮玉米获得最高生物产量的基础，不同密度下青贮玉米生物产量和营养品质含量高低在一定程度上还与品种自身相配套的增产增效技术措施有关。因此，在条件具备的前提下，可以进行品种适应性试验，以确定不同品种在各种植区的最适种植密度，达到生产效益的最大化。

第三节 施肥的影响

合理施肥对于提高青贮玉米的生物产量和品质至关重要，施肥量、施肥时间和施肥方法等与青贮玉米的产量和品质有着密切的关系。在一定范围内，随着施肥量的递增，青贮玉米的生物产量会显著增加，但是施肥过量或者严重不足也会导致青贮玉米生物产量下降。氮素是影响青贮玉米生长发育和生物产量的重要因素。大量研究表明，施氮能够显著提高青贮玉米干物质产量。由于环境因素等差异，青贮玉米产量对于氮肥施用量的响应规律有所不同，不同地区栽培青贮玉米的最佳施氮量也不同。研究发现，陇中干旱农业区青贮玉米最适施氮量为200kg/hm^2，而陇东旱塬地区青贮玉米的施氮量为210kg/hm^{2}时，产量最高。

施氮时期对于青贮玉米的生物产量也有重要影响。研究表明，在拔节期和大喇叭口期追施氮肥可显著提高青贮玉米的生物量。有研究表明，缓控释肥能够不同程度提高青贮玉米的产量，以150kg/hm^{2}施缓释比例30%的复合肥时，其鲜草产量达到104 680 kg/hm^2，相较于传统化学肥料一次施用和分批次施用分别增加10.14%和5.97%。青贮玉米的产量受不同缓释肥比例的影响较显著，当施缓释比例为30%的氮肥120kg/hm^{2}时得到的产量最高，且比施用速效肥更节省时间和人力成本，因此合理施用缓控释肥能够大大提高青贮玉米的产量。施用有机肥能够有效减少化肥的投入，而且对提升玉米营养价值效果更佳，其次有机肥配施比例增加，能够显著提高土壤微生物、土壤脲酶、土壤碳、氮含量及碱性磷酸酶的活性。张兰兰等（2009）研究了5种微肥配合施用对青贮玉米产量的影响，设计出了目标产量的最优微肥组合方案，即硫酸锰施用量10kg/hm^2、硫酸铜施用量30kg/hm^2、硫酸锌施用量28.75kg/hm^2、硼砂施用量5kg/hm^2、钼酸施用量0.93kg/hm^2。

第四节　种植模式的影响

不同种植模式对青贮玉米生长和产量有着显著的影响。目前，我国青贮玉米种植模式主要有单作、间作、混作、套作、复种，以及沟、垄、穴、畦等的搭配和株、行距的不同配置方式。青贮玉米与豆类、绿肥、牧草间、混、套作，有利于农牧业的循环发展。研究发现，不同种植模式下青贮玉米的产量和品质的差异显著。青贮玉米与秣食豆间作，饲草产量显著高于青贮玉米单作，青贮玉米与饲用油菜间作饲草产量下降，但以1∶2混贮可获得较好品质的饲草。瓮巧云等（2021）的研究同样发现，青贮玉米和大豆间作可显著提高青贮玉米产量，而玉米和紫花苜蓿间作产量均不如单作。玉米—苜蓿轮作模式下青贮玉米生物产量、淀粉、粗脂肪、粗蛋白含量均高于单作。"早蒜薹—蒜头—青贮玉米"一年多茬种植模式和多花黑麦草与青贮玉米轮作种植技术，提高了亩产生物和土地利用率，增加了农业经济效益。樊孝军等（2016）研究的"小麦+双季青贮玉米"一年三熟制全株机械化青贮种植模式，为湖北江汉平原牛羊养殖户提供了充足的优质青贮饲料，也促进了当地养殖业的发展。目前，在我国畜牧业生产中，青贮玉米的作用越来越大，发展复播青贮玉米，可最大限度调整农业产业结构，提高种植户的经济收入。

第五节　覆膜的影响

大量研究表明，覆膜种植能够明显提高饲用玉米产量，经济效益优于不覆膜种植。与露地等行种植相比，宽窄行种植条件下覆膜可有效促进青贮玉米茎粗、株高、产量，产值显著提高。不同覆膜材料及覆膜模式对青贮玉米生长、产量及品质具有显著影响。魏鹏程等（2023）研究表明，应用普通白色地膜拔节期茎粗和成熟期株高都大于其他处理，成熟期单株叶面积表现为液态地膜大于其他模式，白色地膜花后干物质积累量高出68.3%～122.3%，果穗产量高出24.7%～57.8%，鲜草产量提高6.5%～10.2%，干草产量提高20.4%～36.9%，因此，西北地区青贮玉米种植首选普通白色地膜。在旱地玉米—拉巴豆间作栽培中选用全膜栽培模式，不论在粗蛋白质、酸性洗涤纤维还是乳酸浓度方面均与不覆膜模式差异显著；在产量方面，全膜栽培模式对青贮产量的提升效果最佳。在河北省坝上地区，方玉1201起垄覆膜侧播种植模式在产量、品质、干物质累积和保温保墒等方面均显著优于其他模式，产量较不覆膜平作种植提高20%，中性洗涤纤维分别降低3.38%，酸性洗涤纤维降低4.94%，淀粉含量提高25%以上，能够达到全株青贮玉米的标准。甘肃省农业科学院旱地农业研究所王淑英等（2023）研究集成了半干旱区青贮玉米生物降解地膜覆盖栽培技术，推动了青贮玉米标准化、规模化和全程机械化绿色高效生产，为甘肃半干旱区农业的良性循环发展提供了技术保障。

第六节　收获的影响

生育时期决定着青贮玉米生产的粗蛋白、粗纤维等关键因素，不同生育时期青贮玉米生长发育特点不同，适期收获是青贮玉米种植的关键环节，过早或过晚都会影响饲草产量和品质，对青贮玉米高产栽培至关重要。青贮玉米的干物质累积和营养品质受青贮玉米成熟度的影响都较大，青贮玉米的收获时期应当在籽粒乳线下移1/2至3/4时期最佳。王胜男等（2023）研究表明，青贮玉米在雄穗开花后20～30d收获产量较高，此时期茎秆重量达到最大，株高、叶片和穗部性状等均趋于稳定，收获期推迟会导致青贮玉米干物质含量、淀粉含量、酸性洗涤纤维和中性洗涤纤维含量显著增加，但粗蛋白含量会逐渐下降。目前，许多研究认为青贮玉米在乳熟期和蜡熟期之间收获产量高，品质优。因此，青贮玉米要根据不同品种、不同地域实施收获，以保证产量和品质达到最优。在确保青贮玉米生物产量的同时，为提高玉米青贮质量，提倡玉米含水量在65%~70%时进行收获。

参考文献

陈道培，2023. 播期对夏玉米生长状况、光合速率及产量要素的影响 [J]. 园艺与种苗，43（9）：84-87.

樊孝军，杨冰，谭柳青，等，2016. 江汉中原"小麦+双季青贮玉米"种模式研究 [J]. 湖北畜牧兽医，37（4）：9-10.

郭傲，朱英杰，王晔，等，2023. 内蒙古东部中晚熟区青贮玉米产量和品质与气象因素的关系 [J]. 核农学报，37（3）：638-648.

华鹤良，卞云龙，李国生，等，2014. 密度和施氮量对青贮玉米产量与品质的影响 [J]. 上海农业学报，30（4）：81-84.

李雯，马琳峰，曹熙敏，等，2021. 播期对冀西北坝上农牧交错区青贮玉米产量和品质的影响 [J]. 草地学报，29（5）：1080-1086.

李阳，2020. 种植密度与施氮对河西地区青贮玉米产量、品质及水氮利用的影响 [D]. 兰州：兰州大学. DOI：10.27204/d.cnki.glzhu.2020.003252.

钱寅森，武启迪，季中亚，等，2021. 我国青贮玉米生产与加工研究进展［J］.江苏农业科学,49（23）：41-46.DOI：10.15889/j.issn.1002-1302.2021.23.007.

邵春雷,诸葛青,王冠东,等,2018.不同刈割时间和高度对青贮玉米营养成分的影响［J］.浙江畜牧兽医,43（4）：3-4.

王佳,李阳,贾倩民,等,2021.种植密度与施氮对河西灌区青贮玉米产量与品质及水分利用效率的影响［J］.西北农业学报,30（1）：60-73.

瓮巧云,黄新军,许翰林,等,2020.玉米/大豆间作模式对青贮玉米产量、品质及土壤营养、根际微生物的影响［J］.核农学报,35（2）：462-470.

游永亮,李源,赵海明,等,2021.播期和种植密度对青贮玉米生产性能和饲用品质的影响［J］.草地学报,29（11）：2615-2624.

第三章

品种选育和品种适应性

第一节 我国青贮玉米育种现状

我国青贮玉米育种起步于1985年,首次审定的品种是京多1号,其后辽原1号和科青1号等青贮玉米品种先后育成。1986—1990年,青贮玉米育种被我国列入了国家科技攻关计划。由图3-1可知,2009年我国青贮玉米品种审定数达第1次新高,全年共审定登记豫青贮23等品种50个,随后审定登记品种数量下降,除2014年没有审定登记外,2010—2017年每年审定品种2~14个不等,共计48个。2018年开始有所上升,全年登记30个青贮玉米品种,较上年增加了233.3%。2019—2023年,青贮玉米品种审定登记数量23~52个,比较平稳,平均每年登记数量达39.8个。2022年与2021年相当,创历史新高,全年共审定登记52个青贮玉米品种。由于青贮玉米品种的地域性和分散性等特点,这些品种远远不能满足我国畜牧业发展的需求,因此,进行青贮玉米优质新品种选育工作具有重要意义。

目前,在我国青贮玉米绝大多数不能达到禽畜所需蛋白质含量水平,需要添加一些豆类物质来增加饲料中的蛋白质含量,因此,我国迫切需要发展高蛋白青贮玉米品种的选育。2022年,中国科学院首次从野生玉米中发现可以提高玉米蛋白质含量的基因 *THP9*，这为我国高蛋白玉米育种提供了一个新的方向。今后，我国青贮玉米育种将以粮饲通用型青贮玉米和专用型青贮玉米为主，并且生物产量和高蛋白品质将是青贮玉米遗传改良的两大目标。我国青贮玉米种质资源相对比较缺乏，可以积极引进优异种质，并利用现代生物技术开展青贮玉米品种选育、有益基因克隆和杂种优势预测等。

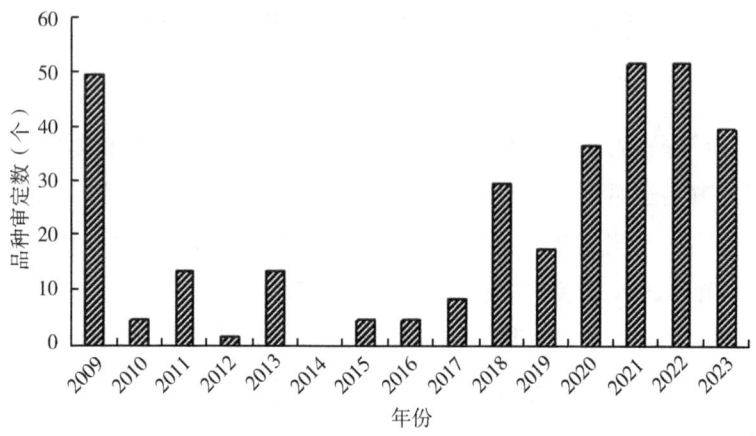

图3-1 不同年份青贮玉米品种审定情况

第二节 我国青贮玉米品种适应性研究现状

青贮玉米按照实际用途分为青贮专用型和玉米粮饲兼用型。粮饲兼用型玉米是指持绿性高，既能收获籽粒，也可将茎秆作为青贮饲料的一类玉米。青贮专用型玉米与粮饲兼用型玉米相比，其生物量更高，但籽粒产量低于粮饲兼用品种。由于青贮玉米地域性强，易受环境因素影响，品种间生物产量、营养成分、农艺性状差异较大，在不同地区适宜种植的品种各不相同。

我国青贮玉米种植横跨不同生态区、低地、平原、高原山区和丘陵等不同地理条件下，其光热和水分条件不同，适合种植的青贮玉米品种也不一样。适宜在冀西北农牧交错地区推广种植的青贮玉米品种有 D1-2、德美亚 1 号、20H-101、大京九 4059、正大 1473 和迪卡 625；适宜在湘中丘陵区推广种植的青贮玉米品种有利单 638 和利单 588，干草产量达 20.8t/hm^2，粗蛋白含量在 8.5%以上；金沙江干热河谷区生产潜力较好的品种有科大 101、青青 300、正大 808、屯玉 168、中玉 335、曲辰 9 号、京九青贮 16 和云端 10 号，其干草产量及综合性状表现好；河南地区适宜推广青贮玉米品种有伟科 106 和京科青贮 932；适宜在晋中盆地种植的青贮玉米品种有新科 910、雅玉 7949 和雅玉 04889；大爱 111、青贮玉米 318 和渝青玉 3 号适宜在三峡库区推广种植；适宜在青岛地区栽培种植的青贮玉米品种为登海 605、青农 12 和鲁单 256；新疆昌吉地区适宜种植先饲玉 1 号、曲辰 9 号、屯玉 168 和大京九 23 等青贮玉米品种；海河平原适宜推广的青贮玉米品种有北农青贮 208、北农青贮 308 和北青贮 1 号，以上这些品种均为节水型品种。宁夏固原适宜种植的品种有大京九 26，干草产量达 35t/hm^2 以上，粗蛋白含量大于 7.9%，粗纤维含量小于 27%。因此，选择适宜的青贮玉米品种需要结合生产目的、气候条件等因素进行综合考虑，为我国青贮玉米产业的发展提供可靠的理论依据。因此，对不同生态区和不同耕地类型适宜种植的新品种进行适应性筛选和综合评价至关重要。

根据生育期不同可将青贮玉米品种分为早熟品种、中熟品种和晚熟品种 3 种，其中，早熟品种包括先饲玉 1 号和京科青贮 932

等，中熟品种包括屯玉 168 和北农青贮 3651 等，晚熟品种包括北农青贮 368、禾玉 36 和文玉 3 号等。

第三节　主要国审青贮玉米品种

1. 郑青贮 2 号

审定编号：国审玉 20231059

育种单位：河南省农业科学院粮食作物研究所、河南生物育种中心有限公司

品种来源：郑饲 238×郑饲 15

特征特性：黄淮海夏播青贮玉米组生育期 95.7d，较对照早熟 0.4d。幼苗叶鞘呈紫色，花药为浅紫色，花丝和颖壳为绿色。半紧凑株型，株高 299cm，穗位高 139cm，持绿性较好。经鉴定，中抗茎基腐病，中抗小斑病，感弯孢叶斑病和南方锈病，高感瘤黑粉病。经测定，全株淀粉含量 33.00%，中性洗涤纤维含量 36.20%，粗蛋白含量 8.15%。

产量表现：2020 年区域试验的初试平均亩产生物干重 1 423kg，较对照增产 7.6%，亩产生物鲜重（30%标准干物质含量）4 744kg；2021 年区试复试亩产平均生物干重 1 314kg，相较对照增产约 8.3%，亩产生物鲜重（30%标准干物质含量）4 379kg。两年区试平均亩产的生物干重 1 369kg，较对照增产 7.93%；平均亩产生物鲜重（30%标准干物质含量）4 562kg。2021 年生产试验，平均亩产生物干重 1 226kg，平均亩产生物鲜重（30%标准干物质含量）3 904kg，较对照增产 10.1%。

栽培技术要点：适宜播种期 5 月 20 日至 6 月 15 日，密度 4 500～5 000 株/亩，合理密植，防止倒伏，注意防治南方锈病、弯孢叶斑病、瘤黑粉病。

适宜地区：适宜在黄淮海夏播玉米区种植，例如山东省、河南省、陕西省关中灌区、山西省运城市和临汾市、山西省晋城市部分平川地区、河北省保定市、河北省沧州市的南部及以南地区、安徽和江苏两省淮河以北地区作青贮玉米种植。

2. 渝青玉 12 号

审定编号：国审玉 20231058

育种单位：重庆市农业科学院

品种来源：渝 P2013×渝 P1102

特征特性：西南青贮玉米组生育期为 113.4d，较对照晚熟 1.9d。幼苗叶鞘紫色，花药黄色，花丝和颖壳为绿色。半紧凑株型，株高为 307cm，穗位高 136cm，持绿性好。经鉴定，中抗玉米大斑病，中抗小斑病、茎基腐病，感纹枯病、南方锈病，高感灰斑病。经测定，全株淀粉含量 32.50%，粗蛋白含量 9.15%，中性洗涤纤维含量 37.20%。

产量表现：2021 年区域试验的初试平均亩产生物干重 1 267kg，较对照增产 13.3%，亩产生物鲜重（30%标准干物质含量）4 225kg；2022 年区域试验复试平均亩产生物干重 1 278kg，较对照增产 11.6%，亩产生物鲜重（30%标准干物质含量）4 259kg。两年区域试验的平均亩产生物干重 1 273kg，较对照增产 12.41%，平均亩产生物鲜重（30%标准干物质含量）4 242kg。2022 年生产试验，平均亩产生物干重 1 201kg，平均亩产生物鲜重（30%标准干物质含量）4 004kg，较对照增产 10.4%。

栽培技术要点：适宜播种期春季在3月上中旬气温达到12℃时即可播种，秋季在6月下旬至7月上旬播种，密度宜4 000～4 500株/亩，合理密植，预防后期倒伏，注意防治纹枯病、南方锈病和灰斑病。

适宜地区：湖南省、湖北省、四川省、重庆市、陕西省南部海拔800m及以下的部分地区，贵州省毕节市海拔1 100m以下的地区，云南省中部曲靖等州（市）的平坝、丘陵和低山地区作青贮玉米种植。

3. 联创青贮116

审定编号：国审玉20226209

育种单位：北京联创种业有限公司、河南隆平联创农业科技有限公司

品种来源：CTC8335×CT58444

特征特性：黄淮海夏播青贮玉米组生育期95.4d，较对照雅玉青贮8号早熟3d。幼苗叶鞘、花丝、花药和颖壳均呈紫色。半紧凑株型，株高286cm，穗位113cm，持绿性较好。经鉴定，抗茎基腐病，感小斑病、弯孢叶斑病和南方锈病，高感瘤黑粉病。经测定，全株淀粉含量32.9%，粗蛋白含量8.4%，中性洗涤纤维含量36.5%。

产量表现：2020年区域试验初试平均亩产生物干重1 430kg，较对照增产6.5%，亩产生物鲜重（30%标准干物质含量）4 767kg；2021年区域试验复试平均亩产生物干重1 223kg，较对照增产5.2%，亩产生物鲜重（30%标准干物质含量）4 077kg。两年区域试验平均亩产生物干重1 326kg，较对照增产5.9%；平均亩产生物鲜重（30%标准干物质含量）4 437kg。2021年生产试验平均

亩产生物干重1 294kg，平均亩产生物鲜重（30%标准干物质含量）4 314kg，较对照增产5.9%。

栽培技术要点：适宜播种期5月下旬至6月中旬，密度4 500~5 000株/亩，合理密植，防止倒伏，注意防治小斑病、南方锈病、弯孢叶斑病、瘤黑粉病，适宜中等肥力以上地块种植。在乳线1/2时，带穗全株收获。

适宜地区：适宜山东省、河南省、陕西省关中灌区、山西省运城市和临汾市、晋城市部分平川地区、河北省保定市和沧州市的南部和以南地区、安徽和江苏两省的淮河以北地区、湖北省襄阳等地区作夏播青贮玉米种植。

4. 京九青贮16

审定编号：国审玉20226090

育种单位：北京大京九农业开发有限公司

品种来源：5081×32226

特征特性：西北春玉米组出苗到成熟134.5d，较对照先玉335晚熟0.4d。幼苗叶鞘紫色，花丝和花药呈浅紫色，颖壳绿色。紧凑株型，株高322cm，穗位高127cm，平均成株叶片数约20片。果穗呈长筒形，穗长19.55cm，穗行数14~16行，籽粒黄色，穗轴白色，百粒重36.4g。经鉴定，中抗大斑病和茎基腐病，高感穗腐病，中抗丝黑穗病。经测定，籽粒容重768g/L，粗淀粉含量72.33%，粗蛋白含量10.05%，粗脂肪含量3.78%，赖氨酸含量0.29%。

产量表现：2020年区试初试平均亩产量为1 076kg，较对照增产约3.1%；2021年区试复试平均亩产1 088kg，较对照增产约7.22%。两年区试平均亩产1 082kg，较对照增产5.2%。2021年生产试验平均亩产量为 1 068kg，较对照增产 4.9%。

栽培技术要点：适宜播种期 4 月中下旬至 5 月上中旬，密度 5 000～5 500 株/亩，注意防治穗腐病。

适宜地区：适宜在西北春玉米区栽培种植，例如内蒙古巴彦淖尔市和鄂尔多斯市的大部分地区，陕西省部分地区，甘肃省张掖市、天水市、白银市、平凉市、庆阳市的大部分地区和临夏州海拔 1 800m 以下地区，新疆昌吉州、伊犁州部分地区春播种植。

5. 金青 2 号

审定编号：国审玉 20226070

育种单位：河南金博士种业股份有限公司

品种来源：16007×GF111

特征特性：东（华）北中晚熟春玉米组出苗到成熟生育期共 129d，熟期与对照郑单 958 相当。幼苗叶鞘紫色、浅紫色，花药、花丝和颖壳均为浅紫色。紧凑株型，株高 303cm，穗位高 118cm，成株叶片数总共 22 片。果穗为长筒形，穗长 21cm，穗行数 16～18 行，籽粒颜色黄色，穗轴白色，百粒重 40.4g。经鉴定，中抗茎基腐病，中抗穗腐病，中抗大斑病，感灰斑病、丝黑穗病。经测定，籽粒容重 738g/L，粗淀粉含量 77.14%，粗蛋白含量 8.03%，粗脂肪含量 3.32%，赖氨酸含量 0.24%。

产量表现：2020 年区域试验初试平均亩产 786kg，较对照增产 3.1%；2021 年区域试验复试平均亩产 913kg，较对照增产 8.2%。两年区域试验平均亩产 849kg，较对照增产 5.6%。2021 年生产试验平均亩产 875kg，较对照增产 5.5%。

栽培技术要点：适宜播种期 4 月 25 日至 5 月 15 日，密度为 4 000～4 500 株/亩。

适宜地区：山西省玉米春播区，北京市春播区，天津市春播区和河北省春播区，吉林省和辽宁省的大部分地区，内蒙古自治区通辽市、赤峰市的大部分地区。

6. 渝青385

审定编号：国审玉20220515

育种单位：重庆市农业科学院

品种来源：（P2013×B313）×P54

特征特性：西南青贮玉米组生育期114.5d，较对照雅玉青贮8号晚熟0.9d。幼苗叶鞘、花丝和花药均呈紫色，颖壳为绿色。半紧凑株型，株高299cm，穗位高125cm，持绿性好。经鉴定，中抗茎基腐病，中抗小斑病，感大斑病、纹枯病、南方锈病，高感灰斑病。经测定，全株淀粉含量31.45%，中性洗涤纤维含量37.65%，粗蛋白含量8.85%。

产量表现：2020年区域试验初试平均亩产生物干重1 155kg，较对照增产7.6%，亩产生物鲜重（30%标准干物质含量）3 254kg；2021年区试复试平均亩产生物干重1 220kg，较对照增产10.2%，亩产生物鲜重（30%标准干物质含量）4 066kg。两年区试的平均亩产生物干重1 187kg，较对照增产8.9%；平均亩产生物鲜重（30%标准干物质含量）3 660kg。2021年生产试验平均亩产生物干重1 351kg，较对照增产8.7%，平均亩产生物鲜重（30%标准干物质含量）4 504kg。

栽培技术要点：适宜播种期为春季3月上中旬，秋季6月下旬至7月上旬。密度为4 000～4 500株/亩，合理密植，防止倒伏，注意防治灰斑病。

适宜地区：重庆市、四川省、湖北省、湖南省、陕西省南部等西南春玉米区，以及贵州省和云南省的平坝、丘陵地区。

7. 成青 201

审定编号：国审玉 20220510

育种单位：四川省农业科学院作物研究所

品种来源：H30×C319A

特征特性：西南青贮玉米组生育期113.7d，较对照雅玉青贮8号晚熟0.1d。幼苗叶鞘紫色，花丝浅紫色，花药黄色，颖壳呈绿色。半紧凑株型，株高291cm，穗位高131cm，持绿性较好。经鉴定，抗南方锈病，中抗茎基腐病、大斑病，感纹枯病、小斑病、灰斑病。经测定，全株淀粉含量30.15%，中性洗涤纤维含量39.25%，粗蛋白含量8.95%。

产量表现：2020年区域试验初试平均亩产生物干重1 158kg，较对照增产8.1%，亩产生物鲜重（30%标准干物质含量）3 345kg；2021年区试复试平均亩产生物干重1 182kg，较对照增产6.7%，亩产生物鲜重（30%标准干物质含量）3 939kg。两年区域试验平均亩产生物干重1 170kg，较对照增产7.4%，平均亩产生物鲜重（30%标准干物质含量）3 642kg。2021年生产试验平均亩产生物干重1 339kg，较对照增产7.4%，平均亩产生物鲜重（30%标准干物质含量）4 462kg。

栽培技术要点：春播和夏播均可，以当地最佳播期播种为准，密度2 800～4 500株/亩，合理密植，防止倒伏，注意防治纹枯病和小斑病等，适期收获。

适宜地区：陕西省南部、四川省、重庆市、湖南省、湖北省等西南春玉米区的部分地区，贵州省和云南省的部分地区。

8. 渝青玉 10 号

审定编号：国审玉 20220509

育种单位：重庆市农业科学院

品种来源：渝P2013×渝P1182

特征特性：西南青贮玉米组生育期114.8d，较对照雅玉青贮8号晚熟2.1d。幼苗叶鞘紫色，花药黄色，花丝和颖壳呈绿色。半紧凑株型，株高292cm，穗位高137cm，持绿性好。经鉴定，中抗大斑病，中抗小斑病、灰斑病，感纹枯病、茎基腐病、南方锈病。经测定，全株淀粉含量33.25%，中性洗涤纤维含量36.3%，粗蛋白含量9.45%。

产量表现：2020年区域试验初试平均亩产生物干重1 239kg，较对照增产8.5%，亩产生物鲜重（30%标准干物质含量）4 131kg；2021年区试复试平均亩产生物干重1 266kg，较对照增产13.1%，亩产生物鲜重（30%标准干物质含量）4 220kg。两年区域试验平均亩产生物干重1 253kg，较对照增产10.8%，平均亩产生物鲜重（30%标准干物质含量）4 176kg。2021年生产试验平均亩产生物干重1 360kg，较对照增产9.2%，平均亩产生物鲜重（30%标准干物质含量）3 880kg。

栽培技术要点：适宜播种期春季3月上中旬，夏季6月下旬至7月上旬，密度4 000～4 500株/亩，合理密植，预防后期植株倒伏，注意防治南方锈病和纹枯病。

适宜地区：湖北省、湖南省、四川省和重庆市等西南春玉米区栽培种植，也可以在陕西省南部、贵州省遵义市和云南省中部曲靖等州市部分地区作青贮玉米种植。

9. 皖农科青贮6号

审定编号：国审玉20220506

育种单位：安徽省农业科学院烟草研究所

品种来源：A5213×Q4062

特征特性：青贮玉米黄淮海夏播组生育期为97d，较对照雅玉青贮8号早熟1d。幼苗叶鞘紫色，花药浅紫色，花丝和颖壳均为绿色。半紧凑株型，株高307cm，穗位高141cm，持绿性好。经鉴定，高抗茎基腐病，抗小斑病，中抗弯孢叶斑病，感南方锈病，高感瘤黑粉病。经测定，全株淀粉含量32.25%，中性洗涤纤维含量37.15%，粗蛋白含量8.6%。

产量表现：2019年区试初试平均亩产生物干重1 497kg，较对照增产约13.2%，亩产生物鲜重（30%标准干物质含量）4 989kg；2020年区试复试平均亩产生物干重1 518kg，较对照增产14.7%，亩产生物鲜重（30%标准干物质含量）5 061kg。两年区域试验平均亩产生物干重1 507kg，较对照增产13.9%，平均亩产生物鲜重（30%标准干物质含量）5 025kg。2020年生产试验平均亩产生物干重1 329kg，平均亩产生物鲜重（30%标准干物质含量）4 431kg，较对照增产9.4%。

栽培技术要点：适宜播种期6月上中旬，密度4 500～5 000株/亩，合理密植，防止倒伏，注意防治弯孢菌叶斑病、南方锈病和瘤黑粉病。

适宜地区：河南省、河北省沧州市和保定市的部分地区、山东省、陕西省关中灌区、山西省临汾市、晋城市和运城市的部分地区、湖北省襄阳地区、江苏省和安徽省淮河以北部分地区等黄淮海夏播玉米区作青贮玉米种植。

10. 金岭青贮97

审定编号：国审玉20200550

育种单位：内蒙古金岭青贮玉米种业有限公司

品种来源：JL792-2×JL9907

特征特性：东华北青贮玉米中晚熟组出苗到收获期121.5d，较对照雅玉青贮26早熟5.5d。幼苗叶鞘紫色，花药浅紫色，颖壳浅紫色，叶片绿色。紧凑株型，株高325cm，穗位高150cm，成株叶片数共21片。果穗筒形，穗长22.6cm，穗行数14~16行，穗粗5cm，穗轴粉红，籽粒黄色。经鉴定，中抗茎基腐病，中抗灰斑病，感大斑病、丝黑穗病，全株淀粉含量30.5%，粗蛋白含量8%，中性洗涤纤维含量38.95%，酸性洗涤纤维含量17.75%。

产量表现：2018—2019年参加东华北中晚熟青贮玉米组区域试验，两年平均亩产（干重）1 570kg，两年平均亩产（鲜重）4 080.4kg，较对照增产3.0%。2019年生产试验，平均亩产（干重）1 566kg，平均亩产（鲜重）4 164.9kg，较对照雅玉青贮26增产3.2%。

栽培技术要点：在适应区地表5cm土层温度稳定达到10℃以上时播种，每亩最佳种植密度4 500株，密度过大会增加倒伏风险。该品种植株高大、喜水肥，最好农、化结合，氮磷钾配合施用，建议每亩施三元复合肥25kg作底肥，拔节期每亩再追施氮钾肥35kg左右。及时除草，4叶期定苗留单株。注意防治玉米丝黑穗病和玉米大斑病。

适宜地区：东（华）北中晚熟春玉米类型区推广种植，例如吉林省的白城市、辽源市、吉林市、通化市南部、松原市、长春市以及四平市的大部分地区，黑龙江省第一积温带，辽宁省的大部分地区，内蒙古自治区通辽市、鄂尔多斯市和赤峰市的大部分地区，山西省部分地区，河北省部分地区，北京市和天津市春播区推广种植。

11. 秀青871

审定编号：国审玉20200275

育种单位：河南秀青种业有限公司

品种来源：SCV383×XM79

特征特性：黄淮海夏玉米组出苗到收获101d，较对照郑单958早熟1d。幼苗叶缘绿色，叶片深绿色，叶鞘紫色，花药浅紫色，颖壳绿色。紧凑株型，株高达284cm，穗位高101cm，成株叶片数共19片。果穗筒形，穗长18cm，穗粗4.9cm，穗行数14~16行，百粒重36.8g，穗轴呈红色，籽粒呈黄色、半马齿型。经鉴定，中抗茎基腐病，感小斑病、弯孢叶斑病、瘤黑粉病和穗腐病，籽粒容重780g/L，全株粗淀粉含量74.34%，粗蛋白含量11.39%，粗脂肪含量3.51%，赖氨酸含量0.32%。

产量表现：2017—2018年参加黄淮海夏玉米组区试，两年平均亩产661.9kg，较对照郑单958增产6.55%。2019年生产试验，平均亩产699.7kg，较对照郑单958增产5.50%。

栽培种植要点：适宜中等以上肥力地块栽培种植，适宜播期为5月下旬至6月中旬；适宜种植密度4 000~4 500株/亩，预防小斑病、弯孢叶斑病、瘤黑粉病和穗腐病等病害；如遇高温干旱，应及时灌溉，确保土壤水分供给，以免影响正常发育造成减产。

适宜地区：该品种适合在黄淮海夏玉米区推广种植，如山东省、河南省和河北省部分地区地区、陕西省关中灌区、山西省部分地区、安徽省和江苏省部分地区、湖北省襄阳市部分地区。

12. 北农青贮3651

审定编号：国审玉20190399

育种单位：北京农学院

品种来源：7922×P241

特征特性：东华北中晚熟青贮玉米组播种至成熟期共128.5d，

较对照雅玉青贮26早熟2d。幼苗叶片深绿色，叶鞘浅紫色。半紧凑株型，株高335cm，穗位高165cm。经鉴定，高抗茎基腐病，中抗灰斑病、大斑病，感丝黑穗病。全株淀粉含量33.5%，粗蛋白含量7.92%，中性洗涤纤维含量38.35%，酸性洗涤纤维含量13.99%。

黄淮海夏播青贮玉米组播种至成熟期共98.5d，较对照雅玉青贮8号早熟1.5d。幼苗叶片深绿色，叶鞘浅紫色，半紧凑株型，株高300cm，穗位高140cm。经鉴定，中抗弯孢叶斑病、小斑病，感茎基腐病、南方锈病，高感瘤黑粉病。经测定，全株淀粉含量35.67%，粗蛋白含量8.43%，中性洗涤纤维含量35.65%，酸性洗涤纤维含量15.17%。

产量表现：2016—2017年参加东（华）北中晚熟青贮玉米组区试，两年平均亩产干重1 464kg，较对照雅玉青贮26号增产5.3%；2018年生产试验，平均亩产干重1 353kg，较对照雅玉青贮26增产4.6%。2016—2017年参加黄淮海夏播青贮玉米组区域试验，两年平均亩产干重1 231kg，较对照雅玉青贮8号增产4.2%；2018年生产试验，平均亩产干重1 388kg，较对照雅玉青贮8号增产13.3%。

栽培技术要点：东华北中晚熟青贮玉米区，选择与牛羊养殖基地附近的中上肥力田块种植，以便收获运输。4月下旬至5月中上旬，播种深度3～4cm，种植密度4 500～5 500株/亩。底肥亩施含量45%的N、P、K复合肥或者玉米专用肥40～50kg、硫酸锌1～2kg；在拔节期，亩施N、P、K复合肥20～30kg或尿素20kg另加钾肥5～8kg；中后期可结合浇水每亩使用尿素30kg。在乳线1/2时，带穗全株收获。黄淮海夏播青贮玉米区，选择交通便利的中上肥力田块栽培种植，以便收获运输。黄淮海地区夏播，6月上旬至6月中下旬，播种深度3～4cm，种植密度4 500～5 500株/亩。底肥，亩施含量45%的N、P、K复合肥或者玉米专用肥40～50kg，硫酸锌1～2kg；在拔节期，亩施N、P、K复合肥20～30kg或尿素20kg另加钾肥5～8kg；中后期可结合浇水每亩使用尿素30kg。在乳线1/2时，带穗全株收获。注意防治瘤黑粉病等病害。

适宜地区：东（华）北中晚熟春玉米类型区的吉林省、辽宁省、内蒙古自治区、山西省、河北省、北京市和天津市等的大部分地区春播玉米区，河南省、河北省、陕西省、山西省和山东省的部分平川地区，安徽省、江苏省、湖北省等黄淮海夏玉米类型区栽培种植。

13. 郁青358

审定编号：国审玉20186048

育种单位：北京九圣禾农业科学研究院有限公司

品种来源：Y3011×Y06088

特征特性：东（华）北中熟春玉米组出苗至收获期128d，较对照先玉335早熟0.5d。幼苗叶片深绿色，叶缘紫色，叶鞘呈浅紫色，花药和颖壳绿色。半紧凑株型，株高301.5cm，穗位高113cm，成株叶片数共19片。果穗长筒形，穗长19.3cm，穗粗5.0cm，穗行数16～18行，穗轴红色，籽粒半马齿型、偏橙色，百粒重37.25g。经鉴定，感丝黑穗病和大斑病，中抗穗腐病、茎基腐病、灰斑病。经测定分析品质，籽粒容重791g/L，粗蛋白含量9.11%，粗脂肪含量4.65%，粗淀粉含量73.35%，赖氨酸含量0.34%。

黄淮海夏玉米组出苗至成熟102d左右，较对照郑单958早熟1d。幼苗叶鞘呈浅紫色，叶缘紫色，叶片深绿色，花药和颖壳绿色。半紧凑株型，株高260cm，穗位高94cm，成株叶片数共19片。果穗长筒形，穗长18.7cm，穗行数14～16行，穗轴红色，籽粒半马齿型、呈橙色，百粒重32.5g。经鉴定，抗茎基腐病，感弯孢叶斑病、小斑病，高感穗腐病、瘤黑粉病、粗缩病和南方锈病。经测定分析，籽粒容重791g/L，粗淀粉含量约73.35%，粗蛋白含量9.11%，粗脂肪含量4.65%，赖氨酸含量0.34%。

产量表现：参加2015—2016年东（华）北中熟春玉米组区试，两年平均亩产896.4kg，较对照先玉335增产6.2%。2016年生产试验表现为平均亩产885.2kg，较对照先玉335增产4.7%。参加2016—2017年黄淮海夏玉米组区试，两年平均亩产669.4kg，较对照郑单958增产4.7%。2017年生产试验，平均亩产631.5kg，较对照郑单958增产2.8%。

栽培技术要点：尽量选择交通方便、中等肥力以上的地块栽培种植，东华北中熟春玉米区4月下旬至5月上旬播种，亩种植密度4 000～4 500株；黄淮海夏玉米区约在6月上中旬播种，种植密度4 500株。注意防治小斑病、弯胞霉叶斑病、南方锈病、穗腐病、瘤黑粉病和粗缩病。

适宜地区：东（华）北中熟春玉米区的辽宁省、吉林省、黑龙江和内蒙古自治区等省（区）的部分地区栽培种植。也适宜在河南省、山东省、河北省、陕西省、山西省、江苏省、安徽省和湖北省等黄淮海夏玉米区推广种植。

第四节　主要甘审青贮玉米品种

1. 甘垦 120

审定编号：甘审玉 20230006

育种者：甘肃亚盛种业黄羊河有限责任公司、山西农业大学山西有机旱作农业研究院、任志强、肖建红、杨慧珍、卜华虎、王开虎、张宁

品种来源：LT280×LT666

特征特性：出苗至收获期共 142.5d，与对照先玉 335 相同。幼苗叶片绿色，叶鞘呈浅紫色，叶缘为紫色，茎基部为紫色，花药和颖壳淡紫色，花丝紫色。半紧凑株型，株高 271.9cm，穗位高 102.4cm，成株叶片数 21 片。果穗长筒形，穗长 20.2cm，穗行数 17.4 行，行粒数 37.5 粒，穗轴呈红色，籽粒马齿型、橙黄色，百粒重 35.07g。经鉴定，高抗腐霉茎基腐病，感大斑病，高感禾谷镰孢穗腐病、丝黑穗病。籽粒容重 766g/L，粗脂肪 3.75%，含粗蛋白 9.48%，粗淀粉 74.38%，赖氨酸 0.28%。

产量表现：参加 2021—2022 年甘肃省玉米品种区域试验，平均亩产 805.51kg，较对照先玉 335 增产 7.55%；2022 年生产试验平均亩产 729.9kg，较对照先玉 335 增产 7.4%。

栽培技术要点：4 月中旬播种，播种密度 4 500 株/亩。施肥，基肥应每亩施磷酸二铵 30kg，钾肥 10kg，尿素 10kg，锌肥 2kg；追肥，拔节期亩施尿素 20kg，大喇叭口期亩施尿素 20kg。注意防治玉米大斑病、禾谷镰孢穗腐病和丝黑穗病。

适宜地区：甘肃省中晚熟春玉米类型区栽培种植。

2. 黄羊99

审定编号：甘审玉20241018

育种单位：甘肃亚盛种业黄羊河有限责任公司、甘肃省农业工程技术研究院

品种来源：hym119×hyf1-008，原代号甘垦99

品种特征：出苗至收获期共142d，较对照先玉335早熟0.5d。幼苗叶片和叶缘为绿色，颖壳绿色，叶鞘紫色，茎基部紫色，花药淡紫色。紧凑株型，株高281cm，穗位高107.5cm，成株叶片数共22片。花丝绿色，果穗长筒形，穗长20.5cm，穗行数16～18行，行粒数39.7粒，穗轴呈红色，籽粒马齿型、黄色，百粒重35.8g。经鉴定，抗腐霉茎基腐病，中抗禾谷镰孢穗腐病，感大斑病和丝黑穗病。籽粒容重712g/L，含粗脂肪3.70%，粗蛋白8.34%，粗淀粉75.81%，赖氨酸0.30%。

生产试验产量表现：2021—2022年参加甘肃省玉米品种区试，平均亩产为798.3kg，较对照先玉335增产6.6%；2023年生产试验平均亩产704.5kg，较对照先玉335增产8.9%。

栽培技术要点：4月中旬播种，种植密度每亩4 500株。施肥，基肥应每亩施磷酸二铵30kg、钾肥10kg、尿素10kg、锌肥2kg；追肥，拔节期亩施尿素20kg，大喇叭口期亩施尿素20kg。注意田间丝黑穗病和大斑病的防治。

适宜地区：甘肃省中晚熟春玉米类型区推广栽培种植。

3. 黄羊268

审定编号：甘审玉20241019

育种单位：甘肃亚盛种业黄羊河有限责任公司、甘肃省农业工

程技术研究院

品种来源：hy4-2×hy9295

特征特性：出苗至收获期139.5d，较对照先玉335晚熟0.5d。幼苗叶片和叶缘均为绿色，叶鞘呈淡紫色，茎基部紫色，花药紫色，花丝绿色，颖壳绿色。紧凑株型，株高303.5cm，穗位高113.5cm，成株叶片数共22片。果穗筒形，穗长20.1cm，穗行数18.7行，行粒数40.9粒，穗轴呈红色，籽粒马齿型、黄色，百粒重37.1g。经鉴定，中抗腐霉茎基腐病，高感禾谷镰孢穗腐病，感丝黑穗病、大斑病。籽粒容重762g/L，全株含粗脂肪4.45%，粗蛋白9.74%，赖氨酸0.30%，粗淀粉72.60%。

生产产量表现：2022—2023年参加甘肃省玉米品种区试，平均亩产1 107.1kg，较对照先玉335增产9%；2023年生产试验平均亩产1 201.6kg，较对照先玉335增产8.7%。

栽培技术要点：4月中旬播种，种植密度4 500株/亩。施肥，基肥应每亩施磷酸二铵30kg、钾肥10kg、尿素10kg、锌肥2kg；追肥，拔节期亩施尿素25kg，大喇叭口期亩施尿素20kg。注意丝黑穗病、禾谷镰孢穗腐病和大斑病的防治。

适宜地区：甘肃省中晚熟春玉米类型区。

4. 中金368

审定编号：甘审玉20244010

育种单位：中国农业大学作物学院、北京金粒特用玉米研究开发中心

品种来源：112×036

特征特性：出苗至青贮刈割期为139d，较对照豫玉22熟期早2d。幼苗叶片和叶缘为绿色，叶鞘浅紫色。茎基绿色，花药绿色，

花丝绿色，颖壳绿色。平展株型，株高289cm，穗位高127cm，成株叶片数共20片。果穗筒形，穗长21.9cm，穗行数16.8行，行粒数42.4粒，穗轴红色，籽粒半马齿型、黄色，百粒重约37.6g。经鉴定，中抗腐霉茎基腐病，感丝黑穗病、大斑病。整株粗蛋白含量8.88%，中性洗涤纤维含量37.4%，酸性洗涤纤维含量21.0%，淀粉含量37.0%。

产量表现：2022—2023年开展青贮玉米品种区试，平均亩产（干重）2 187.5kg，较对照豫玉22增产5.3%；2023年生产试验平均亩产（干重）2 014.2kg，较对照豫玉22增产4.4%。

栽培技术要点：4月中下旬播种，种植密度5 000株/亩为宜。施肥，基肥应每亩施磷酸二铵15kg、氮肥10kg、钾肥15kg、硫酸锌2kg；追肥，拔节期结合灌水追施尿素15kg/亩，大喇叭口期结合灌水追施尿素20kg/亩。注意丝黑穗病和大斑病的防治。

适宜地区：甘肃省作春播青贮玉米栽培种植。

5. 丰乐青贮一号

审定编号：甘审玉20244006

育种单位：张掖市丰乐种业有限公司、合肥丰乐种业股份有限公司

品种来源：VS9609×L Z449

特征特性：出苗至青贮刈割期140.5d，比对照豫玉22号晚熟0.5d。幼苗叶鞘紫色，叶片和叶缘为绿色，茎基绿色，花药绿色，花丝绿色，颖壳绿色。株型半紧凑，株高323cm，穗位高138cm，成株叶片数为20片。果穗长筒形，穗长22.0cm，穗行数19.0行，行粒数41.8粒，穗轴为红色，籽粒马齿型、黄色，百粒重39.2g。经鉴定，中抗腐霉茎腐病，感丝黑穗病、大斑病。全株淀粉含量

33.6%，中性洗涤纤维含量37.0%，酸性洗涤纤维含量18.6%，粗蛋白质含量7.6%。

产量表现：2022—2023年参加甘肃省青贮玉米品种试验，平均亩产（干重）2 231.2kg，较对照豫玉22号增产10.1%；2023年生产试验平均亩产（干重）2 258.8kg，较对照豫玉22号增产10.6%。

栽培技术要点：4月下旬至5月上旬播种，推荐种植密度为5 000株/亩。施肥，基肥应每亩施50kg；追肥，拔节期亩施10kg，大喇叭口期亩施20kg。注意丝黑穗病和大斑病的防治。

适宜地区：甘肃省作春播青贮玉米栽培种植。

6. p110

审定编号：甘审玉20244005

育种单位：铁岭先锋种子研究有限公司

品种来源：1PMRA41×PH2V16

特征特性：出苗至青贮刈割期139.5d，较对照豫玉22号早熟0.5d。幼苗叶片绿色，叶缘紫色，茎基绿色，叶鞘紫色，花药浅紫色，花丝绿色，颖壳绿色。半紧凑株型，株高315.5cm，穗位高127.0cm，成株叶片数为21片。果穗长筒形，穗长22.3cm，穗行数14~18行，行粒数42.8粒，穗轴红色，籽粒马齿型、黄色。经鉴定，感大斑病、腐霉茎基腐病和丝黑穗病。整株粗蛋白含量7.0%，全株淀粉含量32.4%，酸性洗涤纤维含量19.3%，中性洗涤纤维含量37.1%。

产量表现：2022—2023年参加青贮玉米品种试验，平均亩产（干重）2 106.4kg，较对照豫玉22号增产3.2%；2023年生产试验平均亩产（干重）2 075.9kg，较对照豫玉22号增产1.7%。

栽培技术要点：4月下旬播种，推荐播种密度5 000~5 500株/亩。施肥，基肥应每亩施复合肥40kg；追肥，拔节期亩施尿素20kg，大喇叭口期亩施尿素25kg。

适宜地区：甘肃省作春播青贮玉米栽培种植。

7. 强硕90

审定编号：甘审玉20200094

育种单位：张掖市金种源种业有限责任公司、大连强硕农作物研究所、河南德圣种业有限公司、北京聚京成农业发展有限公司

品种来源：F193×D72

特征特性：出苗至收获期共135d，较对照豫玉22号早熟1d。幼苗叶片绿色，叶缘紫色，叶鞘紫色，茎基紫色，花丝紫色，花药黄色，颖壳淡紫色。披散型株型，株高321cm，穗位高132cm，成株叶片数24片。果穗长筒形，穗长26cm，穗行数18行，行粒数39.4粒，穗轴红色，籽粒半马齿型、黄色，百粒重42g。经鉴定，高抗禾谷镰孢茎腐病，中抗大斑病、禾谷镰孢穗腐病，感丝黑穗病。籽粒容重736g/L，整株粗蛋白含量8.90%，中性洗涤纤维含量34.2%，酸性洗涤纤维含量17.7%，淀粉含量33.5%。

产量表现：2016—2017年开展青贮玉米品种区域试验，平均亩产干物质2 033.08kg，较对照豫玉22号增产15%；2018年生产试验平均亩产干物质2 233.4kg，较对照豫玉22号增产10.5%。

栽培技术要点：4月中旬播种，种植密度每亩5 000株。基肥亩施玉米专用肥50kg；种肥应每亩施硫酸钾5kg、磷酸二铵10kg；追肥，大喇叭口期亩施尿素25kg。注意青贮玉米病虫害防治工作。

适宜地区：甘肃省作春播青贮玉米栽培种植。

参考文献

付忠军，郑阳，陈文俊，2013. 青贮玉米渝青玉 3 号的特征特性及栽培要点 [J]. 养殖技术顾问（9）：222.

雷金宏，任志强，狄建勋，等，2023. 玉米新品种甘垦 120 [J]. 中国种业（7）：137－139. DOI：10.19462/j. cnki. 1671-895x.2023.07.029.

吕磊，2021. 推介七个国审玉米新品种 [J]. 农村新技术（4）：41-43.

# 第四章

青贮玉米青贮技术与品质

第一节 青贮技术研究概况

随着畜牧业的不断发展,我国玉米青贮技术不断提高和完善。目前有果穗青贮、秸秆青贮、籽粒复水青贮、高湿玉米青贮、全株玉米青贮以及青贮玉米与不同豆科牧草混贮等不同模式。青贮能提升玉米秸秆的营养价值,经青贮后玉米秸秆的干物质有效降解率和粗蛋白有效降解率均有提升。籽粒复水青贮发酵能够使蛋白质被水解破坏,从而增加了淀粉的利用率。以收获籽粒为主的果穗青贮、高湿玉米不仅节省了收获籽粒的烘干成本,同时也增加了玉米淀粉消化率,拓宽了发酵青贮玉米的使用场景,也逐渐受到国内学者重视。全株玉米青贮是我国研究和应用最广泛的青贮模式,收获时干物质应严格控制在40%以内,留茬高度15~20cm,一般切割高度为17~26mm,辊速差为40%~50%,并配备1~3mm辊隙以充分破碎玉米籽粒。近年来,通过在玉米青贮过程中加入豆科高蛋白牧草,利用其成分互补性实现青贮饲料营养品质的均衡与提升。青贮玉米和红三叶质量比为3∶7时青贮效果最好,青贮玉米、沙打旺和饲用高粱混合青贮比为3∶1时混贮效果理想。全株玉米与紫花苜蓿以4∶6青贮时,提高了乳酸含量,显著降低了青贮饲料氨态氮/总氮值，茎叶结构良好，饲草品质较好。青贮饲料的发酵过程涉及多种微生物的反应，伴随着复杂的生物化学变化。在缺氧环境中，厌氧乳酸菌会大量增殖，保持 pH 值在弱酸性水平，从而有效避免了青贮饲料的腐败变质问题。同型和异型乳酸菌都被广泛应用于青贮玉米发酵剂中，以改善青贮品质。然而，同型乳酸菌改善效果明显优于异型乳酸菌。布氏乳杆菌和副干酪乳杆菌 F2-6 两种菌能够大幅降低青贮饲料中的中性洗涤纤维含量，这两种乳酸菌接种剂适用于内蒙古东部玉米青贮的发酵。在玉米青贮过程中，未经晾晒处理下进行青贮 60d 的玉米，综合品质较高，添加 0.3% 的纤维素酶能够提高青贮品质，降低腐烂率，添加淀粉酶能大幅提升乙酸、丙酸和乳酸菌浓度。

第二节　青贮发酵原理

青贮的基本原理主要是通过乳酸菌发酵，使青贮原料在密闭无氧或低氧的条件下，并长期保存。将青贮玉米原料填埋到青贮窖中，在密闭无氧或低氧的环境中，借助乳酸菌等大量微生物的快速繁殖，将原料中的糖类转变成以乳酸为主的有机酸，随着青贮天数的增加，有机酸逐渐积累并使酸度不断增强，pH 值随之降低，低 pH 值及厌氧酸性环境抑制了大量腐败菌和霉菌的繁殖和生长，从而防止青贮饲料发霉变质，当 pH 值水平降至 4.2 以下时，大部分微生物的繁殖活动停止，最终连乳酸菌也会受到抑制，发酵停止，青贮饲料仍保持青嫩多汁的营养特性并长期保存。青贮原理这一过程中，乳酸菌的发酵是关键，乳酸菌高效发酵必须满足 3 个条件：

好的密闭厌氧条件、大量乳酸菌、充足的可溶性碳水化合物。

第三节　青贮发酵过程

青贮发酵是一个复杂的生物化学过程，涉及多种微生物的一系列反应，其中，乳酸菌是青贮发酵中起主要作用的菌株，乳酸菌在厌氧条件下能够快速生长繁殖，与此同时，其他好氧微生物则利用剩余的氧气进行一系列的生物化学反应，因此，创造一个好的厌氧环境对于青贮玉米饲料的成功发酵至关重要。

1. 青贮发酵的一般流程

青贮玉米的发酵具体需要以下几个过程。

（1）青贮原料的准备　首先，需要选择适宜的青贮玉米原料。一般来说，玉米在乳熟后期带果穗收割最为理想，此时其含糖量较高，有利于后续发酵过程。选择生长状态较好、未受病虫害侵害的青贮玉米作为发酵原料。原料收割后，应立即进行切碎或割碎，确保玉米的养分和水分含量，长度一般控制在 2~3cm，以便于后续的压实、密封和发酵。

（2）装填与压实　将切碎处理后的青贮玉米迅速装填入青贮窖中，并进行压实。压实是为了排出原料中的空气，创造一个厌氧环境，以防止氧气进入影响发酵效果。同时，压实还能使原料更加紧密，有利于后续的密封和保存。

（3）密封与发酵　装填压实完成后，窖口应立即进行密封，以防止外界空气进入。在密封的窖内，青贮玉米开始进行发酵。发酵过程主要包括有氧呼吸过程和乳酸菌发酵过程。在有氧呼吸阶段，原料中的好氧微生物会进行呼吸作用，消耗掉窖内剩余的氧气。随着氧气的消耗，窖内逐渐形成一个厌氧环境，进入乳酸发酵阶段。在这个阶段，乳酸菌开始大量繁殖，产生乳酸，使青贮玉米的 pH 值逐渐降低，达到稳定状态。

（4）稳定与保存　经过一段时间的发酵后，青贮玉米进入稳定阶段。此时，乳酸菌的活动受到抑制，其他杂菌也被杀死或抑制，青贮玉米得以长期保存。在保存过程中，应注意定期检查窖的密封性，以防止空气进入导致发酵失败。

2. 发酵过程注意事项

总的来说，青贮玉米的发酵过程是一个复杂的生物化学过程，涉及多种微生物和酶的作用。通过控制原料的含糖量、切碎长度、压实程度和密封性等因素，可以优化发酵过程，提高青贮玉米的质量和保存效果。当然，青贮玉米发酵过程中还有很多需要注意的细节。

（1）温度管理　青贮饲料发酵中，温度是至关重要的一个因素。乳酸菌发酵通常需要在适当的温度范围内进行，一般为15～30℃。如果温度过高或过低，都可能影响乳酸菌的活性，进而影响发酵效果。因此，在发酵过程中，需要密切关注窖内温度，并采取相应的措施，例如覆盖保温材料或通风降温以保持温度的稳定。青贮玉米在发酵过程中会产生大量热量，需要定期翻动堆体，促进玉米整体的发酵均匀。

（2）水分控制　青贮玉米的发酵过程中，水分的含量也是一个关键因素。水分过多会导致窖内氧气含量过高，不利于乳酸菌的厌氧发酵；而水分过少则会影响原料的压实和发酵效果。因此，在装填前，应对原料进行适当的晾晒或加水调整，使其达到适宜的水分含量。

（3）质量检测　在发酵过程中，还需要定期对青贮玉米进行质量检测。这包括观察原料的颜色、气味和质地等感官指标，以及测定 pH 值、乳酸含量等生化指标。通过这些检测，可以了解发酵的进展情况，及时发现并解决可能出现的问题。

（4）取用与储存　通常在发酵 2～3 周后，青贮玉米即可用作饲料进行取用和储存。发酵完全后的玉米具有更好的口感和更高的营养价值。取用时，应注意从上到下逐层取用，以保持窖内原料的稳定。同时，取用后应及时密封窖口，防止空气进入。在储存过程中，应定期检查窖的密封性和原料的状态，避免发霉变质影响牲畜的健康。

通过精细管理，可以确保青贮玉米的发酵过程顺利进行，并获得高质量的青贮饲料。这不仅有助于提高饲料的利用率，还有助于减少环境污染和资源浪费，实现畜牧业的可持续发展。

第四节　青贮玉米的品质

一、调制优质青贮饲料的关键

根据青贮发酵原理，乳酸菌的正常繁殖是调制优质青贮饲料的关键，因此，制作青贮玉米饲料时，首先要创造适宜乳酸菌生长繁殖的条件，使乳酸菌快速繁殖，短时间内产生充足的乳酸菌。调制优质青贮饲料需要综合考虑原料选择、无氧环境创造、含糖量提高、场地选择、窖的建造、青贮时间、青贮密度以及后期管理等多个方面的因素。通过科学合理地运用这些关键技术和管理措施，可以生产出高品质的青贮饲料，为畜牧业的健康发展提供有力保障。因此，调制优质青贮饲料的关键在于以下几个方面。

1. 原料的选择

青贮原料的选择和处理至关重要。应选择植株新鲜、无病虫害的玉米植株为原料。在收割时，应注意保持玉米茎叶和秸秆的清洁，清理泥土和杂质，挑去病虫害污染严重的植株，以免影响青贮饲料的品质。

2. 厌氧环境

创造无氧环境是调制优质青贮饲料的关键步骤，因为在无氧环境中乳酸菌才能进行正常的生长繁殖，因此，在青贮制作时必须及时排除空气，尽量为乳酸菌的生长繁殖创造缺氧环境。玉米秸秆、叶片和果穗等都要尽量切碎，填装原料时应快速装填且最大限度地压紧压实，越紧实越好；封口时应排出青贮窖上层的空气，避免原料与空气的接触，创造有利于乳酸菌发酵的厌氧条件。

3. 适宜的水分

原料的含水量应控制在适当范围内，一般青贮时原料的含水量应控制在 65%～74%，水分过低或过高都不利于青贮的发酵。如果原料中水分不足，会导致压实困难、发霉变质。而且原料中水分过低可能导致青贮饲料收获损失和发酵过程过度产热，会减少可发酵物的数量，水溶性碳水化合物（WSC）增加和 pH 值升高，影响青贮饲料品质。原料水分过高，会导致可溶性营养物质容易流失和梭菌发酵过快，水分过多容易导致原料内部空隙减少，空气流通受阻，这不仅会影响压实效果，而且影响青贮料的品质。

因此，在青贮过程中，应该通过合理控制水分，可以最大限度地保留原料中的营养物质，提高青贮料的品质和保存效果。同时，也应注意定期检查青贮窖的湿度和温度，及时发现并处理可能出现的问题，确保青贮料的品质和安全性。

4. 适宜的温度

在青贮过程中，温度控制也是青贮成功的重要因素。乳酸菌正常生长繁殖的适宜温度一般为20~30℃，在这个温度范围内，乳酸菌能快速地生长繁殖，青贮玉米的发酵过程能够顺利进行，从而达到良好的青贮效果。如果青贮过程中温度过高，不仅会影响乳酸菌的繁殖，维生素和糖分也会被破坏，最终导致青贮品质下降。温度过低则青贮过程中应尽量防贮藏温度过高，首先青贮原料装贮过程应控制在1~3d内完成，并及时密封；其次原料装填过程中应尽量压紧压实，防止空气进入；最后青贮过程中要加强管理，关注温度变化，及时处理。

5. 原料的缓冲能力

青贮原料的缓冲能力是其对pH值变化的承受能力和调节能力，是影响饲料品质非常重要的因素。因为在青贮饲料制作的过程中，秸秆经过压实、密封和发酵，会产生大量的乳酸，有助于形成酸性环境，从而抑制有害微生物的生长，保证青贮饲料的品质。然而，过多的有机酸也会导致pH值急剧下降，影响瘤胃内微生物的生长和反刍动物的消化能力。

二、影响青贮品质的因素

为制作青贮饲料创造适宜的条件后，还应当充分考虑影响青贮发酵品质的因素，才能调制出优质的青贮饲料。首先，要选择适宜的品种，青贮玉米的基因型很大程度就决定了青贮玉米秸秆的品质，同时，要控制好青贮饲料的收获时间，通常是玉米秸秆还未完全老化时集中收割。其次，收割后的玉米秸秆需要及时切碎，以便进行贮存。切碎的长度应控制在1～2cm，同时要确保玉米籽粒被破碎。切碎作业应迅速进行，从原料收获到入窖的时间不得超过8h，以避免因放置时间过长导致营养损失。

1. 适宜的品种

不同品种青贮玉米品种的各营养成分如粗纤维、粗脂肪、粗蛋白、干物质、无氮浸出物等含量不同，特别是水溶性碳水化合物含量亦不同，不同品种对环境的适应性有所不同，同一青贮玉米品种在不同地区种植后其营养成分也有所不同，所以，应该考虑适宜当地栽培种植的优质青贮饲料品种。例如通过国家或省级审定的青贮玉米品种，经过连续几年的区域试验和生产试验，具有较高的产量和品质保证，选择经过正规审定流程的品种可以在法律层面避免麻烦。

2. 收获时期

青贮玉米的收获时期是一个关键的环节，其选择直接影响到青贮饲料的品质和产量。青贮玉米的最适收割期是指玉米籽粒成熟的乳熟末期到籽粒蜡熟前期，具体可以根据玉米籽粒的乳线位置来判断收获时期，当乳线处于籽粒的1/2～1/3位置时，玉米植株已经积累了足够的养分，营养成分达到了一个相对较高的水平，玉米植株的产量也接近峰值，但尚未完全成熟，因此既保证了饲料的营养价值，又避免了因过度成熟而导致的营养损失，便是收获的最佳时机，因此收获此阶段的玉米能够获得营养价值和生物产量的最大值。在植物的生长期中，其营养成分的含量、养分的消化率以及利用率随不同生长阶段变化而有所不同。基于此，最佳的青贮收获时机并非单纯依据饲草产量最高,也非某单一或某些营养成分产量最高峰,更不局限于在消化效率最高的时刻进行收割。而应综合考虑各个因素,然后选取可消化营养物质产量达到顶峰的阶段进行收割。这一理想收获期的特征显著表现为茎叶纤维化程度较低,同时富含水溶性碳水化合物,确保了较高的营养价值与消化效益。需要注意的是,青贮玉米的收获时期可能因地区、气候和种植品种等因素而有所不同。因此,在实际操作中,建议结合当地的实际情况和经验,灵活掌握收获时期,以确保获得高质量的青贮饲料。

此外,在收获青贮玉米时,应尽量选择晴好天气进行,避免在雨季或阴雨天气中收获,以免饲料品质受到影响。一旦收割完成,青贮玉米应及时进行青贮处理,以保持饲料的营养价值和口感。

3. 水分

水分是影响青贮质量的关键因素之一,水分不仅是青贮过程中的介质,也是微生物生存不可或缺的环境条件。保持适当的含水量对于提高青贮饲料的 pH 值也很关键,玉米青贮的含水量应控制为 65%~75%,过高(75%以上)或者过低(40%以下)的含水量都会不利于青贮饲料的有效发酵过程。含水量过高,会导致青贮饲料发酵不良,易腐烂,当青贮原料的含水量超过 70% 时,应适当晾晒一段时间或加入适量的玉米面进行调节,也可以与适量的干草或秸秆混合青贮。相反,如果含水量低于 60%,会影响饲料的营养价值,则需要适当加水以提高其水分含量。因此,收割和切碎过程中应该密切关注秸秆的含水量,并适时调整。

4. 青贮原料的物理加工

玉米青贮的物理加工是一个关键的步骤,旨在将玉米植株转化为营养丰富、易于储存的青贮饲料。

加工青贮时，尽量选择优质的新鲜玉米秸秆，避免使用枯黄、霉烂或患病的饲草原料。将收割下来的玉米进行清洗，去除泥土、沙石等杂质，以保证青贮饲料的纯净度和品质。青贮原料切得越碎，越有利于厌氧条件的形成，在发酵必需的水溶性碳水化合物和水分等营养成分满足的前提下，越有助于快速乳酸菌发酵，而丁酸发酵被抑制。

原料装填时要迅速且均匀，并与压实作业交替进行，通常每装填 30~50cm 就用拖拉机等工具进行一次压实。青贮原料应由内到外呈楔形分段装填，压实后的密度应达到 650kg/m^3 以上。原料经填装压实后，距离窖口应高出 30cm 左右，完成装填和压实后需要使用塑料布进行覆盖，并且在塑料布上方及四周用细土覆盖，以防止空气进入。密封性良好的贮存条件对于保持青贮饲料的品质至关重要，因此青贮设施应当建在土壤结构较好、地势较高、地下水位相对低的地方，并确保远离粪坑、水源等，以免菌株污染或水分太大。

5. pH 值

青贮玉米的 pH 值是衡量其质量的一个重要指标，合理控制青贮玉米的 pH 值对于保证其质量和保存效果至关重要。pH 值过低会导致青贮时产生过多的酸，影响反刍动物的消化和健康；而 pH 值过高则可能导致秸秆中产生过多的氨氮和有害微生物，造成营养物质大量损失，甚至青贮失败。一般来说，玉米青贮的 pH 值应保持在 3.5~4.5，品质良好的玉米青贮饲料 pH 值范围为 3.9~4.1，品质一般的 pH 值范围为 4.2~4.7，而品质低劣的 pH 值则大于 4.8。

6. 温度

青贮发酵是由微生物在适宜温度下完成的，适宜的温度是促进有效发酵的前提条件。发酵初期,温度应迅速上升到30℃以上,以促进乳酸菌的繁殖和发酵。但温度也不宜过高,否则会导致营养损失和有害菌的滋生,当温度高于35℃时,也不利于乳酸菌繁殖;如温度超过57℃,青贮饲料中超过75%的糖、20%~25%的粗蛋白可能会遭到损失,而且开窖饲喂可能会造成发酵饲料发生不可逆的生物化学反应。而当温度低于13℃时,也会对微生物的生长繁殖造成不利影响,大多数微生物的生长会受到抑制。

三、青贮玉米的营养品质

青贮玉米的营养品质主要包括干物质(DM)、淀粉(Starch)、粗灰分(Ash)、粗蛋白(Crude protein,CP)、粗脂肪(Ether extract,EE)、粗纤维(Crude fiber,CF)、中性洗涤纤维(Neutral detergent fiber,NDF)、酸性洗涤纤维(Acid detergent fiber,ADF)和木质素(Lignin)等。

1. 干物质

干物质含量是衡量青贮玉米营养成分和有机物积累多少的一个重要指标,优质青贮玉米的干物质含量(DM)应大于28%,最佳含量为30%左右,这一指标需要根据60~90℃恒温充分干燥后测量剩余有机物的重量来确定。

2. 淀粉

淀粉含量是玉米植株主要营养成分的组成部分,主要来自玉米籽粒,优质青贮玉米的淀粉含量应大于25%,最佳为30%左右。

3. 粗脂肪

粗脂肪是为动物提供能量的关键营养物质。

4. 粗纤维

粗纤维是指不能被人体和非反刍动物消化和吸收的植物细胞壁

成分，主要包括木质素、半纤维素和纤维素等。它们不能被消化，但是可以通过刺激动物的胃肠道促进肠道蠕动和消化液分泌，从而有利于消化和胃肠道健康，而且可以增加动物的饱腹感，缓解饥饿感，粗纤维含量高的饲料更适合于牛、羊等瘤胃发达的反刍动物食用，玉米青贮中的粗纤维含量一般平均为33%左右，大致范围为30%~35%。

5. 粗灰分

粗灰分是指青贮饲料中矿物质元素的总量，是评估饲料营养价值的一个指标。

6. 粗蛋白

粗蛋白是青贮玉米粗饲料中的关键营养物质，对动物生产起着重要作用，其含量也直接影响青贮饲料的饲用价值。通常情况下，饲料中粗蛋白的含量越高，表明饲料的饲用价值就越高。经过青贮处理后，不同品种及收获时期的玉米，其粗蛋白含量都比青贮前增加。

7. 中性洗涤纤维

中性洗涤纤维（NDF）是全株玉米饲料的关键成分，可以为牛羊等提供充足的能量，是衡量纤维品质最直接有效的指标，但其含量与能量浓度、干物质采食量和非纤维碳水化合物等呈负相关，青贮饲料植物细胞NDF含量越低，其被利用的程度越高，动物采食量越高。

8. 酸性洗涤纤维

酸性洗涤纤维是衡量青贮饲料能量多少的重要指标，酸性洗涤纤维的含量越高，则青贮饲料越不容易被牛羊等消化，酸性洗涤纤维的含量越低，动物的消化率越高，饲料的饲用价值就越高。

9. 木质素

木质素是广泛存在于植物体内的一种高分子化合物，植物的木质化程度越高，木质素含量相对越高，木质素几乎不会被酶以及微生物活动所分解，不能被动物消化利用，当木质素含量超过 5% 时，就会抑制动物肠道中微生物菌群的生长和繁殖。

四、青贮玉米营养品质测定方法

青贮玉米营养品质的测定，是指玉米在蜡熟时期测定农艺性状的同时，不同品种分别选取 10 株代表性的植株，从根部以上 10cm 处整株刈割后的地上部鲜重，然后带回实验室，在 105℃下杀青至恒重，全株粉碎，充分混合均匀，分别过筛备用，依据 GB/T 6435—2014《饲料中水分的测定》测定干物质含量，依据 GB 5009.9—2023《食品安全国家标准 食品中淀粉的测定》测定淀粉含量，依据 GB/T 6432—2018《饲料中粗蛋白的测定 凯式定氮法》测定全株粗蛋白含量，依据 NY/T 1459—2007《饲料中酸性洗涤纤维的测定》测定全株酸性洗涤纤维含量，可以通过试剂盒测定过氧化物酶、过氧化氢酶活性和可溶性糖的含量。测量中物质的含量都以样品的干重为基数进行计算。具体测量方法如下。

干物质（DM）：采用 105℃烘干 48h 法测定干物质的含量。

粗灰分（Ash）：通常采用差重法和马弗炉灼烧来测定粗灰分的含量。

粗蛋白质（CP）：采用杜马斯燃烧法，或者凯式定氮仪（全自动凯式定氮仪，美国 FOSS 公司产）法测定粗蛋白质（CP）含量。

粗脂肪（EE）：通过索氏提取法测定粗脂肪（EE）的含量。

可溶性碳水化合物（WSC）：采用蒽酮-硫酸比色法测定可溶

性碳水化合物（WSC）的含量。

粗纤维：采用范式法（A220型半自动纤维分析仪，美国ANKOM公司产）或者滤袋法测定酸性洗涤纤维（ADF）和中性洗涤纤维（NDF）的含量，并计算相对饲用价值（RFV）

$$RFV = (8\,269.8 - 72.5 \times ADF) / NDF$$

缓冲能值（BC）：采用盐酸、氢氧化钠滴定法测定缓冲能值（BC）。

青贮玉米营养品质的测定可用凯式定氮仪测定法、索式粗脂肪抽提法、范式洗涤纤维化学分析法、马弗炉灼烧和酶水解法化学法等。此外，还有更简便的近红外反射光谱技术法（Near infrared reflectance spectroscopy，NIRS）和动物饲养试验法等。

近红外光谱技术是一种快速定性定量的新分析技术，其主要特点是不需要复杂的样品前处理就能通过对光谱信息的快速分析提取出样品的关键指标，而且不需破坏样品，因此适用于快速测定饲料的品质。波长在700~2500nm的光谱称为近红外光谱。取所有待测样品各100g，用旋风磨进一步粉碎过1mm筛，用近红外分析仪进行光谱扫描，便能在短时间内测出青贮玉米干物质品质指标，分别为干物质（DM）、淀粉（Starch）、粗蛋白（Crude protein, CP）、粗脂肪（Ether extract, EE）、粗灰分（Ash）、酸性洗涤纤维（Acid detergent fiber, ADF）、中性洗涤纤维（Neutral detergent fiber, NDF）和木质素（Lignin）等重要指标，然后通过分析和计算能得到干物质采食率、干物质消化率和相对饲用价值3项指标。

近红外反射光谱技术的优点主要有以下几个方面：便捷，不需要烦琐的样品前处理，并且不消耗样品；高速，通过建立校正模型，测定一个样品只需1~2min，大幅缩短了检测时间；成本低，所用到的光学材料便宜；高效，可以一次检测出样品的多个不同品质指标；可分析玉米粉样，也可直接分析玉米籽粒样品；环保，检测过程无污染。

近红外光谱技术存在的问题：需要提前用标准方法测定标准样品来建立校正模型；测试灵敏度低，一般被测组分含量要大于0.1‰；建模工作难度大，需要专业人员完成；需要对模型不断进行修正和维护。

五、青贮玉米发酵品质测定方法

1. 现场感官评定

即饲料完成启用时，根据饲料的色泽、质地、气味来判断青贮质量的高低，优质青贮保留了原料的青绿颜色，呈现出酸甜可口的风味，散发出青草饲料的清香气味，同时质地也更柔软而没有霉变和腐烂变质的情况。色泽评定分为3个等级，与原料颜色高度相似（得0分）、轻微变色（得1分）、明显变色（得2分）；嗅觉测评分包括4个等级，无丁臭味、略有丁臭味、较重的丁臭味、强烈的丁臭味，分数范围为2～14分。质地共4个等级，茎叶结构保持良好（得0～1分）、叶子结构较差（得1～2分）、茎叶结构保持较差（得2～3分）、茎叶已经腐烂（得3～4分）；评定等级为优良（16～20）、上好（10～15）、中等（5～9）、下等（0～4）。

2. 青贮发酵品质的测定

准确称量青贮样品20g，加入180mL的蒸馏水，用料理机搅碎、搅拌混合均匀，倒入200mL锥形瓶中，用封口膜封口，于4℃静置24h，4层纱布过滤，再用定量滤纸过滤，制成发酵样品浸提液，保存备用。

（1）pH 值的测定　取提前准备的青贮发酵样品浸提液加入 50mL 烧杯，用 pH 计测定 pH。pH 值 3.8 以下为优等品质，pH 值 3.9～4.1 为品质良好，pH 值 4.2～4.7 为品质一般，pH 大于 4.8 则为劣等品质。

（2）氨态氮（Ammonia nitrogen，AT）测定　通过苯酚次氯酸钠比色法进行氨态氮 NH_3-N 含量测定。

制备苯酚显色剂：称取 0.05g 的亚硝基铁氰化钠，加入 500mL 蒸馏水溶解，再加 10g 苯酚，搅拌溶解并混匀，蒸馏水定容到 1L，配制成苯酚显色剂，装入棕色试剂瓶，于 4℃ 冰箱保存备用。

碱性次氯酸钠试剂的制备：称取 5g 的 NaOH，溶于 650mL 的蒸馏中，再加入 37.85g 磷酸氢二钠充分溶解并混匀，待冷却后，加入 50mL 次氯酸钠，搅拌混合均匀，用蒸馏水定容至 1L。

制备标准铵溶液：将经过 100℃ 烘干过的 0.6607g 硫酸铵溶于适量蒸馏水中，然后定容到 100mL，配制成 100mmol/L 的标准铵溶液备用。

具体试验步骤：分别吸取 1mL 适当倍数稀释后的各品种饲料样品浸提液，并加入试管中，另外，再吸取 1mL 的蒸馏水加入一支试管中作为空白对照组，加入 4mL 0.2mol/L 的 HCL 充分混合。再向各试管加入 2.5mL 次氯酸钠和 2.5mL 苯酚试剂。在 60℃ 水浴锅加热，显色 10min 后取出，冷却后，于 560nm 波长下测定吸光值，绘制标准曲线，求出样品中氨态氮含量。

$$NH_3-N/TN\ (\%) = [C \times D \times (90 + 10 \times M/100) \times 14] / (10 \times N \times 10^4) / TN$$

式中，C 为样液的浓度（mmol/L）；D 为样液总稀释倍数；M 为样品水分含量，单位为百分比（%）；TN 为测出的试样总氮含量，单位为占鲜样的质量百分比。

（3）可溶性糖（Water soluble carbohydrate，WSC）测定 采用蒽酮比色法测定。先配制蒽酮溶液。称取0.1g的蒽酮于100mL的容量瓶中，用98%的浓硫酸定容。葡萄糖标准溶液的配制（葡萄糖浓度为0μg/mL、20μg/mL、40μg/mL、60μg/mL、80μg/mL、100μg/mL），具体试验步骤：取10mL的试管，分别加入葡萄糖标准溶液各1mL、蒽酮溶液5mL，快速摇匀，沸水浴煮沸10min，冷却后，在620nm波长下测定吸光值，绘制出标准曲线。

称取上述制备好的青贮样品浸提液1g加入20mL的试管中，加入15mL蒸馏水，加少许活性炭避免干扰。于100℃沸水中煮20min，取出冷却，用漏斗过滤到25mL的容量瓶中，反复冲洗残渣后进行定容。分别吸取样品溶液各1mL，加入5mL的蒽酮溶液，重复以上操作3次测出吸光值。

可溶性糖含量（%）=（C×VT×100）/（W×V1×10^6）

式中，C为标准曲线中查到的葡萄糖含量；VT为样品提取液的总体积；W为样品的重量；V1为显色时取样品液量。

（4）丙酸（PA）、乙酸（AA）、丁酸（BA）和乳酸（LA）含量的测定 通过高效液相色谱仪测定乳酸的含量，通过气相色谱分析仪进行测定丙酸、丁酸和乙酸的含量，取制备好的青贮样品浸提液，通过0.45μm的纤维素膜滤膜过滤于5mL的离心管中，用进样器吸取25μL过滤后的样液，确保进样器中无气泡。分析测定出滤液中的丙酸、乙酸、丁酸和乳酸的含量。

参考文献

黄运青，2018. 品种及收获期对玉米青贮品质的影响［D］. 杨陵：西北农林科技大学.

穆怀彬, 2008. 近红外光谱技术在玉米营养品质和青贮玉米品质评定中的研究 [D]. 呼和浩特：内蒙古农业大学.

钱寅森, 武启迪, 季中亚, 等, 2021. 我国青贮玉米生产与加工研究进展 [J]. 江苏农业科学, 49 (23)：41-46. DOI：10.15889/j.issn.1002-1302.2021.23.007.

严旭, 吴子周, 左艳春, 等, 2023. 玉米植株不同部位的青贮特征及其品质提升策略 [J]. 草地学报, 31 (8)：2275-2286.

智利红, 2020. 河南省洛阳市全株玉米青贮利用现状与对策 [J]. 养殖与饲料 (1)：58-59. DOI：10.13300/j.cnki.cn42-1648/s.2020.01.021.

第五章

青贮玉米栽培技术

第一节 选地与土壤处理

一、选地与整地

玉米对土壤的要求较高，应选择土层深厚肥沃、土质疏松透气、富含有机质和微量元素的肥沃土壤。一般来说，整个土层厚度最少应保持在 80cm。尽量选择地势平坦、排灌方便的地块，有利于机械化种植，更有利于玉米的生长和产量的提高。避免在低洼地或水土流失严重的地块种植玉米，因为这些地方容易积水，增加沤苗和病虫害的发生。多以小麦、马铃薯、油菜和豆类等茬口较适宜，应当避免迎茬和重茬种植。

耕地能够适当掩埋田间残茬和部分杂草，增加土壤孔隙度，从而有效改善耕作层的土壤结构，恢复土壤肥力。深耕可打破长期浅耕造成的犁底层，使耕作层加深，活土层加厚，透气性随之提高，蓄水量提高，抗旱涝能力加强。深耕能够深度改善土壤的物理性状，从而促进土壤中无机养分的释放与有机养分的分解，不仅提高了肥料的利用效果，而且还能减少或抑制杂草、病虫害的发生和发展，有效改善玉米根系的分布，促进青贮玉米生长发育。合理的土壤耕作是玉米正常发芽、出苗、苗全和苗壮的重要保障。及时耕作整地，疏松土壤，能够有效改善土壤透气性、提高土壤的排水性，增强土壤的保水、保肥和蓄水能力，更有利于作物的正常生长，对玉米生长质量和产量影响较大。

前茬作物收获后应及时深耕晒垡、耕作深≥25cm，要求土块细碎、地面平整，更利于玉米生长发育，播前及时整地对作物的根系发育影响较大，深耕使土壤理化性质明显改善，有效提高土壤肥力耕后及时耙耢保墒。若是水利条件较好的黏土地，耕地后应在结冻前浇足底墒水，经过冬季冻融交替使土壤充分熟化，翌年早春时镇压耙耢保墒。

二、地下害虫防治

青贮玉米田间常见的地下害虫包括蝼蛄、蛴螬、金针虫、地老虎以及近年来局部地区为害严重的弯刺黑蝽、玉米旋心虫和二点委夜蛾等，通常栖居于土壤中，主要为害青贮玉米根部和种子、幼苗和嫩叶，造成播种后不能发芽出苗，田间缺苗断垄严重，根系无法正常生长或心叶皱缩畸形，甚至幼苗干枯死亡等，影响玉米产量。

生产中常用的农业防治方法如下。

实行合理轮作和倒茬，改变土壤的理化性质，破坏地下害虫的繁衍条件；掩埋或铲除田间地头杂草，破坏害虫的栖息、产卵场所，控制害虫数量；收后播前深耕细耙，破坏害虫的栖息环境，降低其为害；诱杀成虫，在金龟子、地老虎等的成虫发生期采用诱捕杀虫灯、频振式杀虫灯进行诱杀。玉米幼苗期，地老虎为害时，可在被害植株根际附件扒土捕杀幼虫，但是效果最好的还是化学防治。

对于蛴螬、蝼蛄和金针虫等地下害虫严重的地块，可用75%辛硫磷乳油拌土，待播前耕地时撒施，或随播种随撒在播种沟内，效果显著。用棉籽饼、麦麸或豆饼等做饵料炒香，喷施或拌上辛硫磷乳油等杀虫剂，于傍晚撒在田间幼苗根际附近，可兼治多种害虫，尤其是蝼蛄等。或用菊酯类农药喷施幼苗和周围土表，都有显著的害虫防治效果。

三、播前除草

杂草为害严重的地块，播种后喷施封闭性除草剂，除草剂应按照农药说明的浓度施用，在播种后1~2d内完成，防止喷药过晚药剂接触到玉米幼苗而形成药害，播前除草可以用48%拉索乳油3 000~3 750mL/hm^{2}兑水400~550kg，或者50%乙草胺乳油1 500~2 250mL/hm^{2}兑水450~600kg，喷施到地面后浅耕入土中，防治单子叶类杂草和阔叶杂草；苗后除草剂应在玉米生长三叶至五叶期喷药，且避开中午高温和阴雨天气喷药。除草剂时应当按照GB/T 8321—2018《农药合理使用准则》、NY/T 1276—2007《农药安全使用规范》中的相关规定进行使用。

四、施肥

青贮玉米田间施肥管理同普通大田玉米管理。田间施肥应掌握科学合理的施肥原则"施肥以基肥为主，种肥和追肥为辅，以施用充分腐熟的有机肥为主，施用化肥为辅；磷钾肥和基肥适当早施，追肥分期施"。青贮玉米田间施肥要依据"稳氮、降磷、增钾"的原则，并且及时补充玉米生长必需的矿物质元素和微量元素。基肥一般在播种随着深翻进行，或者选择沟施。合理施用基肥对于青贮玉米的生长发育、保证出苗率和壮苗等都有较大影响。同时要注意施磷肥和钾肥，追肥要分不同的生长阶段随水灌溉施用。施肥比例推荐 N：P：K=1：0.5：1，施肥量应根据地力基础、种植密度、产量指标、品种和肥料利用率等因素灵活运用。青贮玉米比一般大田籽粒玉米需水量多，尤其注意保证拔节期与授粉期的浇水，同时也要注意及时排涝，以免雨水过多时造成青贮玉米倒伏而减产。

1. 施足基肥

基肥也叫底肥，一般在玉米播种前施入，用以供给植株整个生长期所需的养分，多以迟效性的肥料如有机肥为主，化肥等为辅。基肥的主要作用是改良土壤、培肥地力，为玉米整个生育期的生长发育提供营养。北方春播玉米地区，随秋耕或冬耕施入基肥，可以促进肥料充分分解，春季只需要浅耕便能直接播种，这样能保蓄水分，减少土壤水分蒸发，从而提高肥效。

有机肥主要有畜禽粪便、杂草堆肥、秸秆沤肥以及各类土杂肥等。肥效时间长，有机质含量高，养分丰富而肥效持久。种植豆科绿肥，也是解决玉米基肥的重要来源。绿肥中含有机质多，能改良土壤结构，氮的含量又比磷钾多，符合玉米的营养要求。因此，不论休闲地种植绿肥或玉米地套种绿肥，均对第二年玉米有显著的增产效果。有机肥用做基肥时，可以一起加入磷肥进行堆沤，施用前掺入适量氮肥，能够有效减少土壤对磷的固定。氮、磷混合施用，以磷固氮，可以减少氮素的挥发损失，提高肥效。

常用化肥有磷酸二铵、尿素、硫酸钾、碳酸氢铵、氯化钾、过磷酸钙等。化学肥料的养分含量较有机肥高，发挥肥效也更快。施用基肥时应当考虑具体土壤情况因地制宜。基肥可以在耕前撒施，随耕地时翻入土中,可以通过农机进行条施肥、穴施或人工撒施。

2. 用好种肥

种肥是指在玉米播种时施入种子附近或随种子一同施入土壤中,为种子萌发和幼苗生长提供所需养分的肥料。常用的种肥主要是速效化肥,也可施用充分腐熟的农家肥。

目前市面上可供选择的氮肥种类繁多且分类较细,由于其含量和性质的不同,对种子萌发和根系生长影响不同。因此,在选择氮素化肥作种肥时应当考虑肥料的性质,铵态氮肥和固硝态氮肥都可以作为种肥施用,但要注意合理的用量和施用方法。硝态氮肥和铵态氮肥均容易被玉米根系吸收,并被土壤胶体吸附,铵态氮对玉米无害。各地生产实践证明,尿素、碳酸氢铵作种肥时必须与种子保持大于10cm的安全距离,以免烧苗。

在玉米播种时配合施用磷肥和钾肥效果更好。应根据基础地力、基肥使用情况等计划种肥施用量。土壤肥力较弱且基肥施用不足时,应该多施种肥;反之,土壤肥力好或者基肥充足,则可以少施或不施种肥。种肥可以随铺膜播种一体机播种时施入,但要注意防治烧苗。

适宜施肥量为有机肥45 000～60 000kg/hm^2、N 225～300kg/hm^2、P_2O_5 150～225kg/hm^2、K_2O 60～90kg/hm^2、$ZnSO_4$ 15～30kg/hm^2。全部有机肥、钾肥、锌肥及2/3氮肥和磷肥结合播前整地集中深施做底肥,其余1/3氮肥和磷肥于拔节至大喇叭口期作追肥。肥料要求符合NY/T 525—2021《有机肥料》、NY/T 496—2010《肥料合理使用准则》的规定。

五、浇水

青贮玉米播种浇水有两种方式,一种是造墒播种,即在播种前浇水造墒，一般田间 5cm 深度土壤湿度达到 75% 以上，手握土壤能成团，落地即散时可以进行播种，玉米播种后种子便能够吸收到充足的水分，有效提高发芽率，保证出苗；另一种是播种后及时浇水，即浇蒙头水，一般是有滴灌或者喷灌条件的田块，浇小水的方式慢慢渗透到根部，促进玉米发芽。

六、覆膜起垄

采用智能机械化起垄沟播技术，智能机械化播种机沿玉米种植方向开沟起垄覆膜，可同时进行旋耕、施肥、开沟起垄、铺滴灌带、覆地膜、播种和镇压一系列作业。

第二节　品种选择与种子处理

一、品种选择

青贮玉米优良品种应该具备基本的基本特征有"抗病虫害、抗倒伏、适宜机收、生物产量高、纤维品质好"等基本特征。

1. 专用青贮玉米品种

专用青贮玉米品种要求在刈割时达到蜡熟期，因此，根据青贮玉米的生长期，在品种选择时首先必须结合种植地的气候条件，选择适宜的早熟或晚熟的品种；根据栽培制度来确定适宜的良种，玉米在北方的耕作制度中，按其播期不同可分为春播、套种和夏播 3 种主要的生育类型。春玉米一般是 4 月中下旬播种，8 月下旬至 9 月上旬收获，需选用 120d 以上的晚熟品种；小麦套玉米通常在 5

月中下旬播种，9月上中旬收获，需选用95～115d的中熟品种；夏玉米通常在6月中下旬播种，9月中下旬收获，需选用80～95d的早熟种。有些地方由于不了解不同的栽培制度需选用不同生育类型的玉米品种，致使生产遭受损失。海拔≤1 500m、年降水量≥500mm地区适宜推广栽培生育期≥130 d的晚熟品种，如雅玉26号、大京九23、陇青贮1号、文玉3号和五谷759等品种；海拔1 500～1 800m、年降水量400～500mm的地区，适宜种植生育期为115～130d的中晚熟品种，如五谷8567、豫青贮23号、北农青贮208、大京九26、雅玉青贮26号等；海拔1 800～2 100m、年降水量300～400mm的地区，适合种植生育期为≤115 d的中早熟青贮玉米品种，如强盛30号、雅玉青贮8号、金穗702、和五谷702等。在选择品种时，应考虑其高产、优质、抗倒伏、抗病等特性，并选择已通过品种审定且适宜当地种植的青贮玉米品种。同时，要确保所选品种的净度、发芽率、纯度和含水率等指标达到标准。

生产专用青贮玉米的目的是供给家畜粗饲料，满足家畜的需要，这就要着眼于饲草能否稳定生产，因此，需要选择生物产量高、株型紧凑、耐密植、植株高大、叶片多、纤维品质好、持绿性好、营养丰富、适口性好的优质高产青贮玉米品种。

专用青贮玉米品种还应该选用抗病强的品种，否则一旦田间大面积发病会导致产量下降，也会造成青贮品质下降。近年来，北方各地普遍发生玉米各种病害，其中玉米叶斑病、茎腐病已成为玉米的主要病害。为了保证玉米高产稳产，选育和推广抗病品种，尤其是抗大、小斑病和茎腐病的品种是生产上迫切需要解决的问题。还应注意品种的抗倒伏性，玉米倒伏会增加收获时的损失，不利于机械采收，采用机械收割时，容易倒伏的玉米难以入进料口，损失更大，同时易倒伏也容易影响植物对光的利用，可造成青贮玉米干物质产量下降。

选用良种必须因地制宜，品种选择应该结合环境条件和栽培技术，以实现高产优质的目的，任何优良品种都是有地区性的和有条件的，并非良种万能。不同的品种或杂交种，对肥水的反应、抗旱、耐涝、抗病力、区域适应性、产量水平及品质等都是有差别的。挑选品种时，需注意各品种的品种特性与适宜栽培地区，选择适合当地栽培种植的品种，才能保证青贮玉米的产量和质量。为此，不论从外地引进或当地新选育的品种或杂交种，在大面积推广之前，必须在试种示范过程中，了解和掌握其生长发育特性，并总结出一套有针对性的种植管理方法，才能发挥良种的增产作用。

2. 专用青贮玉米的用途

生产专用青贮玉米的目的是供给家畜粗饲料，满足家畜的需要，这就要着眼于饲草能否稳定生产，因此，需要选择生物产量高、株型紧凑、耐密植、植株高大、叶片多、纤维品质好、持绿性好、营养丰富、适口性好的优质高产青贮玉米品种。

目前，我国已经培育了一批青贮专用玉米品种，并通过了国家或省级品种审定，可根据当地的实际条件因地制宜地选择。

二、种子处理

青贮玉米在播种前，应该通过对种子进行晾晒、药剂浸种或者种子包衣等处理增强种子的发芽势，有效提高种子发芽率，而且可以减少地下害虫为害，以促进出苗。

为了保证玉米高产和稳产，玉米种子的品质十分关键，应保证籽粒饱满，并且发芽率、纯度和净度都能达到国家规定标准，种子纯度超过98%、净度超过99%、发芽率超过85%以上,并且含水量要小于12%。

1. 晾晒

据多年生产实践经验,播种前进行种子晾晒,一方面能防病虫害,另一方面晒种能促进种子后熟,降低含水量,使种皮失水变薄,播种后吸水性增强,增强种子的生活力和发芽能力,经晒种后,可提高种子发芽率13%～28%,提早出苗1～2d,而且可以减轻玉米病害的为害。天气晴朗时可以把将要播种的种子铺开晾晒,连续翻动晾晒2～3d。

2. 浸种

播种前将种子用温水浸种能有效提高种子活力,促进种子的新陈代谢能力,有助于种子吸水萌发,提高发芽率。方法如下:在播种前用冷水浸种12～24h或温水(两开兑一凉或水温55～58℃)浸种6～12h,具有缩短玉米吸胀时间、提早出苗、促使苗齐、苗壮等作用,比干种子均有增产效果,而且温水浸种还可冲洗掉或杀死种子表面的部分病菌。须注意,无灌溉条件的干旱地块不易浸种。因为浸时的种子胚芽已经萌动,播在干土中容易造成烧芽,不能出苗,导致损失。

3. 药剂拌种

为了防治病害,在浸种后可用20%悬浮种衣剂(主要成分为福美双13.6%+丁硫克百威6%+戊唑醇0.4%)16.7～25g拌种1kg种子,预防丝黑穗病、穗腐病和茎腐病等。0.5%的硫酸铜拌种,可以减轻玉米黑粉病的发生,药剂拌种时农药使用应符合GB/T 8321.10—2018《农药合理使用准则》、NY/T 1276—2007《农药安全使用规范》规定。

4. 种子包衣

播前种子包衣处理是防治根际病虫害的有效方法，即将种子裹上一层种衣剂。在播种前选用安全的玉米专用种衣剂，能够有效控制玉米苗期病虫害。玉米种衣剂是由农药原药（杀菌剂和杀虫剂等）、复合肥料、植物生长调节剂、微量元素、成膜剂通过配套功能性助剂经过特定工艺加工制作而成，能够在种子播种后具有抗虫、抗病、促进种子萌发和根系发育的能力。包衣的方法有两种：一种是人工包衣。即在包衣盆中加入种子和包衣剂进行搅拌，使各药剂均匀地涂在种子表面，晾干后装袋播种，适用于少量种子的包衣处理；另一种是机械包衣。由相关单位使用包衣机、干燥机等进行集中包衣，适用于大量种子包衣。

第三节 播种

一、播种时间

青贮玉米的播种时间应根据品种特性和各地的气候条件来确定。一般来说，在5～10cm深的土壤中，土壤温度稳定达到10℃以上时即可进行播种，播期应以青贮玉米出苗后能避开晚霜为害为宜；温度在25～35℃范围，最适合玉米种子发芽，温度在18～20℃，最适合玉米苗期生长。一般甘肃东南部地区在4月上中旬，中部地区在4月中下旬。

二、播种方式

青贮玉米的播种方式主要可采用穴播，部分地区的部分品种也可以采用条播。条播时，行距一般控制在60~70cm；穴播时，穴距可根据品种推荐的适宜栽培密度和土壤肥力来确定。

播种方式有人力点播和全程机械化播种，人力播种又分为人力穴播机播种和人工点播。人力穴播机播种时，根据种植密度调整好机器的下籽量，每穴1~2粒种子，播深4~6cm。播种时要随时注意穴播机，以免种子用尽或泥土堵塞穴播机出籽口。人工点播是使用人力点播器，按计划的株距逐穴进行点播，播深4~6cm，每穴1~2粒种子，边播种边用土盖住种植孔。目前玉米全程机械化种植技术发展成熟，有非常成熟的全程机械化作业，可以实现拖拉机配套旋耕、开沟、起垄、覆膜、施肥、播种和镇压等一体化的复式作业，不仅减少了人工，大大提高了作业效率，还能保持播种行距、株距、深度一致。

三、播种深度

播种深度要适中，一般为3~5cm，落籽均匀，深浅一致。播深过浅或过深都会影响种子的发芽和出苗。

四、播种量和播种密度

种植密度对单位面积最大产量起着至关重要的作用，随着种植密度的增加，单位面积的干物质产量也会相应提高。然而，过高的密度可能会增加作物倒伏的风险，研究显示高密度种植更适宜于青贮饲料生产而非籽粒收获玉米的种植。由此表明，在适宜范围内增加种植密度能够有效增产生物量和籽粒产量，但若密度超过适宜的范围则可能造成玉米茎秆倒伏，并且对光合利用及物质累积均造成影响。过高的密度则会导致作物倒伏，进而影响养分积累。种植密度还会影响玉米作为饲料的生物产量、营养物质含量和青贮饲料质量,因此,采用合理的种植密度能够显著提升青贮玉米的产量和品质。

青贮玉米播种量需要根据品种、密度和播种方法确定,播种量一般为2~2.5kg/亩,密度一般较籽粒玉米高,青贮玉米的保苗数一般为5 000~6 000株/亩,若采用人工点播,播种量为2.5~3.5kg/亩,一般青贮玉米的保苗数为5 000~6 000株/亩。

第四节 田间管理

一、地膜检查和破除板结

覆膜后应注意检查地膜覆盖情况,若地膜覆盖不严,甚至被风刮起或破损,应当尽量铲土压实。出苗前,如果播种孔遇降雨造成土壤板结,应及时破除,将板结的植株放出地膜。

二、查苗补苗

播种后,在玉米幼苗长出2~3片叶时要及时进行田间查苗补苗工作,检查有无双苗、多苗情况,及时间苗,间除病苗、弱苗、多苗,确保苗全、苗齐和苗壮。同时发现缺苗的地方,应当及时移栽或补种。4~5叶期定苗,留生长健壮的高大苗,以及叶片方向与种植行方向垂直的壮苗,拔除弱苗、病苗,每穴留苗1株。

三、灌溉

青贮玉米生长期间需要充足的水分。一般在玉米拔节期、大喇叭口期、抽穗期、灌浆期视土壤墒情及天气变化情况适时灌溉。在干旱季节,要及时进行灌溉;在雨季,要注意做好排水排涝工作,防止积水造成涝害。近两年高温天气频发,对玉米抽穗、授粉、灌浆影响很大,应特别注意及时灌溉。

四、施肥

玉米对肥料的需求量大且吸肥集中的,因此,除了施底肥和种肥,在玉米拔节期、孕穗期和生育后期都需要及时追肥才能满足生长发育所需的养分。对于玉米的合理追肥,广大农民群众积累了丰富的经验,如施"三攻"(攻秆、攻穗、攻粒)肥,"头遍追肥一尺高,二遍追肥正齐腰,三遍追肥出毛毛"等追肥口诀都概括了玉米追肥的关键技术。根据土地肥力和玉米生长状况,适时进行施肥。在玉米大喇叭口期,根据田间长势情况,可适当追施,每亩追施尿素 $5\sim10kg$。同时,要做好除草工作,避免杂草与玉米争夺水分和养分。根据玉米生长的各个生育时期进行追施,分别有苗肥、拔节肥、穗肥和粒肥。

第一阶段的苗肥是指从玉米出苗到拔节前追施的肥料。这一时期处于雄穗生长锥未伸长期,是玉米长至 $3\sim5$ 叶期后,进入茎秆生长最快时期,也是第一个需肥高峰,一旦养分供应不及时,就会影响植株的生长,造成茎秆细弱,叶片短小黄化,植株弱小。对于底肥不足的,要抓住这次机会,施提苗肥,满足拔节期青贮玉米植株生长对养分的需求。据田间实地观察与测量,拔节期每昼夜茎秆生长 $8\sim10cm$。

第二阶段的拔节肥是指拔节至拔节后 10d 左右到抽雄前追施的肥料,这一时期为雄穗生长锥伸长期至雌穗生长锥伸长期前为茎叶迅速生长时期,该时期施肥主要供幼穗分化,缺水肥会形成小穗或畸形穗,出现缺粒或空秆。微量元素缺乏也要及时补充,如拔节期出现白化苗,则应当补充锌肥,建议采用质量浓度为 3g/kg 硫酸锌溶液喷洒 1~2 次。大喇叭口期追肥可以用手推式播种机将肥料施入行间,此时一般可以追施磷酸二铵 150kg/hm^2、尿素 150kg/hm^2。

第三阶段抽雄吐丝期的穗肥,此阶段营养生长与生殖生长共进,且由营养生长向生殖生长过渡,因此此期是形成籽粒的关键时期。在抽雄期如果植株出现有发黄等缺肥表现,应当及时追施攻粒肥,此期追肥一般以每公顷 75kg 尿素为宜。

第四阶段灌浆期的粒肥,是指雌穗、雄穗处于开花受精到籽粒形成期,进行追肥以增加粒重。保证后期不脱肥水。一方面确保籽粒饱满,淀粉含量高,还能使植株保绿性增强。

五、中耕除草

在 6~7 片叶时结合追肥,中耕除草和培土。一般定苗后进行 2~3 次中耕除杂。针对一年生禾本科杂草及部分阔叶杂草,采用 90%乙草胺乳油 1 500~2 325mL/hm^2 或 96%精异丙甲草胺乳油 750~1 275mL/hm^2,或 42%乙甲莠悬浮剂 2 250~3 000mL/hm^2,或 72%异丙草胺乳油 1 500~1 950mL/hm^2 兑水 600~750kg 喷施,于玉米播种后出苗前进行土壤封闭喷雾除草。除草剂的使用应按照 GB/T 8321.8—2007《农药合理使用准则(八)》、GB/T 8321.10—2018《农药合理使用准则(十)》、NY/T 1276—2007《农药安全使用规范》中的相关规定。

对于一年生阔叶杂草,可采用 25%辛酰溴苯腈乳油 1 500~2 100mL/hm^2,或 45%二甲四氯·莠去津(莠去津 25%+二甲四氯

20%）悬浮剂3 000～3 750mL/hm²，或25%砜嘧磺隆干悬浮剂1 125～1 350kg/hm²兑水375～525kg，于玉米3～5叶期对杂草茎叶喷雾防治。

六、病虫害防治

青贮玉米病虫害防治应遵循"生物防治为主、化学防治为辅，预防为主，综合防治"的原则，采用生物防治与化学防治相结合的方法，选用高效、低毒、低残留农药。玉米主要虫害有玉米螟、红蜘蛛、黏虫、蚜虫等，主要病害有黑粉病、粗缩病、大小斑病、锈病等。使用农药应符合GB/T 8321.8—2007《农药合理使用准则（八）》、GB/T 8321.10—2018《农药合理使用准则（十）》、NY/T 1276—2007《农药安全使用规范》的规定。

玉米螟发生时，采用6%氯虫苯甲酰胺·阿维菌素乳油300～600mL/hm²，或10%四氯虫酰胺悬浮剂450～750mL/hm²兑水450kg，于卵孵化高峰期喷雾防治。也可用16 000IU/mg苏云金杆菌可湿性粉剂3 000～4 500g/hm²，或1.5%辛硫磷颗粒剂7 500～11 250 g/hm²掺细沙90～120kg，在大喇叭口期灌心防治。还可采用20%敌杀死乳油300mL/hm²兑水450kg在玉米螟为害初期对准玉米喇叭口向下喷雾防治。红蜘蛛发生初期，采用5%唑螨酯悬浮剂1 000～1 500倍液，或5%噻螨酮乳油1 500倍液，或30%乙唑螨腈悬浮剂4 000～5 000倍液，或240g/L 螺螨酯悬浮剂150～300mL/hm²兑水450～600kg喷雾防治，每隔7～10d防治1次，连续防治2次。黏虫发生初期，可采用20%哒嗪硫酸乳油800～1 000倍液，或2.5%高效氯氟氰菊酯水乳剂240～300mL/hm²兑水450kg，或200g/L氟虫苯甲酰胺悬浮剂150～195mL/hm²兑水450kg喷雾防治

1～2次，每次间隔7～14d。当百株蚜量达2 000头以上时，可采用50%辛硫磷乳油1 000倍液，或10%吡虫啉可湿性粉剂2 000倍液，或50%抗蚜威可湿性粉剂3 000倍液，或用40%氧化乐果乳油1 500倍液喷雾防治1～2次，每次间隔7～10d。

预防瘤黑粉病发生，可用50%福美双可湿性粉剂500～800倍液在抽穗前喷雾进行防治；瘤黑粉病发病初期可用40%苯醚甲环唑悬浮剂187.5～225.0mL/hm^{2}兑水450kg喷雾防治1～2次，每次间隔10d。大小斑病发病初期，采用70%丙森锌可湿性粉剂1 500～2 250g/hm^2，或18.7%丙环·嘧菌酯悬浮剂750～1 050mL/hm^2，或30%苯甲·丙环唑悬浮剂150～450mL/hm^{2}兑水450kg喷雾防治1～2次，每次间隔10d。粗缩病发病初期，可采用5%氨基寡糖素水剂1 125～1 500mL/hm^2，或6%氨低聚糖素水剂930～1 245mL/hm^{2}兑水450kg喷雾防治1次。锈病发病初期，可采用20%三唑酮乳油1 500倍液，或25%三唑酮可湿性粉剂1 000～1 500倍液，或12.5%速保利可湿性粉剂3 000～4 000倍液喷雾防治。

第五节　田间监测与记录

一、生育时期记录

（1）播种期　播种当天的日期。

（2）出苗期　全区50%以上的幼苗第一片真叶伸出胚芽鞘高1.5～2cm的日期。

（3）三叶期　全田50%以上植株主茎第三片叶露出1cm

的日期。

（4）拔节期　全区 50% 以上的植株基部茎节间开始伸长的日期，或者植株雄穗进入伸长期，茎节总长度达 2～3cm。

（5）小喇叭口期　指玉米植株雌穗开始伸长，雄穗进入小花分化期。

（6）大喇叭口期　指全田一半以上的植株进入雄穗分化四分体期，雌穗小花分化期，出现还未展开的棒三叶，心叶表现为丛生，且上平中空而呈喇叭状，此期一般玉米具有 11～13 片展开叶。

（7）抽雄期　指植株雄穗尖端露出顶叶 3～5cm 时期。

（8）开花期　指全田 50% 以上的玉米植株雄穗开始散粉的日期。

（9）吐丝期　指全田 50% 大部分玉米植株雌穗的花丝从苞叶中伸出 2cm 左右的日期。

（10）灌浆期　全田一半以上的玉米植株籽粒呈现圆球状，胚乳呈现清水状，一般在受精后 12～17d 开始进入灌浆期。

（11）乳熟期　小区一半以上植株前期胚乳呈乳状，后期呈糊状，一般在吐丝后 15～35d。乳熟期花丝变干，籽粒变黄，用手指压碎时可以将乳状液体挤出籽粒。

（12）蜡熟期　小区一半以上植株籽粒变硬，胚乳呈蜡状，可用指甲划破，一般在吐丝后 35～50d。此期籽粒内的浆糊状物质具有面团状稠度，淀粉和营养物质迅速积累，籽粒含有 70% 的水分，并开始顶部凹陷。

（13）成熟期　植株籽粒干硬，籽粒基部出现黑色线，乳线消失，并呈现出品种固有的颜色和光泽。

二、出苗率调查

玉米出苗 1 周后调查各品种出苗率,并且观察是否有药害发生。

三、农艺性状测定

收获前测量其株高、穗位高、叶长、叶宽、茎粗、叶片数、绿叶比等指标,单位 cm。计算平均值,3 次重复,每重复 10 株。

株高:分别在拔节期、抽穗期和蜡熟期测定,各小区分别取 10 株长势一致具有代表性的植株,用塔尺测量由地表到雄穗顶端的长度。选取测量株高的植株时,不应选取边际植株。

穗位高:测量株高的同时用塔尺测量植株从地表到第一果穗柄着生节的高度。

茎粗:分别于拔节期、抽穗期和蜡熟期测定。各小区分别取 10 株长势一致具有代表性的植株,使用游标卡尺测得植株距地面第 2~3 茎节中部扁茎直径即为茎粗的直径。选取测量茎粗的植株时,不应选取边际植株。

叶长、叶宽:选取每株穗位叶,叶长为叶舌至叶尖长度,叶宽选叶片最宽处测定。

叶片数:每小区内随机取生长发育正常的 10 株植株,调查每株的叶片数。

黄叶数、绿叶数:收获时数取植株黄叶数和剩余绿叶数,其中绿叶为整个叶片上绿色部分多于 1/2 的叶片,其余则为黄叶。

叶色:青贮玉米叶片颜色一般分为深绿和浅绿,叶片颜色与品种持绿性相关，叶色浅绿持绿性中等，叶色深绿持绿性良好。

最大叶叶面积：采用卷尺量取植株最长叶的长度和最宽处位置的宽度，采用玉米叶面积估算方法：玉米叶面积=0.7×（长×宽）。

叶面积指数：各小区分别取 10 株长势一致具有代表性的植株，分别在拔节期、开花期、灌浆期、乳熟期、蜡熟期调查叶片数，并测量叶面积。

单叶叶面积=长×宽×系数，未展开叶片系数为 a=0.50，展开叶系数为 a=0.75。

$$LAI = 单株叶面积 \times 小区株数 / 小区面积$$

光合势：光合势（LAD）是生育期间的叶面积与该生育期内光合时间的乘积。

$$LAD = (L_2 - L_1) \times (T_2 - T_1)$$

式中，L 表示叶面积，T 为时间。

四、光合速率测定

第 2 次喷雾后第 7 天测定玉米光合速率，每个小区从中间两行按顺序各选取 10 株共 20 株玉米，采用 LI-6400XT 便携式光合仪（美国）测定，从 7：00～17：00，每 2 h 测定 1 次，测定玉米穗位叶片的净光合速率（Pn）、蒸腾速率（Tr）、胞间 CO_2 浓度（Ci）和气孔导度（Gs）。

五、玉米叶绿素相对含量的测定

在玉米吐丝期开始，用手持 SPAD 分析仪（SPAD-5200）测定玉米穗位叶叶绿素相对含量（SPAD）值，每小区连续取边行和中间行各3株，每次测定时分别在穗位叶的中部进行，取平均值作为小区玉米穗位叶 SPAD 值，每隔 7d 测量 1 次，共测定 3 次。测定前，测量头不夹样品，先进行校准，测定时注意不能碰读数校验卡的表面。

六、饲草产量测定

当小区内 50% 以上植株生长到 1/2～2/3 乳线期时全株刈割，留茬高度 10cm，收获后立即称鲜重。每小区随机选取 10 株进行全株粉碎，充分混合均匀后，称取 1kg 样品，105℃杀青 30min，之后 65℃烘干直至恒重，称干重算取含水量，并结合鲜重计算干草产量。

七、病害发生调查

青贮玉米病害调查通常在玉米苗期和穗期进行，调查青贮玉米病害发生情况，一般采用随机调查法、部分也采用走访调查法、普查法，结合查阅历史资料分析法。各小区采取对角线五点取样法，对玉米主要病害发生情况进行调查，每点逐株调查相邻 2～3 行的 20 株玉米，记录玉米植株发病状况，确定发病等级，计算出发病率。

1. 青贮玉米茎腐病的调查

在玉米蜡熟期，调查不同密度处理下玉米茎腐病发生情况，计算发病率和病情指数（表 5-1）。

$$玉米茎腐病发病率 = 发病株数/调查总株数$$

$$病情指数 = \sum \frac{(各级病株数 \times 各级代表值)}{(调查总株数 \times 最高级代表值)} \times 100\%$$

表 5-1 玉米茎基腐病病情级别划分及其症状描述

病害级别	症状描述
0	植株正常生长
1	病株由下而上枯黄,枯黄叶片占全株叶片的 1/4 以下,茎基部和果穗生长正常
2	枯黄叶片占全株叶片 1/4~1/2,茎基部 1/2 节稍有水渍状,果穗生长正常
3	枯黄叶片占全株叶片 1/2~2/3,茎基部变软,果穗下垂
4	枯黄叶片占全株叶片的 2/3 以上,茎基部明显变软但不倒伏,果穗下垂
5	玉米全株叶片枯死,茎基部明显变软并倒伏,果穗下垂、干瘪

2. 青贮玉米穗腐病调查

选择青贮玉米完熟期,将各处理接种的玉米果穗剥去苞叶,逐个调查记载发病穗数及发病级别,每小区调查 30 株,计算发病率和病情指数,穗腐病的病情级别划分见表 5-2。

表 5-2 玉米穗腐病病情级别划分及其症状描述

病情级别	发病程度
1	发病面积占果穗总面积的 0~1%
3	发病面积占果穗总面积的 2%~10%
5	发病面积占果穗总面积的 11%~25%
7	发病面积占果穗总面积的 26%~50%
9	发病面积占果穗总面积的 51%~100%

$$发病率 = 发病株数 / 调查总株数$$

$$病情指数 = \sum \frac{(各级病穗数 \times 各级代表值)}{(调查总穗数 \times 最高级代表值)} \times 100\%$$

3. 青贮玉米锈病调查

在青贮玉米锈病发生主要时期，调查锈病的发生情况。采取五点取样法调查，每点随机选 20 株，统计发病率和病情指数（表5-3）。

表5-3　玉米锈病病情级别划分及其症状描述

病情级别	发病程度
1	叶片上无病斑或仅在穗位下部叶片上有零星病斑，病斑面积占叶面积 ≤5%
3	穗位下部叶片上有少量病斑，病斑面积占叶面积 6%～10%，穗位上部叶片有零星病斑
5	穗位下部叶片上病斑较多，病斑面积占叶面积 11%～30%，穗位上部叶片有少量病斑
7	穗位下部叶片或穗位上部叶片有大量病斑，病斑相连，病斑面积占叶面积 31%～70%
9	全株叶片基本被病斑覆盖，叶片枯死

4. 青贮玉米南方锈病调查

选择青贮玉米南方锈病发生主要时期，调查青贮玉米南方锈病的发生情况，采取五点取样法调查，每点随机选 20 株，逐株调查，分别记录发病株数和调查玉米总株数，计算发病率和病情指数（表5-4）

表5-4　玉米南方锈病病情级别划分及其症状描述

病情级别	病情描述
0	叶片无病斑或仅有无孢子堆的过敏反应
1	有零星孢子堆，病斑占叶面积 5%以下
3	叶片有少量孢子堆，病斑占叶面积 5%～25%

（续表）

病情级别	病情描述
5	叶片有较多孢子堆，病斑占叶面积26%～50%
7	叶片有大量孢子堆，病斑相连，占叶面积51%～75%
9	叶片有大量孢子堆，占叶面积76%～100%，叶片枯死

5. 青贮玉米纹枯病调查

选择玉米蜡熟期，调查青贮玉米纹枯病的发生情况。采取五点取样法调查，每点随机选至少20株，重点调查果穗以下茎节，逐株调查并记录发病症状和症状级别，统计发病株数和玉米总株数，计算发病率和病情指数（表5-5）。

表5-5　玉米纹枯病病情级别划分及其症状描述

病情级别	病情描述
0	全株无症状
1	最下方果穗以下第4叶鞘及其以下叶鞘发病
3	最下方果穗以下第3叶鞘及其以下叶鞘发病
5	最下方果穗以下第2叶鞘及其以下叶鞘发病
7	最下方果穗以下第1叶鞘及其以下叶鞘发病
9	最下方果穗及其以上叶鞘发病

6. 青贮玉米小斑病调查

选择青贮玉米小斑病发生期，调查小斑病的发生情况，采取五点取样法调查，每点随机选至少20株，逐株调查并记录发病症状和症状级别，统计发病株数和玉米总株数，计算发病率和病情指数（表5-6）。

表 5-6　玉米小斑病病情级别划分及其症状描述

叶片病害级别	症状描述
0	叶片上无病斑
1	叶片上有零星病斑，病斑占叶面积少于或等于 5%
3	叶片上有少量病斑，占叶面积 6%~10%
5	叶片上有较多病斑，占叶面积 11%~30%
7	叶片上有大量病斑，病斑相连，占叶面积 31%~50%
9	叶片病斑占叶面积 50%以上，叶片枯死

7. 青贮玉米大斑病调查

选择青贮玉米抽雄后，调查大斑病的发生情况，采取五点取样法调查，每点随机选至少 20 株，逐株调查并记录发病症状和症状级别，统计发病株数和玉米总株数，计算发病率和病情指数（表 5-7）。

表 5-7　玉米大斑病病情级别划分及其症状描述

叶片病害级别	症状描述
0	叶片上无病斑
1	叶片上有零星病斑，病斑占叶面积少于或等于 5%
3	叶片上有少量病斑，占叶面积 6%~10%
5	叶片上有较多病斑，占叶面积 11%~30%
7	叶片上有大量病斑，病斑相连，占叶面积 31%~70%
9	叶片病斑占叶面积 70%以上，叶片枯死

八、玉米经济性状及籽粒产量测定

玉米成熟后，每个小区在中间两行连续各取 20 株，收获后先称鲜重，然后晒干并脱粒，对玉米进行考种，分别测量穗长、穗粗、行粒数、穗行数、凸尖、穗粒重、百粒重、水分含量等指标，并根据小区面积换算成产量。将植株叶、茎、穗分别称取，测定其单株叶重、茎重、穗重。

穗长：穗基部到穗尖的长度；

穗粗：果穗中部的直径；

秃尖长：果穗顶端籽粒部分的长度；

穗行数：果穗中部的籽粒行数；

行粒数：果穗上中等长度一行的粒数；

穗轴距：从果穗中部折断后进行测量，取果穗横截面直径上两端籽粒底部间的距离。

$$产量 = \frac{收获穗数 \times 穗粒数 \times 百粒重}{(1-含水量)/(1-14\%)} \times 100\%$$

九、穗、茎、叶比重及干鲜比测定

称完鲜重的植株，随后将其单株穗、茎、叶分开，用纱网袋装好，置于干燥阴凉的室内自然晾干，然后分别称干重。

穗（茎、叶）比重＝干重/（穗+茎+叶）干重]×100%

干鲜比＝[（穗+茎+叶）干重/单株鲜重]×100%

第六节 收获

1. 收获时期的选择

青贮玉米的收获时间应根据其生长情况和天气条件来确定。一一般来说，青贮玉米收获时期对于乳酸菌发酵特别关键，收获过早植株容易营养物质不足，不利于乳酸菌繁殖，会导致乳酸菌数量不足，影响发酵品质；如果收获期过晚，则秸秆中的可溶性糖会减少，乳酸菌发酵产生的乳酸减少，青贮玉米秸秆中粗蛋白质、粗纤维的含量会有所增加，导致青贮饲料的适口性降低，也会影响青贮质量。应选择玉米乳熟期至蜡熟期进行收获较为适宜，该时期收获是青贮玉米最佳收获、加工时期，在该时期收获不仅可以获得最高的营养价值，还可提高产量。因为此时玉米的主要营养成分含量与干物质积累量都较高，淀粉含量适中，利于乳酸菌发酵，此时含水量一般在 60%～70%，收获后，要及时进行青贮处理，并妥善贮藏，以防止霉变和损失。若收获时植株含水量偏高，则应在青贮之前适当进行晾晒后再装填入窖，若收获时含水量偏低，则不利于青贮材料在窖内压紧压实，容易导致青贮材料霉变。因此选择适宜的天气收获时期非常重要。

2. 天气的影响

收获时间还应注意天气因素，雨水过多霉菌毒素污染的风险增大，会影响青贮玉米的青贮品质，应避免在潮湿的阴雨天收获，以免青贮玉米含水率较高而影响青贮质量。同时，收获也应避免高温干旱天气，水分蒸发过快也会影响青贮品质，因此应该选择晴天收获，避开雨水天气，收获后不宜长期堆积存放，应在短时间内完成青贮，避免因降雨或自身发酵等因素造成的青贮品质下降。

3. 收获方法的选择

目前，市场上广泛应用的青贮玉米机械收获方法有分段收获法和直接收获法。分段收获法是指使用割晒机将青贮玉米的茎秆割倒，在田中整理打包好并运送到专用贮存点，再用切碎机将茎秆逐一切碎,最后压实密封入窖。直接收获法是指在收获过程中用自走式青饲料收获打捆机,可对田间的整株玉米进行一整套联合收获作业,切割、捡拾、压缩和打捆,随后运到专用贮存点。自走式青饲料收获打捆机主要由割台、捡拾机构、压缩室、打结器和发动机等组成。生产率高,使用操作方便。可根据具体条件选用适宜的收获方法。

4. 切割高度

由于青贮玉米田土壤镰刀菌孢子广泛存在,作物收割机的切割高度应设置为使土壤污染最小化。

5. 机械收获配套机具

青贮玉米的种植、收获和青贮离不开农业机械的助力,目前应用于大平整地块的青贮饲料机械化生产的青贮收获联合作业机械主要有自走式青饲料收获打捆机、自走式青贮收获联合作业机械和背负式青贮收获机等;打捆包膜机械主要有打捆包膜一体机、打捆机和包膜机等;针对梯田小地块还有秸秆揉丝粉碎机、打捆成形机械和裹包(包膜)机等配套机具。

参考文献

李星,刘广才,白延巧,2020. 甘肃省灌区青贮玉米节水高产栽培技术规程 [J]. 甘肃农业科技 (6):89-94.

马金慧,杨克泽,任宝仓,2017. 不同药剂防治玉米茎基腐病田间药效试验 [J]. 天津农林科技 (1):4-5,11. DOI:10.16013/j.cnki.1002-0659.2017.0002.

孟广军,王建明,张作刚,等,2020. 山西省玉米茎基腐病抗性鉴定及动态分析 [J]. 山西农业科学,48 (3):441-

445.

王丽娟,徐秀德,刘志恒,等,2007. 玉米抗镰刀菌穗腐病接种方法及抗病资源筛选研究 [J]. 植物遗传资源学报 (2): 145-148. DOI: 10.13430/j.cnki.jpgr.2007.02.004.

袁晓峰,2020. 施肥技术对青贮玉米生长发育及产量品质的影响 [D]. 张家口: 河北北方学院. DOI: 10.27767/d.cnki.ghbbf.2020.000137.

赵贵宾,刘广才,李博文,2020. 甘肃省旱地青贮玉米优质高产栽培技术规程 [J]. 甘肃农业科技 (5): 61-65.

第六章

玉米种子携带病原菌研究及防治

第一节 玉米种子带菌引起的主要病害

在我国，玉米种子带菌可引起多种病害，其中种子携带真菌引起的病害种类多为害重，主要有穗腐病、大斑病、小斑病、茎基腐病、丝黑穗病、瘤黑粉病、圆斑病、黑束病、顶腐病等；种子携带细菌引起的病害有玉米细菌干茎腐病和细菌性茎腐病等。

1. 玉米穗腐病

玉米穗腐病是由多种真菌单独或复合侵染所致，国内外报道的真菌有 30 多种，是一种世界性的病害，也是我国玉米生产上的重要病害。引起穗腐病的优势病原菌主要是镰孢菌，其中我国玉米穗腐病的主要病原菌是串珠镰孢菌和禾谷镰孢菌。此外，玉米穗腐病常见的病原菌还有各种色二孢菌、青霉菌、稻黑孢菌、蠕孢菌、枝孢菌、囊孢壳菌、丝核菌、曲霉菌、根霉菌、木霉菌、链格孢菌、粉红聚端孢等。玉米穗腐病的发生和流行与气候因素、生长环境、玉米品种等有密切关系，一般早熟品种发病较重。

2. 玉米大小斑病

玉米大斑病和小斑病在玉米上常混合发生，其发生比例及为害程度因地区和年份而有很大差异，这两种病害在美国造成相当大的经济损失，后者在相当大的地区内造成30%以上的损失。近年来，玉米小斑病及大斑病在我国多数省份也均有发生。在我国吉林省，2012年调查显示玉米大斑病发生严重的地块产量损失率为24.19%～46.15%。2009—2012年甘肃省玉米大斑病和小斑病在局部地区发病较重，病株率为83.3%和25.6%。

3. 玉米茎腐病

玉米茎腐病又称玉米茎基腐病（青枯病），是全世界玉米产区发生非常普遍的病害，主要造成玉米生产后期茎秆变软，玉米穗下垂，籽粒变少而不饱满，甚至倒伏，在我国已由次要病害上升为主要病害，国内外报道很不一致。因受地理条件及年度间气候条件影响，不同国家、不同地区甚至同一地区的不同年份病原菌的种类亦存在较大差异。在我国，已见报道的病原菌种类有20余种，其中真菌19种，细菌3种。广西、河北、湖北等省的主要致病菌以串珠镰刀菌为主；陕西、河南、吉林省以禾谷镰刀菌为主；山东省以瓜果腐霉菌为主，与禾谷镰刀菌复合侵染所致；北京和浙江地区的病原菌为禾生腐霉菌与肿囊腐霉菌；黑龙江省瓜果腐霉、禾生腐霉、肿囊腐霉菌和禾谷镰刀菌均有较强的致病力；在甘肃省玉米茎基腐病的主要致病菌是禾谷镰刀菌和串珠镰刀菌。研究报道显示，玉米茎腐病在全国各玉米产区均有为害，一般发病率5%～10%，重者20%～30%，严重地块发病率高达60%以上，病株穗重减轻19.45%，千粒重减少14.7%，根量减少，变黑腐烂。

4. 玉米丝黑穗病

玉米丝黑穗病是玉米生产中的重要病害，种子带菌是其远距离传播、为害范围不断扩大的重要因素,全世界玉米产区均有发生。20世纪70年代该病在我国东北、华北和西北地区大流行,1979年甘肃天水重病区接近90%的玉米地块发病,选育抗病品种使得该病得以控制,近几年来随着一些高产、优质品种大面积推广,忽视了抗病性的严格选择,该病发病区域逐渐扩大发病逐年加重。据白金凯等1994年报道,每年在我国东北、河北、山西和广西春玉米区由该病造成的减产达30万t。2002年,东北春玉米区该病又大面积发生,产量损失10%~15%。

5. 玉米瘤黑粉病

玉米瘤黑粉病,是由玉蜀黍黑粉菌引起的具有局部侵染特点的真菌性病害,可在玉米植株地上部任何幼嫩组织侵染发病,形成菌瘤消耗植株大量养分,可造成严重减产,甚至绝收。该病也是一种世界性病害,20世纪90年代以前在我国零星发病,一般不进行防治,但在近几年来发生为害逐年加重,已成为玉米生产上的主要病害。据统计,2000—2008年甘肃省武威市制种基地玉米瘤黑粉病发病率一直递增,严重田块发病率高达98%。瘤黑粉病在玉米茎部发病时可导致减产20%~40%,果穗感病时可导致减产80%~100%,玉米瘤黑粉病成为影响玉米产量的主要因素之一。

6. 玉米圆斑病

玉米圆斑病由玉米生平脐蠕孢菌(*Bipolaris zeicol*)引起,主要为害玉米叶部和果穗,病原菌以菌丝体在秸秆、病残体和土壤中越冬,为翌年的初侵染源。种子也能带菌,常引起苗期发病形成苗枯,也是病害远距离传播的重要途径。1926年在美国伊利诺伊州的玉米茎秆上首次发现玉米圆斑病,现已在澳大利亚、巴西、加拿大、印度、新西兰、尼日利亚、日本、美国等国发生为害。在我国，玉米圆斑病于 1974 年在辽宁省和吉林省首次发生。目前，该病已在我国的吉林、辽宁、北京、黑龙江、内蒙古、陕西、山东、甘肃、四川、贵州、云南等地方发生为害。

7. 玉米黑束病

玉米黑束病是种子、土壤或病残体携带直枝顶孢霉菌使得玉米苗期根部受到侵染而系统性发生的病害，种植感病品种是黑束病发生严重的主要原因，种子带菌是该病害远距离传播的重要途径。早在 1936 年，Harris 曾对玉米黑束病有过研究，后来印度、埃及、澳大利亚、南斯拉夫等国都有发生的报道。1984 年玉米黑束病从南斯拉夫传入我国的甘肃和新疆造成严重损失，近 20 年来黑束病在我国甘肃、陕西、山西、河南、河北及北京等省（市）都有发生为害，有的感病品种损失率达 66%。2016 年 8 月，笔者调查发现黑束病在甘肃临泽的部分品种上发病率为 89%，减产 65% 左右。

8. 玉米顶腐病

1933 年，Edwards 在澳大利亚报道了玉米顶腐病是由串珠镰孢亚粘团变种侵染所致，此菌也可引起基腐和穗腐。1936 年，美国正式报道了此病的发生；在我国，徐秀德等 1998 年在辽宁省阜新地区发现此病。此外，在我国山东、吉林、黑龙江等省也有此病发生，甘肃河西走廊的高台县 2003 年发生此病，造成严重减产。

9. 玉米细菌性枯萎病

玉米细菌性枯萎病菌是全株系统性维管束病害，该病于 1897 年在美国纽约州首次发现，此后相继在加拿大、墨西哥、巴西、法国、菲律宾、日本和澳大利亚等国陆续发生，是我国重要的外检对象。该病除种子可以带菌外，一些带菌昆虫也是很重要的传播者，如带菌玉米跳甲（*Cheatocnema pulicaria*）。玉米细菌性萎蔫病对甜玉米为害更为严重，减产可达 90%～100%。在美国，1932 年损失最大，1967 年损失了 13%，之后病情逐渐减轻，而在意大利，损失达到过产量的 40%～90%。

10. 玉米细菌茎腐病

玉米细菌茎腐病是由成团泛菌引起的一种新的细菌病害。2006 年以来，该病在新疆、甘肃等玉米制种田中连续发生，田间植株发病率为 80%～100%，严重发生时甚至造成绝产。种子中的病菌能够随植株的生长再度传到果穗的籽粒中，完成致病细菌从种子到种子的侵染循环。

11. 其他玉米种传病害

玉米霜霉病和菲律宾霜霉病都是种传病害，也是我国对外检疫对象，前者是由玉蜀黍霜指霉病菌为害引起的，是东南亚国家玉米上的重要病害，印度尼西亚严重年份损失达 40%。国内云南省有发生，发病严重年份发病率高达 61%，广西也有发生的报道。菲律宾霜霉病是由菲律宾霜指霉引起的，主要分布在菲律宾、印度、非洲等国家，对菲律宾引起的减产高达 40%～60%，我国云南开远个别晚熟田发病率达 90%，国内其他地方未见发生为害的报道。

第二节 玉米种带真菌主要类群

1. 镰孢菌类

玉米种子和籽粒内外携带有镰孢菌，而多数属于优势菌群，镰孢菌是引起玉米穗腐病的主要致病菌，分布广，为害严重，主要包括串珠镰孢、半裸镰孢、禾谷镰孢、拟轮生镰孢、层出镰孢、胶孢镰孢、藤仓镰孢、木贼镰孢和尖孢镰孢等。不同地区玉米籽粒携带真菌的种类、分离频率有很大差异，镰孢菌是优势菌群。

2. 其他类

除镰孢菌外，我国诸多学者在玉米种子或籽粒内外还分离到了其他真菌，在有些地区青霉菌和木霉菌也是玉米种子上的优势菌。不同地域、不同季节、不同年份玉米种子或籽粒内外真菌群落结构差异较大。龙书生 1995 年对陕西关中西部玉米穗粒腐病种子进行检测发现，种子还带有粉红聚端霉、玉米黑束病菌、非洲串棒霉等；2015 年陈晓琳从玉米种子中还分离到青霉属、曲霉属、头孢霉属、木霉属、串珠霉属、侧孢霉属、棒孢霉属、卵形孢霉属、壳色多隔孢属、痂圆孢属、根霉属、茎点菌属、交链孢属，出现频率最高的是木霉属，为 34.78%。

有研究者在云南省玉米种子上还检测到了根霉菌、瓶梗青霉菌，种子内部分离到了长蠕孢菌、黑孢霉菌、交链孢菌和茎点霉菌等；高晓梅等于 2004 年至 2005 年对辽宁省玉米种子内外检验分离时还分离到雅致放射毛霉、土黄冻土毛霉和米根霉、金黄色毛壳、球毛壳、绳生毛壳、螺毛壳和大孢粪壳菌、直立枝顶孢、链格孢、帚状曲霉、黑曲霉、玉蜀黍平脐蠕孢、枝状枝孢、黑色附球菌、非洲串棒霉、稻黑孢、扩展青霉、常现青霉、哈茨木霉，其中金黄色毛壳霉为中国新记录种，共 15 属 20 种真菌。

除镰孢菌外分离频率较高的还有青霉菌、曲霉菌、黑孢菌、木霉菌、根霉、木霉和曲霉等，这些都是引起玉米穗腐病的病原菌。2005 年首次报道了甜玉米种子内部寄藏平脐蠕孢属真菌，种子内部还寄藏有青霉属、曲霉属、链格孢属、黑孢属、根霉属、木霉属和毛霉属等。2009 年北京地区玉米种子上还携带有德氏霉属

(*Drechslera*)、曲霉属、链格孢属、黑孢霉属、青霉属、聚端孢属、丛梗霉属（*Monilia*）、毛壳孢属、根霉属、茎点霉属、毛霉属、木霉属以及腐霉属。2011 年在甘肃省、宁夏、山东、河南、河北和内蒙古地区的玉米籽粒样品共分离出 529 株病原菌菌株，除镰孢属外还分离到了青霉属、曲霉属、粉红单端孢及点枝顶孢霉等，分离频率分别为 3.0%、0.067%、0.067% 和 0.067%。周肇蕙等（1984）在甘肃省种植引进南斯拉夫玉米自交系母本 773 上分离到了直枝顶孢霉菌，带菌率为1.25%～13%。

第三节　玉米种带细菌主要类群

　　细菌通常附着在种子的表面，引起系统侵染的病原细菌而在种子组织里，而且存活时间非常久。普遍认为，植物病原细菌都有可能由种子传带。玉米细菌性枯萎病菌种子内外都可以携带传播，该病害是我国重点检疫对象；软腐欧文氏菌玉米转化性和玉米假单胞杆菌都能够在玉米种子上越冬，成为翌年玉米发病的初侵染源，两种菌都能单独引起玉米细菌性茎腐病；曹慧英等（2011）在玉米种子内部检测到玉米细菌干茎腐病的致病菌成团泛菌。

第四节　玉米种子带菌检测方法

一、种带真菌检测

　　在我国，玉米种子带菌检测多运用常规方法。目前，在我国，种子携带真菌常规检测方法主要有肉眼观察法、PDA培养基法、洗涤检测法、吸水纸法、滤纸培养基法和荧光检测法等。肉眼观察法主要是通过播种观察幼苗或直接观察种子表面带菌情况；PDA培养基法，是根据真菌的培养性状等特征来快速测定，有利于真菌种类的确定，主要用于种子内部真菌的鉴定；水纸法操作简单，绝大多数真菌7~10d产孢，比用琼脂培养法检测到的真菌种类更全面；洗涤检测法用于针对某一种菌的检测，主要用来检测种子表面携带的真菌，如玉米黑粉和黑穗病，就需用洗涤法检测。首先，取样放入小三角瓶内，并加入10mL无菌水，用振荡机振荡10min，将厚垣孢子洗下来，再将洗涤液移入离心管内，1 000~1 500r/min离心5min，离心后的悬浮液置显微镜下检查，即可明确致病菌的种类和数量。周继兵（2010）用洗涤法对甘肃河西玉米制种区玉米种子进行系统检测表明玉米弯孢霉叶斑病主要是由优势种新月弯孢霉（*Curvularia lunata*）引起的；2017年胡晓芬等采用盆栽幼苗观察法和PDA培养基法进行了种子表面带菌检测，还用滤纸培养基法和PDA培养基法进行了种内带菌检测，筛选出了两种抗性较好的玉米品种；商鸿生（1983）采用几种常规方法检验了玉米种子携带圆斑病菌的效果，表明吸水纸培养法简便易行，检出率高而稳定，并对带有圆斑菌的玉米种子连续测定表明圆斑病菌在种子中能存活3年以上；玉米干腐病（*Diplodia maydis*），根据菌丝体的形态、颜色可进行萌芽检验，在生产上要加强检疫。罗晓杨等（2009）采用PDA平板培养法和冷冻滤纸法对不同玉米品种的24份样品进行了种子带菌检测，通过鉴定表明：相对而言，冷冻滤纸法更适宜于对镰孢菌带菌率的检测，获得的镰孢菌带菌率高于用PDA平板培养法检测到的，能更准确地反映种子被镰孢菌侵染的概率。肖明纲采用 I2-$ZnCl_2$ 染色方法成功检测和鉴别出玉米种子中大孢指疫霉（*Sclerophthora macrospora*）的菌丝体和卵孢子，该染色法为监测玉米疯顶病的传播提供了实用的技术手段。

目前，国内运用分子生物学技术检测玉米种子带菌的报道较少，罗晓杨等（2008）用酶联免疫法（ELISA）测定了玉米种子中3种镰孢菌毒素的含量。运用在其他种子携带真菌检测的分子生物学技术还有血清学检测、免疫吸附电镜法（ISEM）、小点免疫结合法（DIBA）、双扩散法（DD）、比色聚合酶联反应法（Colorimetric-PCR）等方法，PCR 技术在种子检验中应用较多，在 PCR 技术的基础上还发展了一种新技术——巢式 PCR 技术。

二、种带细菌的检测方法

粮食生产的第一步是获得健康的种子，但是获得健康安全的种子并不容易，研究种子病原细菌的传播方式和侵染途径可为生产健康种子提供依据。种传细菌病害检测技术包括常规检测和分子检测技术。常规检测技术包括生长检测、分离培养、致病性测定、血清学测定等；分子检测技术包括多 PCR、DNA 探针、限制性酶切片段长度多态性（PELP）等技术。

曹慧英等（2011）采用细菌常规分离法、Sherlock 微生物鉴定系统、特异性分子检测技术，对与玉米细菌性干茎腐病相关的杂交种金玉 9856 及其父本 PS056、母本 OSL190 进行了种子带菌检测，证明金玉 9856 和 PS056 种子内部带菌，获得分离物 Pag1 和 Pag2，两个分离物对感病的 PS056 均具有致病性；高文娜等（2014）建立了进出境玉米种子上玉米内州萎蔫病菌（*Clavibacter michiganensis* subsp. *nebraskensis*，Cmn）的 Bio-real-time PCR 技术检测方法,可以应用于实际检测玉米内州萎蔫病菌;杨金玲等(2014)基于纳米磁珠标记的免疫层析法,建立了快速定量灵敏检测玉米内州萎蔫病菌的层析试纸条检测方法,同时该方法可根据检测线的光学反应进行定性判断,操作简便、灵敏度高,并可根据磁信号强度定量检测实际玉米种子样品中玉米内州萎蔫病菌的浓度,为植物病原细菌的快速高效检测提供了一种新型的检测方法;冯建军等(2014)将DNA染料PMA选择渗透性和实时荧光PCR特异性相结合建立了一种快速灵敏检测玉米细菌性枯萎病菌细胞活性的新方法,该方法能有效监测玉米种子中该病菌的活性;孔德昭等(2016)通过菌体免疫小鼠获得高灵敏的高特异性单克隆抗体,并以此为基础建立一种快速、灵敏的单克隆抗体双抗体夹心法检测玉米细菌性枯萎病菌,该方法对玉米细菌性枯萎病菌具有很好的特异性。

第五节 防治对策及建议

1. 加强检疫

加强检疫检验工作。通过产地检疫,将田间零星病株及发病中心植株及时拔除并烧毁,及时清理植株病残体及其他寄主植物,凡未经产地检疫合格的种子不得在生产上推广使用,从源头上避免或减少种子带菌;加强调运检疫,发现带病种子及时销毁除害,不得调运;对进口玉米种子要进行严格的检疫,尤其是一些国内外检疫性病害。

2. 农业防治

一是考虑选用抗病品种;二是轮作倒茬,减少幼苗侵染型病菌的侵染机会，增强抵抗能力而达到预防的目的；三是要科学合理施肥，增施有机肥，避免偏施氮肥和早播，加强田间管理进行农业防治，合理密植，及时清除杂草和中耕；四是加强绿色防控，也可利用一些植物提取液、生防细菌、生防真菌等来防治种传病害。

3. 生物防治

研究表明，可利用一些生防细菌、生防真菌以及植物提取液等来防治种传真菌病害。赵淑莉（2012）从放线菌中筛选出的壮观链霉菌（*Streptomyces spectabilis*）菌株、张桂珍（2012）从银杏内生菌中筛选到球毛壳菌菌株，都对玉米大斑病菌具有很好的抑制作用。

4. 化学防治

播种前用 32.5%苯甲·嘧菌酯、30%丁硫克百威乳油和 0.136%碧护可湿性粉剂进行包衣；苗期喷施 0.136%碧护可湿性粉剂 5 500 倍液+途保康 750 倍液+爱沃富 750 倍液+安融乐 5 000 倍液+四霉素 1 000 倍液；喇叭口期喷施安融乐 5 000 倍液+途保康 750 倍液+0.136%碧护可湿性粉剂 5 500 倍液，提高作物抗性，减轻病虫害发生。抽雄结束后综合防治：喷施 32.5%苯甲·嘧菌酯 2 000 倍液+240g/L 噻呋酰胺 1 500 倍液+0.136%碧护可湿性粉剂 5 500 倍液+安融乐 5 000 倍液+爱沃富 750 倍液+四霉素 1 000 倍液，主要防治玉米锈病、瘤黑粉病、顶腐病、穗腐病及玉米细菌性病害。

5. 加强宣传

种传病害在田间多与土传病害等混合感染，为控制种传病害的发生蔓延，要加强技术宣传培训，让广大种植户充分认识玉米种传、土传病害发生为害的特点，能够充分认识到农业防治、生物防治和药剂包衣的重要性，掌握关键防治技术，能够把"预防为主，综合防治"的总方针运用到实践中去。

第六节 小结与展望

玉米种子或籽粒携带病原真菌和细菌为病害的传播蔓延提供了便利，国内学者从玉米种子内外分离鉴定出了许多真菌类群，但已报道的真菌类群多数只鉴定到属，只有少数鉴定到了种，还有一些菌株没法鉴定。玉米细菌性病害具有发展快、防治难、生产损失严重等特征。近年来，国内玉米种植区之间种子调运频繁，加之从国外引种日益增多，田间不断出现症状多样的细菌性叶斑病，主要原因就是种子带菌和秸秆还田。因此，我国制种玉米生产已面临细菌性病害的严重威胁。而国内关于玉米细菌性病害的研究和关注较少，对玉米种子携带细菌的检测研究更少。明确玉米种子或籽粒携带病原菌的种类和数量，对防治玉米种传病害具有重要的指导意义。目前，在我国，玉米种子携带病原菌检测方面的研究报道还比较少，研究还不够深入，多数采用的是传统的培养检测法，只是对菌群进行检测鉴定，缺乏对作用机理和种子活力等方面的研究，只是对菌群进行检测鉴定，在今后的研究中需要加强；种传病害给玉米生产带来了严重威胁，要从源头避免或减少病原物的携带，就得抓好产地检疫和调运检疫，要抓好检疫工作就得运用一些精细准确的检测方法，就我国而言，玉米种子带菌检测方法还比较滞后，在今后多采用和引进一些先进技术，确保玉米种子带菌检测工作的准确性，为玉米种传病害的控制提供科学依据；近年来，玉米细菌性种传病害日趋严重，一旦发生，传播迅速，防治难，应引起广大植保专家、农业技术人员及检疫部门的高度重视。

参考文献

曹慧英，李洪杰，朱振东，等，2011. 玉米细菌干茎腐病菌成团泛菌的种子传播 [J]. 植物保护学报，38（2）：31-34.

段乃彬，张文兰，等，2006. 种子检验技术研究进展 [J]. 种子科技（5）：35-36.

冯建军，刘杰，王飞，2014. PMA 结合实时荧光 PCR 进行玉米细菌性枯萎病菌细胞活性检测初步研究 [J]. 植物检疫，28（2）：29-30.

高文娜，李建光，骆卫峰，等，2014. 利用 Bio-real-time PCR 技术检测玉米内州萎蔫病菌 [J]. 植物检疫，28（2）：52-54.

胡晓芬，蒋孟多，2017. 玉米种子表面带菌检测的初步研究 [J]. 甘肃科技，33（16）：139-141.

蒋孟多，胡晓芬，2017. 玉米种子表面带菌检测的初步研究 [J]. 农业科技与信息（15）：58-60.

孔德昭，彭娟，刘丽强，等，2016. 基于酶联免疫反应的玉米细菌性枯萎病菌快速检测方法 [J]. 食品与生物技术学报，35（9）：960-962.

罗晓杨，郭庆元，武小菲，等，2009. 玉米生产品种种子带菌和镰孢菌毒素的检测 [J]. 作物杂志（3）：75-76.

商鸿生，王树权，栗松花，1983. 玉米圆斑病种子带菌问题的初步研究 [J]. 植物保护学报，2（15）：143-145.

周继兵，2010. 河西地区制种玉米值得重视的弯孢霉叶斑病检测技术研究 [J]. 农业科技通讯（9）：37-39.

第七章

青贮玉米主要病害识别及防治

第一节 绪论

我国青贮玉米的研究主要集中在品种选育、高产栽培、机械收获和青贮技术方面,在病虫害防治方面研究和关注相对较少。然而,随着农业种植结构的调整和栽培措施的改变,青贮玉米也易发生多种病害。随着我国青贮玉米种植面积的不断扩大,病害发生逐渐加重,病害的发生严重影响我国青贮玉米的产量和品质,种子带菌会造成死苗和弱苗,叶斑病的发生会降低青贮玉米的持绿性,穗腐病和茎腐病会产生大量毒素,给家畜和人类健康造成严重威胁。然而,针对我国青贮玉米病害的防控技术体系建设滞后,农户和企业防控意识淡薄,青贮玉米产量的损失和品质下降,给玉米生产带来了严重威胁,而化学农药的滥用导致严重的生态环境污染。因此,对青贮玉米病害的识别和预防控制至关重要。

青贮玉米病害分非侵染性病害和侵染性病害两种。侵染性病害是由生物因素,例如真菌、细菌、病毒、线虫和寄生性种子植物等引起的病害,能互相传染,有侵染过程,有发病中心,也称为传染性病害。非侵染性病害是由非生物因素引起的病害,不能互相传染,没有侵染过程,没有发病中心,也称为生理性病害。非侵染性病害的因素主要有营养物质的缺乏或过剩、水分供应失调（旱害或涝灾）、温度的过高或过低（日烧或冻害）、日照的不足或过强，气、水、土壤中有毒物质的毒害、农药的药害等。

在我国青贮玉米上发生的主要病害有根腐病、叶枯病、叶斑病（细菌和真菌）、丝黑穗病、顶腐病、锈病、玉米茎腐病、玉米穗腐病、鞘腐病、瘤黑粉病、细菌性叶斑病、矮花叶病和红叶病等。

第二节　非侵染性病害识别与防治

引起非侵染性病害的主要原因：一是植物自身的生理缺陷或遗传性疾病；二是由于在生长环境中有不适宜的物理因素（温度、湿度和光照等气象因素的异常）；三是化学因素（土壤中的养分失衡、水分失调、空气污染和农药等化学物质的毒害等），如缺素、除草剂药害等引起的一类病害。

一、除草剂药害

除草剂是青贮玉米田使用最多的农药，2022年全球农药使用总量370万t，其中除草剂占50%，我国青贮玉米田除草剂主要以阔叶杂草和禾本科杂草为主，据国内玉米田除草剂登记情况统计，除草剂占玉米田上登记农药的73%，其中使用较多的有莠去津、2,4-D丁酯和苯磺隆等。

1. 发生症状

除草剂对青贮玉米增产和减少人力有显著的作用，但若大量不合理使用，也会对玉米生长带来许多不利影响。因此，应依照药剂使用说明书，使用中应选择合格的除草剂、确定合适的使用浓度、了解适用的作物或特定的杀虫谱、杀菌谱和杀草谱、合适的施药环境和施药方法等，以免施用不当容易产生药害。在施用除草剂几天后，玉米植株出现无法正常生长或者表现出不正常的生理反应，例如叶片上出现褐色、白色或黄色等颜色不正常的病斑，叶片大量脱落、叶片萎蔫或皱缩畸形；生长后期出现苞叶缩短或穗粒外露，植株心叶、幼芽、幼茎或根系卷曲皱缩或肿大等现象，植物生长受到抑制，严重时植株干枯死亡等。目前，农药管理体系较为完善，除草剂的规范使用培训也较好，但专门针对青贮玉米田施用的内容和培训较少，大部分青贮玉米栽培种植者对除草剂等化学农药的使用掌握不够深入。

2. 发生原因

青贮玉米田除草剂发生药害的原因主要有除草剂性质因素、除草剂施药技术和施药环境因素。

（1）性质因素　根据除草剂的作用原理，除草剂是能够杀死田间杂草而不影响作物的生长发育的化学农药，因此，施用化学除草剂应当遵守"因草制宜"的原则，根据所种作物和田间杂草，选择能够杀死杂草而不伤害田间作物的除草剂，而且要注意不同性质的除草剂能否混用，以免造成不必要的损失。不同玉米品种对不同种类除草剂耐受性不同，应根据具体情况选择合适的除草剂。

（2）施药技术　主要包括除草剂剂量和喷药时期的把握。常见错误类型如下：使用浓度不准确，由于除草剂知识的缺乏，农户在常常不按使用说明兑水，或者田间杂草茂盛时直接盲目加大药剂浓度，造成喷洒不均匀，容易导致田间玉米植株受害；或者直接盲目加大除草剂用量，导致玉米植株发生药害，施药时期把握不准确、施药机械不合适或者除草剂适用范围不清楚等。青贮玉米田间化学除草主要分两个重要时期，分别是玉米播种后出苗前的封闭除草和苗期除草。其中，在青贮玉米播种后出苗前，主要以封闭性除草剂为主，玉米3～5叶期，以选择性除草剂为主。

（3）施药环境因素　施药环境因素通常指土壤因素、天气因素和气象因素等。其中土壤因素主要指土壤质地，沙土和有机质含量低的土壤对除草剂的吸附能力弱，更易产生药害；天气因素有大风、降水、干旱、高温、低温等。大风天气喷药容易引起除草剂雾滴漂移，容易造成敏感作物发生药害。高温天气玉米植株呼吸作用较强，对除草剂的吸收较快，玉米植株体内的除草剂来不及降解，更容易发生药害。极端低温天气，玉米植株抗性易降低，喷药可能发生药害。下雨之前喷药药效会减弱，而且药渗入作物根部易引起药害。

（4）注意事项　使用除草剂时，首先应选择低毒、高效、低残留除草剂，并且使用前仔细阅读使用说明书和注意事项，明确除草剂的使用范围、使用剂量和施用方法，避免因为除草剂种类选错、浓度太大或者施药方法不对等导致药害。其次，喷洒除草剂应当选择晴天下午无风时施药，避免因为药物漂移产生药害。最后，操作过程中应当注意穿戴好工作服、口罩和手套等，以防中毒。

3. 预防和缓解方法

按照国家用药标准和药物登记等规定，使用低毒高效且安全的除草剂，不使用禁止使用的药物；严格把握除草剂用药量，发现浓度太大要及时浇水稀释。施药尽量避开有风天气。发生药害后，应当及时补救，加强田间水费管理，提高植株免疫力。可以叶面喷施

0.3%的尿素和0.2%的磷酸二氢钾溶液,5～7d喷1次,连续喷2次。

二、高温干旱

1. 发生症状

玉米授粉的合适温度为20～28℃,相对湿度65%～90%,开花数量最佳,占总数46%～68%;温度低于18℃或者高于38℃,相对湿度低于30%或者高于90%时,花粉会失去生命活力。高温低湿还会使雌穗花丝枯萎,不能正常授粉结籽。当温度高于35℃(或者更高时),不利于花粉的形成,例如雄穗不能开花,导致散粉受阻,或者是雌穗发育受阻,出现异常,延缓雌穗吐丝,这样的情况下,授粉不良的情况出现,要么不结实,要么出现秕粒。

2. 预防和缓解方法

对于高温干旱采取补救措施:一是采取人工辅助授粉,建议8—9时进行,这时候露水退去,玉米顶端的雄花也干燥容易抖落。地块小的可以在地里来回穿梭,过程中玉米晃动,从而花粉掉落在雌花花丝上。也可以人拿着木棍边走边轻拍玉米顶端。对于稍微大点的地块可以准备一条玉米地等宽的绳子,长度不宜超过10m,在绳子的两头绑上棍子,两个人一人拿一边,走动中绳子会摩擦到顶端的雄穗,从而使花粉掉落。二是干旱地块及时浇水,对于干旱严重的地块,可以浇水来增加田间的湿度,改善田间小气候,从而减缓高温对玉米授粉产生的影响。三是在玉米授粉之前,结合病虫害防治,喷施一些叶面肥或植物生长调节剂(锌肥、硼肥、芸薹素内酯、赤霉素等)。这样可以提高玉米的抗高温能力,使玉米授粉能力变强。

三、冻害

1. 发生症状

受到地理环境和气候的影响，出现倒春害，导致玉米受冻萎蔫或死亡，这种灾害对玉米产量的影响尤其显著。

2. 预防和缓解方法

玉米发生冻害后解救的一种方法是及时喷施尿素、磷酸二氢钾等叶面肥，促进幼苗生长，改善因低温造成根系吸收不良而产生的缺素现象。苗期喷施磷肥和钾肥可以有效提高玉米幼苗抗寒性和抗逆性。苗期施磷肥不仅可以保证玉米苗期对磷素的需要，而且还可以提高玉米根系的活性，是玉米抗低温的一项非常有效的措施。另一种则是通过适当早中耕来提高地温、促苗早发及幼苗根系下扎，以培育壮苗。通过中耕深松放寒，提高地温，促苗生长，同时也弥补因气温低，土壤微生物活动弱，土壤养分释放少，根系活力弱，吸收能力差，底肥、种肥不能及时满足玉米生长对肥料的需求。由于玉米发生冻害后会导致玉米生育期推迟、品质下降、产量降低等一系列影响，建议最后一次中耕追肥时加入一定量的钾肥，以达到促早熟、提高品质的作用。

四、缺素

植物所需的营养元素都有各自重要的生理功能，每一种营养元素缺乏都会影响植物的生理功能和新陈代谢，并出现生理性病害，玉米生理性病害是玉米产区常见的病害，引起玉米生理失调的原因很多，了解必需营养元素的缺素症状对指导青贮玉米田间施肥具有重要意义。

（一）缺磷

1. 发生症状

在玉米缺素症中，比较常见的是玉米苗期缺磷，土壤缺磷满足不了玉米苗期的生长需要，根系生长发育受阻，幼苗生长缓慢。由于幼苗体内磷的含量逐渐降低，故叶片由暗绿变红色或紫色。玉米缺磷是一种生理性病害，不仅影响植株的新陈代谢，还影响根系生长和植株的生长发育，造成雌穗分化发育不良，花丝抽出缓慢，授粉受阻，使受精不良，出现籽粒不充实、秃尖、果穗小和花粒，甚至空穗，从而造成减产。玉米缺磷，表现为苗弱小，植株生长缓慢，下部叶片叶缘、叶尖出现紫红色，叶缘卷曲，严重缺磷时叶片变黄，幼苗枯死。

2. 预防和缓解方法

玉米出现缺磷症状一定要及时采取补救措施。积极改善土壤环境，播种前应当以施用充分腐熟有机肥，增施磷肥；如果苗期出现缺磷时可在叶面喷施 0.2%～0.5%的磷酸二氢钾溶液。当玉米植株出现轻度缺磷时，可以沟施磷酸二铵 $300kg/hm^2$ 或可用 1%过磷酸钙溶液进行叶面喷施。一般施药后 1 周左右，叶片即可转为绿色；对于缺磷严重的地块，可在喷施磷酸二氢钾的基础上及时追施磷酸二铵 15～20kg/亩，可很好地预防生长中后期缺磷；播种前可进行测土配方施肥。

（二）缺氮

1. 发生症状

玉米缺氮影响叶绿素合成，叶色发黄，先由叶尖开始发黄，下部叶片从叶尖开始沿着中脉向叶片基部逐渐失绿干枯，叶缘部分仍呈绿色，严重时使整个叶片发黄，甚至全株叶片枯黄死亡。玉米缺氮时幼苗生长缓慢，植株矮小瘦弱，抽雄延迟，导致成熟期穗小、秃尖和籽粒不饱满。若植株长期缺氮，植株早衰，可造成大量空杆，产量下降。

2. 预防和缓解方法

播种前可进行测土配方施肥；生产中应施足底肥，增施有机肥，及时追施尿素。在玉米生长苗期、拔节期、抽穗期根据土壤肥力状况和玉米植株长势判断施肥时期和施肥量，及时追施硝酸铵；也可以培育或者选择氮高效品种种植；若植株已经表现出缺氮症状，应当及时施用1%～1.5%的尿素溶液进行叶面喷施，每5～7d喷施1次，连续喷药2次。

（三）缺钾

1. 发生症状

玉米缺钾表现为幼苗生长缓慢，从老叶的尖端和边缘开始发黄，并渐次干枯，呈灼烧状，叶片发生皱缩，后期根系的生长发育缓慢，植株茎秆柔弱，易倒伏，抗逆性下降；抽穗期后缺钾，易导致果穗发育不良，出现秃尖和籽粒小等表现，影响玉米产量和品质。

2. 预防和缓解方法

可于播种前进行测土配方施肥，施足底肥，优先施用充分腐熟的有机肥；控制氮肥，合理调节氮磷钾的比例，尤其是氮肥和钾肥的比例，可以增施氯化钾或者草木灰；培育或选用钾高效青贮玉米品种。

（四）缺钙

1. 发生症状

玉米缺钙影响细胞分裂，造成茎顶端生长点发育障碍，植株症状明显，经常表现为叶尖被卡在一起，顶叶扭曲不能正常伸展，并且植株先从幼叶叶尖变黄枯萎，叶缘出现白色斑纹，并横向开裂，植株整体表现为矮小。植株根毛变少，根尖粘在一起，根冠和茎基部膨大，不能正常有丝分裂，严重时会产生侧枝。

2. 预防和缓解方法

播种前可进行测土配方施肥，钙素缺乏严重的地块应及时处理后再施肥；可以增施有机肥，田间出现缺钙症状时，可用 0.5% 硝酸钙溶液喷施。

（五）缺锌

1. 发生症状

玉米是喜锌肥的作物，因此苗期很容易缺锌，玉米锌元素缺乏时，嫩叶上叶尖叶缘沿叶脉出现黄白色的条纹，叶缘逐渐白化，玉米表现为"白化苗"，也称"白花叶病"，严重时叶缘、叶鞘呈褐色，叶尖逐渐变细而坏死。中后期缺锌，表现为雌穗不能伸出，抽丝和抽雄推迟，果穗易缺粒秃顶。

2. 预防和缓解方法

可于播种前进行测土配方施肥，施足底肥，施用充分腐熟的有机肥，底肥应当选择含有锌元素的充分腐熟的农家肥，或者在后期及时追肥预防锌元素缺乏；播种前，可以用硫酸锌进行拌种或浸种；可于苗期用硫酸锌拌细土穴施或条施；田间出现大面积缺钙症状时，可用 0.1%～0.2% 的硫酸锌溶液叶面喷施，每周喷 1 次，连喷 2 次。

（六）缺铁

1. 发生症状

玉米缺铁时，上部新叶先失绿，心叶表现明显，较幼嫩的展开叶片出现鲜明的脉间缺绿呈条纹花叶，中、下部叶片呈黄绿色条纹，严重时不出心叶。植株生长迟缓，严重缺锌时，甚至不抽穗。

2. 预防和缓解方法

可于播种前进行测土配方施肥，施足底肥，施用充分腐熟的有机肥；可用 75~90kg/hm² 硫酸亚铁与有机肥混合基肥；苗期缺铁可以用 0.2%的硫酸亚铁溶液与 0.3%的尿素混合后，根外进行喷施，连喷 2~3 次。可以喷施防止生理性病害缺素的叶面肥和有机肥，田间缺铁症状明显时喷 0.3%~0.5%的硫酸亚铁溶液。

（七）缺硼

1. 发生症状

玉米缺硼时，植株茎顶端生长点受损，新叶展开困难，上部叶片出现坏死斑点。节间伸长受抑，不能抽雄和吐丝。花粉发育障碍，导致雌穗异常，严重时果穗短小，籽粒稀少，果穗短小，影响玉米产量和质量。

2. 预防和缓解方法

播种前进行测土配方施肥，施用充分腐熟的有机肥，混合施用硼砂；苗期和拔节期用 0.1%的硼砂溶液喷施 1~2 次。

（八）缺镁

1. 发生症状

玉米镁元素缺乏时，叶片逐渐沿叶脉纵向出现黄白相间的褪绿条纹，但褪绿条纹时断时续，后期叶尖及叶缘变为棕色或紫色，叶片边缘枯黄和死亡。缺镁症状大多数在玉米生长发育后期发生，易与叶片正常生理衰老混淆，但衰老叶片表现为全叶均匀发黄，而缺镁则是黄化叶叶脉仍保持绿色，呈明显的条纹花叶。

2. 预防和缓解方法

播种前应增施充分腐熟的有机肥，混配硫酸镁或镁石灰；适当增施氮肥和磷肥，可以提高玉米对镁的田间利用率。玉米缺镁通常发生在酸性土壤，酸性土壤可以施用碳酸镁，若是碱性或中性土壤，宜用氯化镁或硫酸镁。出现缺镁症状时，可用1%～2%硫酸镁溶液进行叶面喷肥，每7～9d喷施1次，连续喷2～3次。

（九）缺硫

1. 发生症状

玉米硫元素缺乏时，植株矮化僵硬，上部幼叶或新叶失绿发黄，区别于玉米缺氮肥时候首先表现为老叶失绿变黄，后期叶缘呈淡红色至浅紫红色，老叶仍为绿色，导致玉米结实率低，籽粒少且不饱满，籽粒百粒重变低，严重时影响玉米产量。

2. 预防和缓解方法

可于播种前进行测土配方施肥，施足底肥，施用充分腐熟的有机肥；硫元素不足的地块，可追施硫酸钾型复合肥，或用0.5%硫酸钾、硫酸铵溶液进行叶面喷肥。

第三节 真菌性病害识别及防治

一、玉米苗枯病

玉米苗枯病玉米种植区的常见病害，我国河西走廊玉米制种区发生比较严重，21世纪初玉米苗枯病零星发生，到目前为止，该病已经由次要病害上升为主要病害，发生比较普遍，根据本项目团队调查，在河西走廊制种区发病率可达到 10%~50%。

1. 病原

玉米苗枯病主要由镰孢菌、立枯丝核菌和腐霉菌等三大类群真菌复合侵染或单独侵染引起。我国河南、山东省玉米苗枯病主要为禾谷镰孢菌（*Fusarium. graminearum*）和轮枝镰孢菌（*Fusarium. verticillioides*），河西走廊玉米苗枯病是一种复合侵染性病害，其主要致病菌为禾谷镰孢菌。

2. 发病症状

玉米苗枯病通常在二叶一心期开始发病，主要发生在 4~7 叶期，根系发育不良、根毛数量少、次生根少、初生根和皮层坏死、根系老化变黑褐色、地上部表现为植株矮化、叶片变黄萎蔫等。由镰孢菌引起的苗枯病，中胚轴褐变腐烂，纵向剖开茎基部组织变褐。由腐霉菌等引起的苗枯病，中胚轴和根系均有褐变腐烂。种子发芽后，病原菌侵染主根，逐渐造成根系发病变为黑褐色，发病部位向上蔓延，侵染胚轴和茎基节，叶片变黄，叶边缘焦枯。当病害发展迅速时，常常导致植株叶片发生萎蔫，全株青枯死亡。

3. 发病规律

玉米苗枯病的发生与品种不抗病或抗病性较弱、种子质量较差或受过机械损伤等有直接的关系。种子、病残体和土壤带菌是玉米苗枯病发病的主要因素。种子带菌是苗枯病发生的前提，多年连作以及连续秸秆还田面积的增加导致土壤中病原菌数量增大，另外农家有机肥未充分发酵腐熟直接还田也会增加土壤病原菌的数量病苗的菌丝等与玉米种子或幼苗接触时，可以直接侵入或从幼嫩部位伤口和种皮裂口处侵染，菌丝体在细胞内生长繁殖，引起组织死亡等。气候条件是发病的主要诱因，高湿、低温的环境下，种子滞留土壤时间较长时，发病率高。未包衣或未合理选用杀菌剂拌种的田块发病率会增加。田间管理粗放、土壤养分失调、土壤板结、地下害虫严重时发病率会增加。镰孢菌苗枯病主要由带菌种子引起，该菌在种子萌发后，由受侵染种子扩展到幼苗组织而引起；腐霉菌苗枯病主要由土壤带菌引起，种子带菌也能致病；立枯丝核菌苗枯病主要是土壤带菌引起，主要由菌核、菌丝侵染导致立枯丝核菌从播种至出苗均可侵染玉米。玉米苗枯病在地势低洼，排水不良，土壤贫瘠的地方发病重，可通过雨水或灌溉传播，种子质量差，播种过深发病也重。播种过早或播种后遇长期低温、高湿天气易诱发。

4. 防治方法

按照"预防为主、综合防治"的植保方针，采用综合防治措施改善和提高品种的抗病能力，在发病严重的地块，可以在深翻土壤时把多菌灵等杀菌剂掺入土壤中，预防病害发生。

（1）农业防治　选用粒大饱满的优质、抗病品种；避免多年连作的种植模式，合理轮作倒茬；合理控制播种深度，避免播种过深。发病严重地块要尽量浅播，有利于早出苗、出壮苗；科学合理选用包衣种子，以防药剂使用不恰当引起病害流行；加强田间管理：深翻土地，增施农家有机肥，提高土壤活力；雨后及时除草，打破土壤板结；合理增施磷肥、钾肥等，促进根系生根，提高植株抗病能力；避免病株秸秆还田，及时清除残枝败叶，抑制病菌繁殖，减少病菌越冬。

（2）化学防治　采用种子包衣或在发病初期及时喷雾处理（多菌灵、苯甲·嘧菌酯等），重点喷施玉米苗基部或根部。另可喷施叶面肥（如天然芸薹素内酯、磷钾肥等）促进植株尽快恢复正常生长。

二、玉米普通锈病

玉米普通锈病是青贮玉米上普遍发生的一种病害，戴芳澜和王云章等 1937 年在我国陕西、贵州和西康等地首次报道了该病害。玉米普通锈病在甘肃省特别是河西走廊全国最大玉米制种基地，发生为害越来越重，成为制种玉米田主要病害。据报道，甘肃省 2009—2012 年玉米普通锈病普遍严重发生，病株率达 81.6%。据本研究团队调查，2016 年以来，河西走廊玉米田普通锈病平均病株率达 91.5%，成为目前甘肃省玉米主要病害之一。

1. 病原

玉米普通锈病是由玉米柄锈菌（*Puccinia sorghi* SSchw.）引起的玉米常见气传病害，分布于全世界各玉米主产区。玉米田普通锈菌夏孢子萌发的温度范围是 5~35℃，适宜温度为 20~30℃，最适温度为 25~28℃，最适相对湿度 100%，萌发 pH 值为 4~11，最适孢子萌发 pH 值为 7~8，最适碳源为葡萄糖和果糖，最适氮源为硫酸铵、硝酸钾氯化铵。

2. 发病症状

主要侵染青贮玉米叶片，发病初期，在叶片正面散生或聚生不明显的淡黄色小点，逐渐突起，以后扩展为圆形至长圆形，初侵染病斑为水渍状、黄褐色或褐色，周围表皮翻起，散出铁锈色或金黄色的粉末，即病原菌的夏孢子。后期病斑上生长圆形黑色突起，破裂后露出黑褐色粉末，即病原菌的冬孢子，主要为害玉米叶片，锈病病斑在玉米叶片正反面均可发生，叶片正面分布较密集，锈病发生严重时整个叶片和茎秆布满夏孢子堆，可造成植株枯死。

3. 发病规律

在田间病株上，病菌从组织中产生具有强抗逆性的冬孢子越冬。春季到来后，冬孢子萌发，产生担孢子并借助风雨传播至玉米田。玉米叶片上产生夏孢子后，病菌在风雨作用下进行田间传播和侵染。一年可能发生多次再侵染，在田间发病率可达 50%。田间湿度较大、施氮肥较多更有利于锈病的发生流行。

4. 防治方法

可以利用不同品种对普通锈病的抗性差异选择种植抗病品种。收获时及时处理带菌病残体，可以有效减少田间土壤中的病菌积累。在普通锈病常发区，建议在玉米喇叭口期进行田间施药，可选用的杀菌剂有 25% 丙环唑乳油，用量为 100mL/hm^2；或 25% 嘧菌酯悬浮剂，用量为 250mL/hm^2；或 10% 氟嘧菌酯乳油，用量为 200mL/hm^2；或 25% 吡唑醚菌酯乳油，用量为 300mL/hm^2；或 20% 三唑酮乳油 1 000～1 500 倍液。

三、玉米南方锈病

玉米南方锈病属于玉米上的重要病害，该病主要分布在非洲、东南亚、美洲中南部等热带玉米种植地区，在美国南部地区被列为具破坏性的玉米病害。我国 20 世纪 90 年代前，该病主要发生在南方，随着气候变化和玉米栽培制度的变化，逐步向北方传播。2003—2009 年，刘骏等对我国玉米主产区南方锈病进行调查统计，结果表明，广东、福建、海南、台湾、云南、贵州、广西、重庆、湖南、浙江、湖北、江苏、上海、山东、河南、安徽、陕西、北京、辽宁、河北等地均有发生。近年来，在我国黄淮海发病较重，主要发生在玉米生长中后期，给玉米生产带来严重的损失，在我国由次要病害上升为主要病害，成为我国玉米重大病害之一。

1. 病原

玉米南方锈病由多堆柄锈菌（*Puccinia polysora* Underw.）侵染

所致，多堆柄锈菌夏孢子堆圆形、卵圆形，比普通锈病的夏孢子堆更小，色泽较淡。

2. 发病症状

南方锈病除为害玉米叶片外，可为害叶鞘、苞叶等，对玉米产量影响较大，已成为玉米重大病虫害之一。症状与普通锈病相似，普通锈病的夏孢子堆颜色为锈黄色，南方锈病的夏孢子堆颜色为橘黄色。病原菌侵染后，首先在叶片上产生褪绿小斑点，然后快速发展为黄褐色的突起孢斑，即病原菌的夏孢子堆。区别于普通锈病的症状特点主要有，叶片正面产生大量夏孢子堆，而叶片背面较少产生夏孢子堆。有时叶片背面也会出现少量的夏孢子堆，但只出现在中脉及其周围。覆盖夏孢子堆的表皮会缓慢而不明显地开裂。发病后期，在夏孢子堆附近散生大量冬孢子堆。冬孢子呈堆深褐色或黑色，周围常常出现暗色晕圈。冬孢子堆的表皮多不易破裂。

3. 发病规律

玉米南方锈病是一种气传病害，其发生流行主要受病原、寄主和环境条件的影响。引起玉米南方锈病的多堆柄锈菌，其生活史包括大循环和小循环，且以小循环侵染为主。小循环，以夏孢子形式在不同地区间完成周年侵染和循环，为无性生殖过程。大循环在玉米生长季末期会在叶片组织上产生冬孢子，经过担孢子、性孢子和锈孢子等多种形式后完成有性生殖过程，为有性生殖过程。我国多数玉米南方锈病发生区的病菌是台风从所经过热带地区的玉米南方锈病常发区传播而来，一旦田间发生病害，由于病菌完成一个侵染循环所需时间仅为数天，因此可以迅速积累菌源，在田间传播病害。在田间环境下，温度和湿度是玉米南方锈病侵染循环过程中的重要制约因素。通常来说，在有露水的条件下夏孢子只需 6 h 即可完成侵入和生长，最理想温度和湿度分别为 25～28℃ 和 16h 露水条件。

4. 防治方法

应严格遵循"预防为主，综合防治"的原则，应利用卫星遥感成像技术、孢子飞散动态与病情、气象因子、5G 技术等模型创建该病害的监测预警技术，加强玉米南方锈病的监测与预测。种植抗病品种是有效抵御病害的首选措施。在喷药防治技术上，可以采用植保无人机或者自走式植保施药机，于发病初期或者青贮玉米大喇叭口期进行喷施，药剂可选择使用 25% 三唑酮可湿性粉剂 10 000 倍液，或 12.5% 烯唑醇可湿性粉剂 4 000～5 000 倍液，或 32.5% 苯甲·嘧菌酯悬浮剂 500mL/hm^2，或 18.7% 丙环·嘧菌酯悬乳剂 1 000mL/hm^2，或 43% 戊唑醇悬浮剂 300g/hm^2 等，一般喷施一次即可，病情较重时，可以隔 14d 左右再喷施 1 次。

四、玉米大斑病

玉米大斑病是玉米生产中主要的叶部病害，可引起玉米大幅度减产，带来巨大的经济损失，玉米大斑病在全世界都有不同程度的发生，在夏季多雨高温年份发病较重，在玉米大斑病发生严重地区，可以导致青贮玉米持绿性变差，减产一半甚至更多。我国最早在 20 世纪初，愈大绂等对玉米大斑病进行了深入的调查与研究。近年来，该项目团队对甘肃省玉米大斑病的发生情况进行了调查，表明在甘肃陇东地区青贮玉米大斑病发生严重，不同品种不同地域发病率和为害程度不同，可造成 30%～50% 的产量损失。

1. 病原

玉米大斑病的病原无性态为玉米大斑突脐乳孢菌（*Exserohilum*

turcicum），无性菌类突脐孢属，有性态为玉米大斑刚毛座腔菌（*Setosphaeria turcica*），子囊菌门刚毛座腔菌属。

2. 发病症状

玉米大斑病主要为害叶片，还可以侵染苞叶或叶鞘，从苗期开始发生，主要发生在抽雄以后，发病时一般从玉米的底部老叶开始，然后向上部新叶扩展，形成大型、梭状病斑，大小为（5~10）cm×（0.8~1.5）cm，有的长度可达20cm以上，严重时，整株叶片全部被病菌侵染，病斑连成一片，严重时可导致叶片死亡，或者整株植株枯死，有时病斑穿孔，叶片撕裂。在叶鞘和苞叶上的病斑不定形或为梭形，布满黑色霉层。玉米品种不仅因抗性不同导致全株发病程度的差异，也在病斑类型上有不同，在抗病品种上，叶片病斑初为褪绿，扩展慢，渐发展为具有褐色或黄色边缘的病斑，后期病斑中央坏死；在感病品种上，初期为水渍状或灰绿色小斑点，扩展较快，边缘清晰，渐发展为无变色边缘的大型梭状斑，后期叶片因大量病斑而枯死。另类抗性则表现为叶片上无、少或小病斑的特征，感病品种上则病斑大而多。田间湿度高时，病斑上产生黑色霉层，为病菌的分生孢子梗和分生孢子。穗柄失水会造成果穗下垂及引起果穗秃尖。在田间，大斑病常与灰斑病、北方炭疽病和普通锈病混和发生。

3. 发病规律

玉米大斑病的分生孢子可随气流、雨水等传播到玉米叶片上，主要以潜伏在玉米病残体（叶片为主）中的休眠菌丝或厚垣孢子越冬，形成翌年的初侵染源。气温20~25℃、空气湿度90%最有利于大斑病菌孢子的萌发和侵染。温度上升、降雨频繁，病残体中的病菌开始生长并产生新的可以随气流、雨水扩散的分生孢子，侵染玉米幼叶，引发病害。

4. 防治方法

首选种植抗大斑病品种。在病害常发区，应淘汰严重感病品种，选择种植发病轻、籽粒灌浆和脱水快的品种，能够有效减轻大斑病对生产的威胁。通过栽培措施减轻病害。采用适期早播、与矮秆作物间作，以提高田间通风透光、降低湿度；合理施肥，提高植株抗病性；收获后处理带病秸秆等。如果无法更换感病品种，应在玉米大喇叭口期及时喷施杀菌剂，以推迟发病，减轻损失。药剂可选32.5%苯醚甲环唑·嘧菌酯悬浮剂、40%丁香·戊唑醇悬浮剂+25%嘧菌酯悬浮剂、18.7%丙环·嘧菌酯悬浮剂、30%苯甲·丙环唑乳油、25%嘧菌酯悬浮剂、25%苯醚甲环唑乳油、25%吡唑醚菌酯悬浮剂、200亿/mL枯草芽孢杆菌可湿性粉剂等。

五、玉米小斑病

玉米小斑病是一种在世界范围内广泛发生并严重影响青贮玉米产量和品质的典型叶部真菌病害，在我国大部分玉米种植区都有发生，在黄淮海、西北东部区域夏玉米种植区发生较为严重。近年来，随着种植业结构调整、耕作栽培方式改变、单一品种种植面积及地域的扩大和全球变暖等因素的影响，青贮玉米小斑病的发生呈持续加重的趋势。

1. 病原

玉米小斑病原菌为死体营养型子囊菌亚门真菌玉蜀黍平脐蠕孢 *Bipolaris maydis*（NisikadoMiyake）Shoem.

2. 发病症状

玉米小斑病主要发生在叶片上，小斑病病菌侵染叶片后，初期在叶片上出现分散的、水渍状病斑或褪绿斑,随着病害的发展,逐渐形成明显的小型病斑,当田间湿度较大时,在病斑上可见稀疏的霉层。叶片上的典型症状为病斑受叶脉限制,椭圆形或近长方形,黄褐色,边缘深褐色,大小为(10~15)mm×(3~4)mm。有时症状为不典型的点状,或为不受叶脉限制的椭圆形。抗病品种叶片上的病斑多为小点状或细线状,有时周围有褪绿晕圈;而感病品种则为较大的条状病斑,边缘无变色坏死区。病菌也侵染植株的其他绿色组织,在叶鞘和苞叶上产生褐色斑点状病斑,有时也会在叶鞘上形成较大的病斑,若籽粒被侵染,则造成籽粒甚至穗轴霉烂。对小斑病抗性水平的不同导致玉米品种在田间发病程度存在明显差异。

3. 发病规律

玉米收获后,病原菌以菌丝或分生孢子的形式随病株残体进入越冬阶段。翌年借气流或雨水传播到田间玉米叶片上,遇适宜温度、湿度,分生孢子开始萌发并引起新一轮的侵染,首先侵染玉米幼苗下部叶片,发病后逐渐向中上部叶片扩展,并在病斑上不断产生孢子,形成持续的侵染源。品种抗病性有明显的差异,感病品种叶片的病斑上产生大量分生孢子,分生孢子借气流传播进行重复侵染。气候条件对发病也有一定影响,如温度、湿度和降水量等,25℃以上有利于病害的流行;玉米小斑病菌分生孢子萌发最适温度为26~32℃,高湿条件有利于分生孢子的形成和萌发。在田间,小斑病可与南方锈病或大斑病混合发生。小斑病有时与灰斑病病斑相似,但两种病害发生环境差异极大,小斑病喜高温高湿,灰斑病喜低温高湿。田间湿度增大、植株生长不良等因素也有利于发病。

4. 防治方法

(1)控制小斑病的最有效措施是种植抗病品种 要及时淘汰

高感品种，选择具有一定抗性的品种种植，避免病害流行时的生产损失。同时应重视玉米小斑病抗性基因的挖掘利用，充分利用优良抗性种质资源，并及时关注小斑病菌群体遗传结构的变化与分布，根据病原菌群体遗传结构的改变合理调整小斑病抗性品种的布局。

（2）农业防治　彻底清理玉米秸秆和及时深翻土地埋压残留秸秆，及时摘除玉米下部病叶，可以有效减少初侵染源。青贮玉米与矮秆作物间作以改良玉米田通风状况，降低田间湿度，可减少玉米小斑病菌侵染。

（3）化学防治　玉米心叶末期到抽雄期是化学防治玉米小斑病发生的关键时期，可选用使用75%三环唑可湿性粉剂，或25%丙环唑水剂，或400g/L氟硅唑乳油，或24%井冈霉水剂，或18.7%丙环·嘧菌酯悬浮剂1 000倍液，或25%嘧菌酯1 500倍液，或30%肟菌·戊唑醇悬浮剂，或32%戊唑·嘧菌酯悬浮剂等药剂，辅助以芸薹素内酯或氨基寡糖提高玉米的抗病性，可达预防、治疗和铲除的效果。

六、玉米灰斑病

玉米灰斑病一种世界性病害，主要为害玉米叶片，也可侵染玉米苞叶和叶鞘。玉米灰斑病最早是在1925年美国伊利诺伊州首次被发现。在我国，1991年在丹东地区首次发现灰斑病大量暴发，对玉米产量造成了严重损失。玉米灰斑病严重时病斑汇合连片使叶片枯死，从而影响青贮玉米持绿性和玉米灌浆，造成籽粒干瘪、千粒重下降，通常会造成玉米产量损失10%～30%，严重时可达60%以上，甚至造成绝收。由于全球气候变暖，栽培措施不断更新，加之引种频繁，如今该病害成为中国近年来上升很快、为害较严重的病害之一,该病害经常与玉米大小斑病混合发生,病斑融合后造成叶片萎蔫枯死。

1. 病原

目前,全球已报道的玉米灰斑病的致病菌有 4 种:玉米尾孢(*Cercospora zeina*)、玉蜀黍尾孢(*Cercosporazeae-maydis*)、高粱尾孢玉米变种(*Cercospora sorghi* var. *maydis*)和(*Cercospora* sp)。在我国,玉米灰斑病的致病菌主要有玉米尾孢和玉蜀黍尾孢。

2. 发病症状

玉米灰斑病引起感病品种叶片早枯,重病田植株倒伏、果穗下垂和秃尖等症状。不同玉米品种对灰斑病的抗性差异导致病害对产量的影响明显不同。病菌主要在叶片上产生大量短矩形病斑,田间湿度大时,病斑表面生出灰白色霉状物,即病菌的分生孢子。在苞叶上,病斑为紫褐色斑点,在叶鞘上则为不定形的紫褐色斑块。发病初期的病斑在透射光下呈水渍状褪绿小点;发病中期,病斑逐渐扩大,呈现灰色至黄褐色的矩形条斑或不规则条斑,典型的成熟病斑特点是在小叶脉间扩展,矩形,大小为($0.5 \sim 50$) mm × ($0.5 \sim 4$) mm,发病严重时导致叶片枯死。感病品种上病斑多,扩展快,常多个病斑相连成片,易产生白色霉层,抗病品种上病斑小而少,扩展慢,多为点状或有褐色边缘,无明显霉层。在春播区,灰斑病常与大斑病或普通锈病混合发生。

3. 发病规律

玉米灰斑病菌附着于玉米秸秆的病残体上越冬,成为翌年初侵染源并以菌丝体和分生孢子进行重复侵染,不断扩散蔓延。土壤中的分生孢子常随中耕除草、培土起垄等农事活动,或风、雨、水带至植株下部叶片上,条件适宜时由气孔侵入植株而发病。秋季收获后的玉米秸秆是病菌越冬的主要场所，病菌主要以菌丝体的方式在病残体上越冬。灰斑病发生的最适温度为 10~25℃，pH 值 6~8，孢子萌发的最适温度为 20~30℃，pH 值 4~10，湿度 80% 以上适宜萌发。春季到来后，适宜的温度及降雨使越冬病菌恢复生长，产生新分生孢子并通过风雨作用传播至玉米幼苗上进行侵染，下部叶片先发病，逐渐向中上部叶片扩展，形成田间的普遍发病。

4. 防治方法

由于灰斑病属于特定气候条件下易暴发流行的病害，因此选择种植抗灰斑病品种是减轻病害损失的最有效措施，对生产具有重要的保护作用。还可以利用生物多样性来对抗玉米灰斑病（如间套种等）。适当控制田间种植密度，降低湿度，减少病菌的侵染。在灰斑病流行区域，提倡在玉米大喇叭口期进行病害的药剂防治，可选用 37% 苯醚甲环唑水分散粒剂 $100g/hm^2$，或 40% 丙环唑悬浮剂 2 000 倍液，或 50% 福美双粉剂 500 倍液，或 75% 百菌清可湿性粉剂 800 倍液或 25% 戊唑醇 1 500 倍液或 70% 甲基硫菌灵 500 倍液等进行喷雾防治。

七、玉米腐霉茎腐病

玉米腐霉茎腐病又叫青枯病，是一种典型的土传性病害。1970 年，玉米腐霉茎腐病在美国大范围流行，造成严重的经济损失，随后加拿大、印度、法国和日本等地相继报道了该病。1962 年以来，玉米腐霉茎腐病在我国江苏省发生，目前已经在河南、山东、甘肃、新疆、黑龙江、云南、吉林、四川、陕西和青海等地区发展迅速并逐年加重。

1. 病原

腐霉菌是引起玉米茎腐病的主要致病菌。吴全安等对北京和浙江地区的玉米青枯病病原进行分离和鉴定，研究结果表明，腐霉菌分离频率最高，*Pythium inflatum* 和 *Pythium graminicola* 是主要致病菌。杨山山等对新疆部分地区典型的玉米青枯病株进行分离鉴定，研究发现 *Pythium inflatum* 是引起新疆玉米青枯病的主要致病菌。

2. 发病症状

玉米腐霉茎腐病发生在玉米生长后期。当玉米进入乳熟阶段时，植株全部叶片突现失绿变灰，快速干枯并下垂，似水烫样，逐渐转为枯黄色，但短期内植株不倒伏；数日后可见植株贴近地面的1~3茎节表皮逐渐从绿色转变为褐色，茎节开始变松软；病害继续发展，发病节表皮褐色加深，茎节进一步变软，剖开茎皮，可见内部髓组织被分解，湿度大时在茎内残存的维管束中可见灰白色的病菌菌丝，如果病害发展快，也会因髓组织快速失水而出现茎节缢缩的症状；病害进一步发展则引发因茎髓组织分解而导致的茎秆倒折；由于病菌从根系侵入，病株的根系呈现黑褐色并发生腐烂，大量须根的死亡导致病株易被拔起，由于组织失水，病株果穗穗柄失去支撑作用，形成果穗倒挂、籽粒灌浆不足的症状。玉米品种间对腐霉茎腐病具有抗性差异。在田间，玉米腐霉茎腐病与镰孢茎腐病较难区分，前者主要以叶片青枯为主，茎髓变褐腐烂；后者以叶片黄枯为主，茎髓变紫红色。

3. 发病规律

腐霉主要以具有抗逆能力的卵孢子或菌丝体在土壤中或玉米病株上越冬。翌年土壤温度与湿度适宜时，病菌的卵孢子和菌丝体萌发并生长，或在土壤中水分充足时，从游动孢子囊中释放出游动孢子随水流运动，病菌接触玉米后，从根系侵染并定植。在玉米灌浆和乳熟阶段，随着植株茎秆抗病能力的下降、病菌从根系扩展至茎秆并引起发病。玉米收获后，根系和基部的茎节留在田中，随着机械翻耕被粉碎至土壤中，病菌同时进入土壤越冬，成为重要的侵染源。

4. 防治方法

玉米品种间对腐霉茎腐病有明显的抗性差异，因此，在生产中选择抗病性好的品种是控制病害的重要措施。合理施肥有利于提高品种的抗病性。在底肥中增施（225kg/hm^2）和锌肥（45kg/hm^2）都能够有效减轻田间病害。播种前用甲霜灵、精甲霜灵等进行包衣，还应使用广谱性、内吸性好的药剂进行防治。

八、玉米镰孢茎腐病

玉米镰孢茎腐病是由镰孢菌侵染引起的世界性病害，在我国各地都有发生，是一种既可以土传又可以种传的真菌性病害，给青贮玉米造成严重的为害。2017—2019年本研究团队调查表明，玉米茎基腐病在甘肃河西发病较严重，2018年由镰孢菌引起的黄枯型茎腐病病田率为29.3%，平均发病率21.7%。

1. 病原

玉米镰孢茎腐病在全生育期均造成为害。在东欧地区主要致病菌是禾谷镰刀菌 *Fusarium graminearum*，在国内自20世纪60年代首次报道该病害以来，不同玉米种植区对该病的病原也进行了相应的报道，袁虹霞等（2011）对河南省玉米产区的病样进行分离，结果表明，*F. graminearum* 分离频率最高，致病性最强，*F. verticillioides* 次之。1984—1985白金铠等对东北地区采集的病株进行分离，共分离到6种镰刀菌，致病性测定结果表明，*F. graminearum*、*F. verticillioides*、*F. solani* 是东北地区玉米茎基腐病的主要致病菌。

石洁等（2002）对河北省玉米茎基腐病病株进行分离鉴定，鉴定结果表明，*F. verticillioides* 和 *F. graminearum* 是主要致病菌。张超冲等（1990）对广西玉米茎腐病的主要病原进行研究，研究发现 *F. verticillioides* 是优势病原菌，同时 *F. concolor* 也能侵染植株引起发病。马秉元等（1991）对陕西省玉米茎基腐病进行调查，研究发现 *F. graminearum* 为主要致病菌。近几年，笔者团队对甘肃省玉米茎基腐病的发生进行全面调查，通过室内鉴定发现引起甘肃省玉米茎基腐病的主要优势病原菌为禾谷镰刀菌 *F. graminearum*。

2. 发病症状

玉米镰孢茎腐病发生初期引起植株叶片逐渐变黄，似早衰。在田间自然条件下玉米茎腐病主要发生于大喇叭口期，主要侵染玉米基部第二节以上节位，以第二、第三节位受害为主，受害玉米植株叶鞘表皮呈水渍状圆斑，叶鞘内茎秆节间腐烂，严重时绕茎节部一圈，并腐烂，使玉米发病节位上部黄枯，造成玉米死亡，甚至绝收。随之近地表茎节外皮颜色渐变为黄褐色，剖开茎秆，茎髓组织分解，易在病节看到被病菌的次生代谢物染成紫红色、分散的维管束。病害严重时，茎秆失去支撑力而倒折。由于病害发生源于根系被病菌侵染，因此病株根系腐烂并带有紫红色。发病植株果穗下垂，果穗短小，籽粒因灌浆不足而稀松。不同品种对镰孢茎腐病抗病性存在差异。

3. 发病规律

玉米镰孢茎腐病具有突发的特点，高温高湿是主要的诱导因素。病菌主要在田间土壤中、病株残体组织上以子囊壳、菌丝体和分生孢子越冬。春季环境条件适宜时，产生并释放子囊孢子，并通过风雨作用在田间扩散，进一步在土壤中定殖。病菌主要通过土壤或种子带菌侵染玉米的根系并在后期引发茎腐病。秋收后，发病的茎秆及根系经过翻耕回到土壤中，病菌越冬。

4. 防治方法

（1）选择种植抗病品种　是防治镰孢茎腐病的最有效措施。

（2）对种子进行包衣处理　发生较为严重的基地及品种用27%苯甲·咯菌·噻虫（酷拉斯）200mL+47%丁硫克百威100mL+0.132%碧护12g+适量警戒色，包衣种子100kg；或32.5%苯甲·醚菌酯+47%丁硫克百威100mL+0.132%碧护12g+适量警戒色，包衣种子100kg。

（3）生长期喷施植物生长调节剂及杀菌剂　大喇叭口期可用植物刺激素"碧护"7 500倍液+25%吡唑醚菌酯2 000倍液喷施，籽粒形成期喷施可溶性硅肥+苯甲·嘧菌酯+阿维·氯虫苯甲酰胺。

（4）改善根际环境　及时排涝，秋收后及时清洁田园，清除田间病残体，与豆类作物轮作，以减少土壤中的病原菌。

（5）改善和平衡土壤微生物群落结构　提高玉米的抗病能力，参考使用菌剂有木霉菌颗粒剂。

九、玉米真菌性穗腐病

玉米穗腐病是一种由多种病原菌引起的世界性病害，不仅导致玉米产量损失和品质下降，其产生的毒素还会造成污染，危害人畜健康。在我国玉米产区一般年份发病率为20%～30%，严重年份高达100%，也是目前甘肃省各玉米种植区普遍严重发生的病害。受高温干旱等异常气候影响，玉米穗腐病在甘肃不同玉米种植区普遍发生并有逐年加重趋势。研究团队近三年对甘肃省不同种植生态区玉米穗腐病调查发现，病田率达100%，病穗率平均达68%以上。

1. 病原

玉米真菌性穗腐病的病原复杂多样，主要有镰孢菌、青霉、木霉、黄曲霉、粉红聚端孢和链格孢等不同真菌单独或混合侵染，其中镰孢菌为玉米真菌性穗腐病的优势菌，主要以拟轮枝镰孢菌和禾谷镰孢菌为主，不同区域优势菌不同。

2. 发病症状

玉米果穗及籽粒均可受玉米穗腐病为害，被害果穗顶部或中部变色，并出现粉红色、蓝绿色、黑灰色、暗褐色或黄褐色霉层，即病原菌的菌体、分生孢子梗和分生孢子，扩展到雌穗的 $1/3\sim1/2$ 处，多雨或湿度大时可扩展到整个雌穗。病粒无光泽，不饱满，质脆，内部空虚，常被交织的菌丝所充塞；果穗病部苞叶常被密集的菌丝贯穿，黏结在一起并贴于果穗上不易剥离。仓储玉米受害后，粮堆内外长出疏密不等、各种颜色的菌丝和分生孢子，并散发霉味。

3. 发病规律

玉米穗腐病病菌在种子、病残体或土壤中越冬，成为翌年的侵染源。病菌主要从伤口侵入，分生孢子借风雨传播。田间土壤或植株病残体是病原菌的菌丝体、分生孢子等的主要潜伏区域，并为玉米下一个生长时期的初侵染源的侵染创造了条件。拟轮枝镰孢主要通过以下3种途径对玉米雌穗进行侵染：一是花丝通道侵染，即玉米果穗花丝先被病原菌侵染，然后病原菌由花丝通道完成对雌穗的侵染；二是伤口侵染，害虫为害、风雨摩擦等外界条件会使玉米果穗形成伤口，病原菌直接通过伤口完成对雌穗的侵染；三是系统侵染，病原菌先侵染玉米根部，然后沿维管束系统通过茎到达穗部，完成侵染。

4. 防治方法

防治穗腐病应遵循"预防为主,综合防治"的原则。

(1) 农业防治 适时播种,错过病害发生期;合理密植,保证良好的通风透光条件;适时追肥,提高植株对病原菌的抗性;收获后及时晾晒,降低籽粒含水量。

(2) 种植抗性品种 选种抗病、抗虫且适应性强的品种是防治玉米穗腐病最经济有效的措施,玉高828、玉研612和甘优661高抗拟轮枝镰刀菌引起的穗腐病。

(3) 加强化学防治 播种前精选种子,剔除秕小病粒,每10kg种子用2.5%咯菌腈悬浮种衣剂20mL+3%苯醚甲环唑悬浮种衣剂40mL进行包衣或拌种;玉米吐丝期利用无人机喷施35%吡唑醚菌酯·氟环唑悬浮剂,或18.7%丙环唑·嘧菌酯,或240g/L噻呋酰胺等杀菌剂,可有效防治玉米穗腐病。及时进行药剂防虫,生长期及时喷药防治玉米螟、棉铃虫和其他虫害,减少伤口侵染的机会,可在喷施杀菌剂同时复配杀虫剂,如吐丝期后喷施50%氯虫苯甲酰胺,或4.3%氯虫苯甲酰胺与1.7%阿维菌素混喷,可提高防效。

十、玉米瘤黑粉病

玉米瘤黑粉病是具有再次侵染特点的真菌病害,可在玉米植株地上部任何幼嫩组织或伤口侵染发病形成菌瘤,菌瘤可消耗植株养分,造成严重减产,该病也是一种世界性病害。20世纪90年代以前在我国零星发病,一般不进行防治。近年来,由于玉米重茬连作,加之反常气候,使得玉米瘤黑粉病在我国玉米田的发生为害逐年加重,已成为玉米上的主要病害。

1. 病原

玉米瘤黑粉病由玉米散黑粉（*Ustilago maydis*）引起，属担子菌门、散黑粉菌属。冬孢子球形或椭圆形，暗褐色。厚壁，表面有细刺。无休眠期，潮湿条件下即可萌发。干燥室内保存，4年后仍有24%的冬孢子可萌发。

2. 发病症状

玉米瘤黑粉病菌能够侵染植株的所有地上组织，有时甚至侵染根系，但主要发病部位为茎秆、雌穗和雄穗，叶片发病较少。病菌侵染后，刺激植株长出一个膨大的白色、淡黄色或粉红色表面光亮的瘤体。瘤体逐渐膨大，呈现不规则状，表面渐变为灰白色，逐渐开裂并在中间可见黑色物；瘤体成熟后即变软，仅表面有一层灰白色的薄膜，内部黑色部分液化，干燥后瘤体干瘪，黑色组织即为病菌的冬孢子。病菌从微小的伤口入侵，在茎秆上多在茎节部位发病，因侵染时期、品种抗性水平不同而瘤体形状及大小各异。在雌穗上，瘤体部分或全部替代籽粒或穗轴组织，常常从雌穗上部突出于苞叶外。在雄穗上，瘤体发生在单个小花或穗柄组织上，囊状或角状。叶片和气生根有时也会被侵染，呈现凸起的泡状瘤体。在玉米品种间存在明显的对瘤黑粉病的抗性差异。

3. 发病规律

玉米瘤黑粉病菌散落在田间土壤中，或以病残体上的孢子团及冬孢子越冬，也可在牲畜的粪便中以冬孢子越冬并随施肥再度进入农田。在适宜的环境条件下，冬孢子萌发，产生担孢子和次生担孢子，通过风雨在田间传播并从玉米植株伤口处侵染，在植株上形成瘤体；当瘤体成熟后释放出冬孢子，进行再侵染。玉米植株因虫害、生长过快、干旱等形成的各种伤口是病菌侵染的基础。

4. 防治方法

玉米瘤黑粉病由于田间侵染时间长，在防治上应首选种植抗病性强、田间发病率低的品种。由于病菌抗逆性强，在田间土壤中可存活多年，因此，在病害重发区不提倡秸秆还田，以减少病菌在土壤中的积累。均衡施肥，小喇叭口及大喇叭口期追肥时适当增施磷钾肥，以增强植株抗病能力，施用含锌和含硼的微量元素，对该病有明显的防治效果。在病害常发区和制种基地，可以在玉米6~8叶期和去雄操作结束后，及时喷施25%苯醚甲环唑乳油2 000倍液，或25%丙环唑乳油1 500倍液，或43%戊唑醇悬浮剂3 000倍液，或12.5%烯唑醇可湿性粉剂2 000倍液，对瘤黑粉病有较好的控制作用。玉米收获后及时清除田间病残体，秋季深耕，减少初侵染源。

十一、玉米丝黑穗病

玉米丝黑穗病（*Maize head* smut）是世界玉米产区主要的土传病害之一。我国最早于1919年在东北发现该病害。玉米植株被病菌侵染后主要导致果穗抽穗后变成黑褐色菌瘿，病株率每增加1%，约减产100.6kg/hm^2。20世纪70年代，玉米丝黑穗病在我国黑龙江、吉林、辽宁、河北、内蒙古、陕西、四川和广西等省区为害，导致每年减产超过3亿kg，80年代由于抗病品种推广种植，该病害得到了有效遏制。90年代后，由于多年连作以及气候因素等导致该病害再度暴发流行，造成严重减产。

1. 病原

玉米丝黑穗病由该病害是由担子菌亚门的**丝孢堆黑粉菌**（*Sporisorium reilianum*）侵染玉米幼苗而引起的真菌性病害。冬孢子球形或近球形，黄褐色至暗褐色，表面有细刺。冬孢子间混有不育细胞，近无色，表面光滑。

2. 发病症状

玉米丝黑穗病为系统性侵染病害，主要发生在雄穗和雄穗器官，但苗期症状与其他病害或虫害引发的症状相似，而抽雄成穗后的症状易于识别。在苗期，被病菌侵染的植株较弱小，叶片上出现黄白色条纹，叶片扭曲；进入抽雄期后，病株分蘖多、丛生或矮化。植株拔节至抽雄期，有些叶片出现不规则的撕裂状，从破口处散出黑色的粉状物或从破口处长出丝状组织。发病雌穗较短粗，一般无花丝，由于病菌发育消耗大量营养导致苞叶较早枯死并从一侧开裂，散出黑色粉末（病菌的冬孢子）；雌穗中不形成正常的穗轴和籽粒，完全变为黑粉，仅残存一些黑色的维管束组织，故称为丝黑穗病；有的雌穗变异为绿色丛枝状，或苞叶变狭小、畸形、簇生；雌穗也会出现局部被害症状。发病雄穗局部花序或整个花序被病菌破坏，形成菌瘿，成熟后破裂散出黑粉，黑粉散落后残留丝状穗轴；有的雄穗花序畸形增生，呈现小叶状。玉米品种对丝黑穗病具有明显的抗病性差异。

3. 发病规律

玉米丝黑穗病菌的冬孢子具有很强的抗逆能力。在玉米上产生的冬孢子脱落进入土壤后越冬。春季播种后，病菌在土壤条件适宜时开始萌发，形成担孢子，担孢子长出菌丝，从萌动种子的芽鞘侵染进入幼苗并逐渐至幼苗生长点。随着植株分生组织的发育，病菌进入分化的雌穗和雄穗，形成黑穗组织。病菌冬孢子也能黏附在种子表面越冬，翌年播后萌动，直接侵染种子芽鞘。病菌冬孢子也能够通过污染的秸秆被动物取食，并可以通过粪肥再回到农田。

4. 防治方法

玉米品种间对丝黑穗病存在抗病性差异，因此选用抗病品种是防控丝黑穗病的重要基础。对于在种子萌发过程中形成系统侵染性病害，利用内吸性种衣剂能够达到有效的防治目的。针对丝黑穗病，效果较好的内吸杀菌剂为戊唑醇、苯醚甲环唑，一些杀菌剂复配的种衣剂也能够控制丝黑穗病，如11%甲·戊·嘧菌酯悬乳剂，或4.23%甲霜·种菌唑微乳剂，或8.6%戊唑·福美双悬浮种衣剂，或6%戊唑醇悬浮种衣剂，或60g/L戊唑醇种子处理悬浮剂。

十二、玉米鞘腐病

玉米鞘腐病为害发生比较普遍，自从2003年上东发现玉米鞘腐病后，病害为害区域逐渐扩大，目前在我国玉米主要产区均有发生，并且有逐年加重发生趋势，能够引起玉米倒伏和减产，防治需要引起关注。2023年，据本项目团队调查，玉米鞘腐病在甘肃河西地区病田率为65.8%，平均发病率超过50%。

1. 病原

玉米鞘腐病是由多种病原单独或复合侵染引起的玉米叶鞘部位腐烂的总称。造成鞘腐病的病原菌主要是镰孢菌和节壶菌及细菌。其中镰孢菌有串珠镰孢菌、禾谷镰孢菌、拟轮枝镰孢菌和层出镰孢菌等。近年来，本项目团队研究发现，引起甘肃河西地区玉米鞘腐病的主要致病菌为拟轮枝镰孢菌，也有研究发现玉米蚜虫等为害也能引起鞘腐病。

2. 发病症状

玉米鞘腐病为害部位为叶鞘组织。发病初期，在叶鞘表面出现黄褐色的近圆形、不规则形小点或水渍状斑，逐渐扩大为浅灰色、黄褐色、红褐色、黑褐色的不规则形大型病斑，严重时导致叶片干枯。有时单一植株仅在一个叶鞘有一个大型的不规则病斑，有时为数个较小的病斑，有时茎秆各节都有病斑。田间湿度较高时，在病斑上形成粉白色霉层。叶鞘上的病斑也能够向苞叶扩展，引起苞叶枯死。品种对鞘腐病的抗性水平有差异，感病品种由于叶鞘坏死而导致叶片大量干枯早衰。

3. 发病规律

玉米鞘腐病的病原菌在高温高湿环境下易发生，病原菌生长的适宜温度是25~30℃，最适温度是28℃，主要发生在中后期，从玉米花期开始田间温度较高，尤其是遇到田间积水发病较重。菌体在土壤或病残体上越冬，翌年通过气流孢子通过风雨进行传播，从叶鞘的微小伤口入侵。玉米在大喇叭口期、抽雄期、花期、授粉后、乳熟期均可被侵染，尤其是花期最易被感染，生长后期表现重于其他时期。在夏季，玉米叶鞘内侧常常是蚜虫躲避高温的场所，由于蚜虫的刺吸，形成许多小伤口，鞘腐病菌孢子在雨水作用下流入叶鞘内侧，从这些伤口入侵，导致鞘腐病发生，此外蚜虫分泌蜜露促进病菌孢子生长，有利于病斑扩展。秋收后，如果带病植株茎秆不处理，就会形成致病菌的重要越冬地。

4. 防治方法

由于鞘腐病发生在玉米生长中后期，田间防治困难。因此，在病害控制技术方面，首选种植抗病性好或发病较轻的品种。在鞘腐病发生严重的地区，减少秸秆还田或进行必要的作物轮作；在玉米生长中后期有效预防和控制蚜虫，可减轻玉米鞘腐病的发生。25%吡唑醚菌酯乳油、17%唑醚·氟环唑悬浮剂和12.5%氟环唑悬浮剂等药剂能有效控制田间玉米鞘腐病的发生，不同程度上能挽回玉米产量损失，可作为防治该病的参考药剂。

十三、玉米黑束病

玉米黑束病1972年在我国山东省惠民县首次发生,1984年我国从南斯拉夫引种时种子携带玉米黑束病菌导致甘肃、新疆等地玉米黑束病发生严重。目前,国内河南、山西、河北和北京等省(市)均有该病发生,发病范围逐渐扩大,发病程度逐渐加重,发病率个别田块高达20%以上。据统计,耐病品种单株产量损失率达14.67%,感病品种达66.0%,对我国玉米生产造成威胁。由于该病菌的主要传播途径之一是通过种子,也是造成该病害远距离传播和蔓延的主要原因,土壤和病残体等也可传播,玉米黑束病在连作制种田有严重发生态势,一旦发生,很难防治,因此在制种田预防和防治该病害非常必要。近几年,玉米黑束病在国家玉米制种基地甘肃临泽发病比较普遍,造成严重为害。

1. 病原

玉米黑束病是由直枝顶孢霉菌（*Acremonium strictum* W. Gams）引起的系统侵染性病害,是玉米生产中造成玉米空秆的主要原因,同时也造成部分品种形成空秕穗,严重减产。直枝顶孢霉菌病原菌菌落白色,后期变为红色,气生菌丝较少,匍匐菌丝较多,分生孢子梗直立,长为23.2μm×78.3μm,二叉或者三叉分支,其中二叉分支较多。分生孢子梗顶端聚合为分生孢子团,分生孢子体积小,近椭圆形,大小为（2.9～8.7）μm×（1.5～2.9）μm。

2. 发病症状

玉米茎秆红色,叶片上由线条状退绿斑,茎秆较细,后期剖开茎秆,发现维管束变黑色。玉米生长中后期,随着茎秆抗病性的下降,病菌扩展加快,使植株叶片逐渐出现失绿症状,主叶脉发红,由于茎秆中输导组织受到破坏，叶片合成的碳水化合物运输受阻，导致叶片和茎秆逐渐呈现红紫色，病害早期，剖开茎秆可见维管束显黑褐色，发病植株根系腐烂，严重时会导致玉米空秆或不结实。

3. 发病规律

玉米黑束病菌能够在病株残体组织上越冬，由于其在病株上能够通过维管束组织扩展进入籽粒，因而种子带菌也是重要的越冬途径。翌年玉米播种后，土壤中或病残体上的病菌恢复生长，通过菌丝扩展侵染玉米根系并逐渐进入维管系统；种子中的病菌则直接进入植株根系定殖并继续扩展。秋季，玉米带菌秸秆遗留田间，使土壤中的病菌数量进一步增加。

4. 防治方法

在田间发现黑束病后，要及时淘汰感病品种，选择种植抗病或耐病品种。由于黑束病为苗期系统侵染性病害，因此，采用含有杀菌剂（如咯菌腈、嘧菌酯、苯醚甲环唑等）的种衣剂进行种子包衣也能够减轻和控制病害。

十四、玉米真菌性顶腐病

玉米真菌性顶腐病在1933年于澳大利研究发现，1936年于美国研究了该顶腐病菌的特性。2001年，徐秀德在辽宁地区最先发现玉米真菌性顶腐病，并分离出致病菌株，这与国外的研究是一致的，随后在全国范围内发病规模迅速扩大，黑龙江、辽宁、河南、山东和甘肃等地都陆续有了玉米真菌性顶腐病发生的相关报道，该病害也从次要病害上升为了主要病害，给玉米生产带来了严重的威胁。

1. 病原

玉米真菌性顶腐病是由亚黏团镰孢菌（*Fusarium subglutinans*）侵

染引起。

2. 发病症状

玉米镰孢顶腐病主要引起玉米幼苗顶端组织变褐坏死，严重时影响成株的生长。病菌的侵染发生在植株大喇叭口内的幼嫩尖端，引起叶片伸出后在尖端出现腐烂坏死，或顶叶扭曲畸形，但腐烂组织不具有臭味；发病部位有时因腐烂而出现缺刻，病株叶片出现黄色条纹，植株矮小；若叶片顶端腐烂组织快速失水变干，可能导致多个叶片尖端黏合在一起，影响植株生长。

3. 发病规律

土壤、病残体、种子都是玉米镰孢顶腐病病菌越冬场所。在土壤中及田间病残体上越冬的病菌，在春季恢复生长并可直接侵染玉米植株幼苗或经风雨被吹至植株大喇叭口中，侵染处于快速生长阶段的幼嫩叶片，秋季病菌又随病残体回到土壤。夏季高温高湿有利于病原菌的传播，特别是在喇叭口期遇到持续高温易发生病害，病原菌一般从伤口或茎节、心叶等幼嫩组织侵入，如果在玉米生长中期遇到暴雨、冰雹等恶劣天气造成植株倒伏弯折、虫害尤其是蓟马、蚜虫等的为害则给病原菌从创伤处入侵创造了条件，加重病害发生。

4. 防治方法

玉米品种间对镰孢顶腐病存在抗性差异，可以选择种植田间发病轻的品种。在玉米镰孢顶腐病易发地区，应减少秸秆还田，以压低土壤中的菌源。秋季收获后及时深翻灭茬，促进病残体分解。田间普遍发生顶腐病时，应及时对叶心喷施4%嘧啶核苷类抗菌素水剂400倍液并加入50%的多菌灵可湿性粉剂，或80%代森锰锌可湿性粉剂50倍液，或烯唑醇等杀菌剂，控制病害。玉米顶腐病为病原性病害，但受环境胁迫影响极大，施加具有抗性诱导作用的叶面肥如植力源、猛加力、5%氨基寡糖素水剂、50%氯溴异氰尿酸可溶粉剂，通过诱导基础抗性，提高病株抗病能力和抵抗环境胁迫能力，可有效控制玉米顶腐病的发生和发展。

十五、玉米弯孢霉叶斑病

玉米弯孢霉叶斑病主要发生在高温潮湿的玉米种植区，是我国夏玉米主要病害。在20世纪80年代，我国最早发现弯孢霉叶斑病能够侵染水稻和高粱等作物。1994年，玉米弯孢霉叶斑病在我国北京重度发生。90年代中后期，玉米弯孢霉叶斑病在我国华北和东北地区中度发生。90年代以来，玉米弯孢霉叶斑病在我国暴发成灾，1996年，玉米弯孢霉叶斑病的发生对我国辽宁省玉米区造成至少2.5亿kg的产量损失，其中仅在绥中县，有108万hm^2的玉米田发生玉米弯孢霉叶斑病，造成超过800万kg的产量损失。1996年，在河南省，玉米弯孢霉叶斑病对玉米造成超过450万kg的产量损失。在2010年，在我国郑州约有19.2%的玉米种植区发生了玉米弯孢霉叶斑病，发生严重的地区病叶率达到100%。近年来，随着我国气候的变暖、耕作制度的变化以及重茬连作，一些玉米主要病害如玉米灰斑病、玉米小斑病等逐渐趋于平稳，玉米弯孢霉叶从次要病害逐渐上升为主要病害，逐年加重发生。目前在我国山东、辽宁、河北、吉林、河南和甘肃等地区大面积发生，造成严重的经济损失。

1. 病原

玉米弯孢霉叶斑病的病原属于半知菌类、丝孢纲、弯孢属，弯孢霉属是在1933年由Boedijn创建的，弯孢霉属是根据分生孢子的特征划分种级的，例如分生孢子的形状、颜色、隔膜的位置、孢子大小等特征。在 20 世纪 90 年代时，就已经发现了弯孢霉属的 35 个种，2 个变种。国外已经报道的能够引起玉米弯孢霉叶斑病的病原菌有新月弯孢（*Curvularia lunata*）、新月弯孢气生变种（*C. lunata* var. aeria）、斑点弯孢（*C. maculans*）、画眉草弯孢（*C. eragrostiis*）、苍白弯孢（*C. pallescens*）、车轴草弯孢（*C. trifolii*）、棒状弯孢（*C. clavata*）以及 *C. tetramera* 和 *C. tested* 等，其中，新月弯孢霉菌为主要致病菌。在我国，新月弯孢霉菌是玉米弯孢霉叶斑病的主要致病菌，次要致病菌有不等弯孢（*C. inaequalis*）、苍白弯孢、棒状弯孢和中隔弯孢等。

2. 发病症状

玉米弯孢霉叶斑病主要为害青贮玉米叶片、苞叶和叶鞘。在发病初始阶段，叶片上出现褪绿小斑点，然后病斑逐渐发展扩大成圆形或者椭圆形的褪绿色透明病斑，大小为 $(0.5\sim4)$ mm $\times$ $(0.5\sim2)$ mm，病斑中间颜色为枯黄色或者黄褐色，边缘呈暗褐色，周围有浅黄色的晕圈。当湿度较大时，病斑在叶片正反两面均可产生灰黑色的霉层，即为分生孢子或分生孢子梗。发病严重时，病斑布满玉米叶片，形成大面积坏死，甚至导致叶片枯死。依据弯孢霉叶斑病的病斑大小、病斑形状、病斑颜色和产孢情况等特征，可以将病斑分为抗病型病斑（R）、中间型病斑（M）和感病型病斑 3 种类型。

3. 发病规律

新月弯孢霉菌存活温度范围为 $9\sim38$℃，最适温度为 $28\sim32$℃，产生孢子的温度范围为 $15\sim38$℃，最适温度为 $30\sim32$℃，55℃条件下 10min 就会导致分生孢子死亡。新月弯孢霉菌的分生孢子在空气湿度大于98%时萌发状况良好，下雨后2h分生孢子开始萌发。新月弯孢霉菌菌丝萌发和孢子萌发pH值为3～10，菌丝生长的最适pH值为7，孢子萌发的最适pH值为6。玉米弯孢霉叶斑病以病残体越冬，成为翌年的主要初侵染来源。施用未腐熟的农家肥有可能造成玉米弯孢霉叶斑病侵染。弯孢霉叶斑病一般在7月下旬至8月上旬开始发病，潜育期一般为3～5d，潜育期之后植株逐渐显病，一般7～10d就能完成一次侵染循环。玉米弯孢霉叶斑病的病原菌寄主范围很广，田间其他禾本科杂草或作物也可以成为玉米弯孢霉叶斑病的间接侵染源。病原菌的分生孢子可以通过风雨、气流等传播。在高温高湿气候环境下，越冬菌丝或者分生孢子可以快速侵染玉米植株，而且在一个生长季节内能够完成多次侵染循环，进行多次再侵染。因此，高温高湿环境更有利于玉米感染玉米弯孢霉叶斑病。

4. 防治方法

首先，种植抗病品种是防治玉米弯孢霉叶斑病最经济有效的方式，选择一种病害的抗病品种时还要注意兼抗其他病害。在选择玉米弯孢霉叶斑病的抗病品种时应明确当地的生理小种，针对不同的生理小种，选择不同的抗病品种，并且要注意抗病品种的合理配置和轮换种植，避免大面积种植单一品种。其次，化学防治是利用化学药剂的生物活性对病害进行防治的方法，对价值较高的自交系玉米而言，药剂防治依然是不可或缺的防治措施，当前生产上防治玉米小斑病和弯孢霉叶斑病最有效的手段依然是药剂防治，田间药剂防治可选用25%咪鲜胺、50%多菌灵、50%异菌脲和12.5%烯唑醇等，对玉米弯孢霉叶斑病均有一定的防治效果。农业防治是防治弯孢霉叶斑病的长效方式之一，轮作会使发病减轻。高密度种植使得田间通风透光条件变差，有利于弯孢霉叶斑病的侵染和流行，所以应合理密植，合理间作套作。除此之外，拔节期和抽穗期的玉米生长旺盛，对营养需求高，应及时追肥，促进玉米生长，增强植株抗性。生物防治具有对环境安全、对人畜安全、成本低、无化学农药残留等优点，被认为是有潜力的防治方法之一。枯草芽孢杆菌 ST-87-14 和放线菌 BPS2 对玉米弯孢霉菌具有较好的抑制效果，后者对玉米弯孢霉叶斑病的防治效果高达 100%。木霉 zsy-01、zsy-02、zsy-03 对玉米弯孢霉叶斑病菌也具有较好的抑制效果。

十六、玉米白斑病

玉米白斑病（MWS，PLS）是中国近几年暴发的新病害，严重影响了我国西南地区的玉米生产。在巴西，白斑病对易感品种的玉米产量造成的损失高达 60%，并且发生范围较广。2020 年以来，白斑病在我国西南玉米区尤其是云南大暴发，导致了部分品种玉米大面积减少减产。

1. 病原

玉米白斑病也被称为暗球腔菌叶斑病，是巴西、南非等热带玉米区的主要病害之一。部分报道显示，白斑病为细菌性病害，病原体为菠萝泛菌（*Pantoea ananatis*）。有些学者则认为白斑病为真菌病害，病原体为玉米暗球腔菌（*Phaeosphaeria maydis*）。Gonçalves 等（2013）在感白斑病植株上的不同感病阶段分离得到了菠萝泛菌（*P. ananatis*）、小球腔菌属（*Leptosphaeria sacchari*）、膝曲旋孢腔菌（*Cochliobolus geniculatus*）、黑附球菌（*Epicoccum nigrum*）、纸样皮氏霉菌（*Pithomyces chartarum*）、蓖麻链格孢（*Alternaria ricini*）、错综赤霉（*Gibberella intricans*）、链格孢菌（*Alternaria alternata*）、藤仓赤霉（*Gibberella fujikuroi*）、茎点霉属（*Phoma* sp.）、叶点霉属（*Phyllosticta* sp.）、暗球腔菌属（*Phaeosphaeria avenaria*）、紧密帚枝霉（*Sarocladium strictum*）、异旋孢腔菌（*Cochliobolus heterostrophus*）和禾生炭疽菌（*Glomerella graminicola*）等，众多发现大多数的真菌是在菠萝泛菌（Pantoea ananatis）引起的病变坏死阶段的后期出现，而菠萝泛菌（*P. ananatis*）在植株的发病初期到后期都可分离到，认为菠萝泛菌（*P. ananatis*）为白斑病的病原体。Amaral 等（2005）对不同环境条件下白斑病的病原体进行研究时，发现叶点霉属（*Phyllosticta* sp.）、荚孢腔属（*Sporormiella* sp.）和高粱茎点霉（*Phoma sorghina*）等都参与了玉米白斑病的滋生。邹成佳等（2021）研究表明白斑病是由附球菌属（*Epicoccum* sp.）引起的。在不同环境条件、生长区域和生长季节，引起玉米白斑病的病原菌可能会有所不同，或者说白斑病是由多种病菌共同作用的结果。

2. 发病症状

玉米白斑病主要为害叶片。侵染玉米，首先在叶片上出现针尖大小暗绿色圆形病斑，后逐渐扩大成白色圆形、长方形、不规则形，边缘整齐，内侧有宽约 1mm 褐色环形坏死线。病斑正反两面大小和颜色比较一致，病斑因失水而出现干瘪的症状，病斑变白、变干，病斑初期单生，直径为 0.3~2cm，后期多个病斑汇集成不规则的大病斑，直径 3~5cm。病斑逐渐扩大时，整个叶片变白、枯死，一部分病斑因中间脱落而穿孔。中后期病斑出现褐色或黑褐色小颗粒，分生孢子器生于叶片表皮之下，在病斑中排列不规则。

3. 发病规律

玉米白斑病发生规律还不完全清楚。玉米品种对白斑病的抗病性差别大，从近乎免疫到高度感病。中抗以上的品种约占50%。田间主要在大喇叭口期后开始出现病斑，越往后，病情越重。在乳熟期，高感品种的叶片慢慢枯死，至成熟期，叶片全部枯死。山区病害比平原严重，田间肥料多少与病害程度关系不密切。在周年种植玉米的区域，病菌没有越冬期，可以周而复始地辗转传播，引起发病。但一年内病情发生最为严重时间在7月中旬至9月中下旬。玉米白斑病菌品种抗性差异较大，不同地区发病程度差异较大，呈暴发性流行性特点，病原菌以分生孢子器和菌丝体在玉米病叶片、苞叶上越冬，亦可随病残体在土壤表面越冬，病菌可以分生孢子或者分生孢子器黏附到种子表面越冬和远距离传播。在田间适宜条件下，风雨是传播的主要途径，昆虫飞行迁移取食及田间农事操作者也可传播。

4. 防治方法

种植抗病品种是控制玉米白斑病最有效的措施。目前西南区种植的玉米品种普遍对该病抗性较差，多数主栽品种易感病所以在抗病品种尚未大面积推广的情况下，开展化学防治是防治该病害的主要手段。三唑类和甲氧基丙烯酸酯类杀菌剂对玉米白斑病具有较好的田间防治效果，建议现阶段在生产上采用二者的复配剂如苯甲·嘧菌酯，唑醚·戊唑醇等开展田间防治。

十七、玉米圆斑病

1. 病原

玉米圆斑病是由玉米生平脐蠕孢菌（*Bipolaris zeicola*（G. L. Stout）Shoemaker）侵染引起的病害，有性态为碳色旋孢腔菌（*Cochliobolus carbonum*），

2. 发病症状

玉米圆斑病主要为害植株叶片和果穗，也可为害叶鞘和苞叶，该病害易造成玉米叶片产生有同心轮纹的圆形斑点或长约20mm的线形斑点，颜色初期一般为淡黄色或者淡绿色，随着病情加深，病斑逐渐扩大，颜色逐渐加深呈褐色，圆斑病侵染果穗会造成玉米果穗腐烂变形弯曲，玉米粒变黑凹陷，而且会产生毒素。圆斑病侵染苞叶会在苞叶上形成褐色的病斑，逐渐产生霉层。该病害为害果穗会导致果穗干瘪、变黑，果穗变形弯曲，发育不良，严重发生时影响玉米产量和质量。

3. 发病规律

该病害主要在玉米吐丝到灌浆开始入侵，玉米收获后，遗留在田间的病残体和堆放的秸秆成为病菌的越冬基地，病菌以休眠菌丝体和分生孢子在病残体中越冬。翌年春天，随着温度升高和降水的增多，休眠菌丝和分生孢子在未腐烂的病残体中恢复生长，产生新的分生孢子，通过气流和风雨传播到玉米幼苗开始侵染，叶片发病后，病斑上不断产生分生孢子，形成持续的侵染源，气候条件适宜时，引起田间玉米大量发病。该病还可通过种子带菌侵染发病。

4. 防治方法

玉米圆斑病最有效的方法是选择适宜当地栽培种植的优良抗病品种；可以加强种子带菌检测，防止通过种子传播，杜绝种植带菌种子，播前进行拌种；加强田间管理，改善栽培条件，及时处理田间秸秆和杂草；发病期适当进行药剂防治，可以选用化学药剂如25%的三唑酮可湿性粉剂100g，兑水60kg喷雾使用，每次间隔7~10d，连续使用2次。

十八、玉米北方炭疽病

玉米北方炭疽病,因病斑像鸟的眼睛,所以也叫"眼斑病",是一种世界性的玉米病害,在气候冷凉的北方玉米种植区发生较广泛。

1. 病原

玉米炭疽病病原菌为真菌界无性型真菌类丝孢纲瘤座孢目球梗孢属玉蜀黍球梗孢(*Kabatiella zeae* Narita et Hiratsuka)。分生孢子长梭形,单胞,无隔,无色。分生孢子梗短棒状,浅褐色,聚生分生孢子3～7个。菌落浅黄色,后期呈粉红色或黑色。

2. 发病症状

玉米北方炭疽病病原菌主要为害玉米叶片,也可以侵染玉米叶鞘、苞叶和茎秆。玉米整个生育期均可发生,被侵染后,叶片表面出现圆形或者近圆形的水浸状褪绿病斑,随着病情的发展,病斑逐渐扩大形成,病斑重要颜色变淡呈乳白色,边缘浅褐色,最外缘有一圈淡黄色,整个病斑似鸟的眼睛,因此被称为眼斑病,严重时小病斑连成大片坏死,植株光合作用减弱,叶片背面出现褐色不规则病斑。侵染茎秆后,茎秆易腐烂,严重时整株枯死。

3. 发病规律

玉米北方炭疽病菌主要靠带菌种子和病残体越冬,翌年温湿度适宜时产生新的分生孢子,分生孢子借助风雨气流传播到玉米叶片上进行侵染,植株逐渐发病,造成田间大面积发生,玉米收获后,田间玉米病残体成为翌年的初侵染源。玉米北方炭疽病发病的最适温度范围为20～30℃,一般每年6月下旬至7月高温多雨天气易发病。

4. 防治方法

选择栽培种植抗病品种；玉米收获后，清除田间病残体和秸秆，减少翌年的初侵染源。

十九、玉米疯顶病

1. 病原

玉米疯顶病又名指疫霉病或丛顶病，该病的病原为大孢指疫霉[*Sclerophthora macrospora*（Sacc.）Thirum. haw et Naras.]。该病菌为专性寄生菌，发病植株中可观察到病原菌的有性器官，卵孢子呈黄色。

2. 发病症状

玉米疯顶病在玉米整个生长期间均可发生，各生长阶段发病的表现症状各不相同，主要造成玉米叶片失绿，叶片无法正常展开，发生皱缩、矮缩变形、叶片僵直和扭曲变形。雄穗和雌穗畸形，雄穗主要表现为叶化且异常增生畸形生长呈刺猬状，也称"疯顶"，部分表现为假雌穗状，顶部开出黄色小花。雌穗也可变态为叶状，或分化为多个不结实的小穗，呈丛生状，不能抽丝，导致雌穗不能结实或结实率极低，籽粒瘪小。玉米疯顶病发病植株株高可表现为植株严重矮化或植株超高，矮缩植株茎秆节间缩短而粗直，叶片皱缩变厚且对生，叶片深绿，常常贪绿晚熟，超高植株茎秆疯长超过正常植株，上部叶片皱缩、扭曲严重，且头重脚轻，易倒伏、折断。

3. 发病规律

玉米疯顶病是一种系统性侵染的土壤传播病害，也可通过感病植株籽粒带菌进行传播，田间病残体基本不传播。病害的发生与环境条件密切相关,玉米疯顶病病原菌主要以卵孢子随病残体在土壤中越冬,植株幼苗期是最适宜的侵染时期,玉米苗期雨水过多或田间积水淹水,病原菌通常从玉米幼芽侵入,在植株体内逐渐扩展而发病。玉米播种后至三叶到五叶期,如果田间积水严重导致湿度增大,则容易引起玉米疯顶病的发生,玉米发芽期田间积水,同样有利于玉米疯顶病的发病。若春季降水较多,或者是低洼的田块,其土壤含水量会较高,进而导致发病情况加重。

4. 防治方法

玉米疯顶病的防治主要是要从源头抓起,以"预防为主,综合防控"为原则,采取以下多种防治手段综合防治方法:

(1)选用抗病品种　选用抗病品种是最经济有效的防治手段之一,不同的玉米品种对疯顶病的抗病能力差异显著,应当采取以选育和种植适宜当地栽培的抗病品种为主的综合措施,例如种植先玉335等品种相对抗病性较好,也在种植前可以向当地农业部门或种子经销商咨询适合当地种植且抗病性强的品种。

(2)合理轮作　实行合理的轮作倒茬是改善土壤环境减少病原菌的关键,玉米疯顶病病原菌可以在土壤中存活,实行3~5年的轮作,可有效减少病原菌在土壤中的积累,轮作作物可以选择非禾本科作物,如棉花或者豆类等,例如在一块玉米发病较为严重的田块,今年种植玉米发病后,下一年轮换种植棉花,第三年种植大豆,第四年继续种植玉米。连作地块播种前使用杀菌剂拌种,播前施以微生物菌肥,减少病原菌累积引起发病。

(3)加强田间管理　一是科学合理施肥,增施有机肥和磷、钾肥,增强玉米植株的抗病能力,每亩地可以施用腐熟有机肥2 000~3 000kg,同时配合磷酸二铵15~20kg、氯化钾10~15kg作为基肥。二是合理灌溉，避免大水漫灌，因为潮湿的环境有利于病原菌的传播和侵染。播种后严格控制土壤湿度，地势低洼地块避免大水漫灌，及时排出田间积水，避免因田间积水造成大面积发病。可以采用滴灌或小水沟灌的方式，保持土壤适度的湿度。三是发现病株后及时清除病原菌，以防病情蔓延。在玉米生长过程中，一旦发现病株，应立即拔除并带出田间深埋或烧毁，防止病原菌传播扩散。玉米收获时注意挑出病株，玉米收获后及时清除田间病残体并集中销毁，然后深翻土壤，避免病菌在田间扩散。

（4）化学防治 种子包衣处理，使用化学药剂对种子进行包衣处理，能够有效杀死种子表面携带的病原菌。可以选用咯菌腈、甲霜灵等药剂拌种。按照药剂说明书上的推荐剂量，将种子和药剂充分混合均匀，一般每100kg种子使用甲霜灵50~100kg。对于已经发病的地块用药剂防治可达到较好的效果，58%甲霜灵锰锌500倍液喷雾，或50%甲霜酮500倍液喷雾，一般每隔7~10d喷1次，连续喷2~3次。田间喷药应当注意药剂的轮换使用，避免病原菌产生抗药性。同时在药液中加入"碧护"等叶面肥可明显提高防治效果。

二十、玉米纹枯病

1. 病原

玉米纹枯病是玉米生产中常见的重要土传病害，玉米纹枯病病原菌有玉蜀黍丝核菌、禾谷丝核菌和立枯丝核菌3种，病原菌寄主范围较广、致病力强。立枯丝核菌（*Rhizoctonia solani*）是引起玉米纹枯病的主要病原菌，立枯丝核菌的生活史分为有性态阶段和无性态阶段两个阶段：有性态阶段为担子菌亚门亡革菌属的瓜亡革菌

(*Thanatephorus cucumeris*（Frank）Domk）；无性阶段为立枯丝核菌（*Rhizoctonia solani*），属于半知菌亚门、丝孢纲、无孢目、丝核菌属。

2. 发病症状

玉米生长的各个生育期均会发病玉米纹枯病，其中抽雄期至灌浆期发生较多，苗期较少发生。纹枯病首先从近地面的叶鞘上开始发病，病原菌侵染玉米植株后逐渐向植株上部蔓延，主要侵害植株的叶鞘，其次是叶片和果穗。纹枯病发生严重时，菌丝能够侵入植株茎秆内部，也会引起茎基腐病，破坏植株的输导组织，影响营养和水分的正常运输，导致植株发育不良，长势弱小，发生早而且严重的可以引起玉米倒折。玉米纹枯病侵染到果穗，容易造成玉米籽粒腐烂变质，导致籽粒品质下降，并且严重影响玉米产量。

3. 病害循环

玉米纹枯病病原菌多在植株病残体和土壤中越冬，主要以菌丝体和菌核的方式。茌年春季环境条件适宜时，越冬的菌核萌发产生菌丝并侵入寄主组织或细胞，菌丝在被侵染部位的周围扩展蔓延导致寄主发病。

4. 防治方法

玉米纹枯病是一种常见的玉米病害，严重影响玉米的产量和质量，以下是一些防治方法：

（1）农业防治

选用抗病品种：纹枯病发生较严重的地块尽量避免种植紧凑型玉米、矮秆玉米和生育期较长的中晚熟玉米品种，主要选择抗纹枯病能力较强的玉米品种，如济单7号、农科大8号、NA367、豫玉26号等，可有效降低发病几率。

合理轮作：施行与非禾本科作物的合理轮作模式，如大豆、花生等，减少土壤中病原菌的积累，减轻发病，避免重茬连作造成病原菌累积，加重纹枯病发病。

合理密植：适当减小玉米的种植密度，采用宽窄行种植或扩行缩株种植等方式，改善田间通风透光条件，降低田间湿度，抑制菌丝生长。

加强田间管理：配套田间沟系，雨后及时排出积水，避免积水造成病菌传播。及时中耕除草，或使用土壤封闭除草技术，保持田间通风透光良好，减轻发病。

科学合理施肥：施好基肥，增施有机肥，控制氮肥用量，合理加施磷钾肥，避免氮肥过多导致植株生长过旺，提高玉米植株的抗病能力。

清洁田园：及时拔出田间病株，玉米收获后，及时清理田间病残体，减少越冬菌源。

(2) 化学防治　播种前使用包衣种子剂，或用适乐时、咯菌腈、苯醚甲环唑等药剂进行拌种，可有效防治纹枯病等苗期病害；当田间病株率达到 3%~5% 时，及时喷施药剂。可选用的药剂有 25% 吡唑醚菌酯乳油 40~50mL，或 40% 的丁香·戊唑醇悬乳剂 30~40mL，或 30% 肟菌·戊唑醇悬乳剂 36~45mL，或三唑酮可湿性粉剂 50g，或 20% 纹枯净可湿性粉剂 25g，兑水后均匀喷雾，一般间隔 7~10 天喷施 1 次，连续喷药 2 次，以巩固药剂防治的效果。

(3) 生物防治

利用木霉菌、枯草芽孢杆菌等拮抗微生物防治玉米纹枯病，如在玉米播种时，将木霉菌剂与种子一起播种，或在玉米生长期间，用芽孢杆菌制剂进行喷雾防治。绿色防治是近年来植物保护研究的热点，生物防治具有绿色高效、安全和经济等诸多优点，利用微生物菌剂来控制病害，对维护农田生态环境具有重要意义。

第四节　细菌性病害识别及防治

一、玉米细菌性顶腐病

1. 病原

引起玉米细菌性顶腐病的病原比较复杂，主要有成团泛菌（*Pantoea agglomerans*）、肺炎克雷伯氏菌（*Klebsiella peneumoniae*）、铜绿假单胞杆菌（*Pseudomonas aeruginosa*）、黏质沙雷氏菌（*Serratia marcscens*）和鞘氨醇单孢菌属（*Sphingomonas* sp.）等。

2. 发病症状

玉米细菌性顶腐病发病症状主要表现为弯头型、扭曲卷裹型和叶鞘茎秆腐烂型，在喇叭口期，如果病害发生早，心叶快速腐烂和干枯，易形成枯心苗。一般情况下，新叶叶尖失绿，发病部位呈透明状，很快叶尖组织褐色腐烂，发病部位逐渐沿叶尖边缘向下部扩展，有时发病叶片形成组织缺损；发病严重时，多个叶片的叶尖黏合在一起，新生叶片无法从喇叭口中伸出；由于病叶相连紧裹，后期影响雄穗的发育与抽出；如果病害一直持续发展，能够引发新生雄穗的腐烂以及不能形成果穗。发生腐烂的组织散发出臭味，有别于真菌引发的顶腐病。对玉米细菌性顶腐病敏感的品种患病植株常常生长矮小。

3. 发病规律

玉米细菌性顶腐病的病原菌可附着在种子或在病残体中越冬，春季借助水流从玉米的气孔、水孔或伤口侵染玉米幼苗，秋季病原菌可随病残体经秸秆还田回到土壤中，成为下一年的初侵染源。玉米喇叭口期持续的高温、高湿、强光照气候条件易诱发细菌性顶腐病，高温和强光照易伤害叶片的幼嫩组织，导致细菌入侵。玉米周期性的吐水和高温，加速细菌繁殖，致使叶片的幼嫩组织在数天内大量腐烂。高温、高湿有利于病害流行。一般来说，细菌性顶腐病多出现在大雨后、田间灌溉后或天气骤晴、温度骤增且持续高温之时，低洼或排水不畅的地块发病更为严重，害虫或机械损伤造成的伤口也利于细菌侵入，除草剂药害也会引发玉米细菌性顶腐病。

4. 防治方法

若田间普遍发生细菌性顶腐病，在田间发病植株较少时，可对心叶扭曲、腐烂病情较重的植株进行剪叶促穗，确保雄穗正常抽出，以免影响授粉，剪下的病叶带出农田并进行深埋处理。发病较重的地块在大喇叭口期要迅速追施氮肥，补充营养；对于发病严重、难以挽救以至于绝收的地块，要及时毁苗整地，改种其他作物，尽量减少经济损失。应及时喷施4%嘧啶核苷类抗菌素水剂400倍液并加入多菌灵、代森锰锌或烯唑醇等杀菌剂，或者喷施50%氯溴异清尿酸1 000倍液，加入植物细胞膜稳态剂600倍液和8%阿维菌素倍液与有机硅助剂混合后进行喷雾（杀菌剂交替使用），控制病害。若田间为散发病害，可以不施药，对少数重病植株可用刀片挑开黏合在一起的叶片，确保雄穗正常抽出，以免影响授粉。田间发病会导致玉米叶片发生损伤、植株抵抗力下降，杀菌后同时也可施用适合的杀虫剂和叶面肥提高玉米植株抗性,以此来减少细菌性顶腐病带来的产量损失。

二、玉米细菌性茎腐病

1. 病原

玉米细菌性茎腐病主要由玉米狄克氏菌（*Dickeya zeae*）引起,也有研究表明铜绿假单胞菌（*Pseudomonas aeruginosa*）、短小芽孢杆菌（*Bacillus pumilus*）、成团泛菌（*Pantoea agglomerans*）和极端东方假单胞菌（*Pseudomonas extremorientalis*）也可以引起玉米细菌性茎腐病。

2. 发病症状

玉米细菌性茎腐病主要发生在玉米生长中期,但有时在拔节期也有发生。在拔节期,叶片基部出现严重腐烂,病斑黄褐色、不规则,腐烂部位有大量黏液,有时心叶可从中部腐烂处拔出。在玉米吐丝灌浆期,首先在穗位下方的茎秆表面出现水渍状、圆形或不规则形、边缘红褐色的病斑,病健交界处有明显的水渍状腐烂,发病节位以上的叶片呈灰绿色萎蔫；病害进一步发展导致发病茎节组织崩解,茎秆倒折,从腐烂组织中溢出大量腐臭的菌液。细菌性茎腐病发生在玉米生长中期,发病节位较高,易从病节折断。

3. 发病规律

玉米细菌性茎腐病的病菌主要通过附着在田间病残体上越冬,翌年温湿度适宜时,病原菌从植株表面伤口或者叶鞘间隙侵入。低温环境下,病原菌在病残体中能够存活更长时间；20~28 ℃环境下,玉米细菌性茎腐病病原菌能够在病残体中存活8个月；0~5 ℃

环境下，病原菌能够存活 22 个月。玉米螟也可以作为该病菌的传播介体，其携带的细菌可以从虫蛀伤口侵染进入玉米植株。病菌还可以在种子中存活，并通过种子运输的方式传播病害。土壤肥力和气候是玉米细菌性茎腐病发生流行的重要影响因素，玉米细菌性茎腐病的最适发病温度为 35 ℃，最适相对湿度为 70%。有研究发现，多个青贮玉米品种在不同的生长季中，光照时间和玉米细菌性茎腐病的发病率均呈现正相关，即光照时间越长，玉米细菌性茎腐病的发病率越高。

4. 防治方法

生产中要淘汰易感细菌性茎腐病的品种，选择田间抗病性强的品种。垄作播种也有利于该病害的预防。病害发生初期，应在茎秆发病节位喷施 46% 氢氧化铜、3% 春雷霉素、3% 中生菌素、40% 噻唑锌、20% 噻唑锌、30% 噻菌铜、50% 氯溴异氰尿酸（不可和有机磷混用）、3% 的噻霉酮等。4% 嘧啶核苷类抗菌素水剂等杀细菌药剂，控制病害扩展。对严重发病植株，应及时拔出并带至田外进行处理。

三、玉米细菌性干茎腐病

1. 病原

引起该病害的病原是成团泛菌（*Pantoae agglomerans*）。

2. 发病症状

幼苗生长缓慢，茎节较正常株短，叶片出现局部皱缩、褪绿条带、紫红条斑或枯死的症状，在叶鞘上产生小而不规则的褐色斑点；在抽雄期，植株逐渐弯曲，去除叶鞘后，在茎下方的节上可见不规则黑褐色病斑，病斑向茎内缢缩，严重时导致一侧坚硬的茎表皮及部分髓组织消解，茎节呈现似被害虫啃食的缺刻；发病部位黑褐色，无细菌产生的黏稠菌液，而呈现干腐；剖开病节，髓组织与维管束呈紫黑色；当一侧茎节组织缺失后，导致茎秆向发病侧倾斜或扭曲，植株矮化，发病茎秆脆，易折断。

3. 发病规律

引起玉米细菌干茎腐病的成团泛菌通过种子带菌的方式进行传播，在玉米植株组织中随水分的向上传导而从种子移动到果穗部位，最终进入新种子中形成了种子带菌，完成了病菌从种子到种子的侵染循环。

4. 防治方法

在植株发病初期，喷施4%嘧啶核苷类抗菌素水剂400倍液等杀细菌药剂，具有一定的控制效果；也可以采取杀细菌药剂进行拌种处理，可减轻发病。

四、玉米细菌性叶斑病

1. 病原

引起该病害的病原为野油菜黄单胞菌绒毛草致病变种（*Xanthomonas campestris* pv. holcicola（Elliott）Dye），司鲁俊等（2010）在浙江东阳发现了由巨大芽孢杆菌（*Bacillus megaterium*）引起的玉米细菌性叶斑病。

2. 发病症状

玉米细菌性叶斑病主要发生在叶片上，发病初期植株的叶片上分散有不规则的淡黄色水浸状斑点。随着病害的发展，病斑沿叶脉方向扩展，逐渐增多，可在全叶布满黄色的小斑。病斑小而密集，直径1~2mm。发病后期，病斑中央出现灰白色的枯死区域，一些病斑相互联合，在叶片上形成较大面积的坏死斑。

3. 发病规律

玉米细菌性叶斑病可通过种子携带进行远距离传播，翌年春季，各种带菌病残体以及种子形成病害的初侵染源，前者通过风雨传播至玉米叶片上，后者直接通过植株内部系统进入叶片。发病后，病菌主要在叶片维管束系统内繁殖与移动，植株间的相互传播作用较少，病害的发生程度主要受多雨高湿气候的影响。

4. 防治方法

玉米细菌性叶斑病零星发生时不需要防治，但发病广泛时应该及时喷施4%嘧啶核苷类抗菌素水剂400倍液进行控制。

第五节　病毒性病害识别及防治

一、玉米粗缩病

玉米粗缩病（Maize Rough Dwarf Disease，MRDD）是一种世界性病害，在我国山东和河南等地区发生较重，1954年，在甘肃和新疆首次发现。由于栽培制度改变以及感病品种大面积种植导致玉米粗缩病在黄淮海地区严重发生。2007—2008年，山东省遭受严重的玉米粗缩病病害，造成了严重的经济损失。近年来，玉米粗缩病在我国青贮玉米上的为害对饲草质量和产量造成了一定的影响，因此控制青贮玉米粗缩病对于保障我国饲草安全生产具有重要意义。

1. 病原

我国玉米粗缩病主要是由水稻黑条矮缩病毒（Rice black-streaked dwarf virus，RBSDV）引起。近年来，由白背灰飞虱传播的南方水稻黑条矮缩病毒（South rice black-streaked dwarf virus，SRBSDV）也在黄淮海地区的玉米中发现，随着白背灰飞虱的迁移，新的病毒也被传播，对玉米的生产安全造成严重威胁。

2. 发病症状

玉米粗缩病属于苗期病害，一旦感染粗缩病病毒，玉米在整个生育期都会受到粗缩病的为害，对玉米生长发育造成严重威胁。玉米粗缩病侵入玉米后导致玉米茎节缩短或减少，直接引起玉米株高降低和矮化，病毒感染初期，玉米心叶背部有透明油浸状的褪绿小斑点，分布在叶片基部的中脉两侧，随时间的推移，斑点逐渐形成蜡质状的突起。茎秆节间变短，植株矮小，根系少而短。严重发病的玉米雄穗不能正常抽穗或抽穗后不能散粉，雌穗不能结实或缺粒严重。拔节期以后，病株中上部节间变短，雄穗变小，雌穗籽粒变少。侵染后期，点状的蜡质突起会连成片，表面较粗糙。

3. 发病规律

灰飞虱是玉米粗缩病病毒传播的唯一媒介，灰飞虱一旦携毒可终生传毒。由RBSDV介导的极具破坏性的病毒性病害的发生被认为是作物杂种优势利用栽培模式的引入、易感品种的广泛种植以及飞虱随适宜气候迁移的结果。它由玉米上的寄主灰飞虱（*Laodelphax striatellus*）通过交替取食受侵染和健康植株的韧皮部组织，以持久、循环和繁殖的方式传播。

4. 防治方法

（1）农业防治　青贮玉米田间间苗定苗时，及时拔除病株，以减少病毒传播。科学浇水与施肥，增施农家肥和有机肥等措施，增加土壤有机质含量，增加磷钾肥施用量，抑制植株徒长，提高其对粗缩病的抵抗能力。夏玉米进行错期播种，错开灰飞虱成虫进行大规模迁徙的时间，可有效降低玉米粗缩病的发生。优化和改善田间栽培管理措施，清除田间地埂杂草，破坏灰飞虱越冬和生长条件，可预防灰飞虱越冬后的大规模侵染。

（2）种植优良抗病品种　目前大部分青贮玉米品种对粗缩病抗性普遍较弱，因此选用高抗青贮玉米品种是防治玉米粗缩病发生的绿色防控措施；采用杀虫种衣剂进行种子包衣，可有效控制带毒昆虫对玉米苗期的为害。

（3）化学防治　在苗期可使用阿克泰或吡虫啉等化学药剂交替喷雾，间隔7d左右时间，可降低灰飞虱的数量，而减轻玉米粗缩病的为害。

（4）生物防治　利用天敌昆虫花边蟒和瓢虫等进行飞虱的防治，不仅能有效减少化学农药，减少环境污染，还可促进生态多样性。

（5）抗病育种　挖掘国内外青贮玉米种质资源中的抗病基因，结合分子标记与常规育种结合进行玉米抗粗缩病育种，是绿色环保且经济高效的防治手段。

二、玉米矮花叶病

玉米矮花叶病在我国各玉米种植区普遍发生，是通过介体蚜虫进行非持久性传播的一种系统性病害，具有间歇性、迁移性和暴发性等特征。玉米矮花叶病在玉米生长发育的各个阶段都有可能发病，该病发病率较高且分布广泛，长期以来一直严重影响着玉米的产量和质量，可造成玉米产区减产甚至颗粒无收，已经成为影响我国玉米产量的重要病毒病之一。1963年，玉米矮花叶病在美国的俄亥俄州首次被发现并记录该病害，1968年，我国首次报道河南省新乡市辉县发生玉米矮花叶病害后，已经逐步扩展到我国黑龙江、吉林、辽宁、内蒙古、北京、天津、河南、河北、山西、陕西、四川、重庆、上海、浙江、广西、广东、海南、甘肃、新疆等地，成为制约我国玉米生产的主要问题之一。

1. 病原

玉米矮花叶病是由病毒 MDMV（Maize Dwarf Mosaic Virus）侵染所致。引起我国玉米矮花叶病的株系主要是 SCMV（Sugar Cane Mosaic Virus）。对玉米品质和产量的影响非常严重。

2. 发病症状

玉米矮花叶病是一种系统侵染性病害，在玉米整个生长期内均可感染玉米矮花叶病，但不同生育期的发病程度有所差异，苗期是玉米矮花叶病发生的主要时期，生长后期发病为害较轻。玉米矮花叶病一般在植株3~5叶期开始表现出发病症状，7叶期发病逐渐加重，症状最为明显，发病较重的田块，植株仅长出2~3片叶时症状已经表现得很明显。玉米矮花叶病初期从心叶基部叶的中部产生许多椭圆形的褪绿色小斑点，随着病情的加重，病斑逐渐扩大变明显，叶片上褪绿色斑点逐渐连接融合，形成颜色深浅不同的褪绿条纹花叶，随着病情发展，叶片叶绿素减少，植株叶片慢慢变黄变硬，植株生长缓慢，直至植株矮化严重停止生长，最后干枯，发病植株株高通常不到健康植株的一半，玉米矮花叶病对植株抽穗影响较大，病株常常无法正常抽穗，部分病株抽穗后也易发生花粉萌芽困难、芽管发育不良等表现，最终引起果穗结实不良，籽粒少而秕，严重影响玉米的产量和品质，给玉米生产造成严重的经济损失。

3. 发病规律

玉米矮花叶病主要是靠动物介体蚜虫进行远距离传播，玉米蚜是该病最重要的传毒介体，病毒通过蚜虫取食或摩擦形成的伤口进入植物细胞后，先在初侵染细胞内进行自身复制，再通过两种转运模式转移。该病侵染后潜育期一般为7d，6~14d发病。温度、光照和湿度都对病毒的传播和发病有重要影响。一般温度20~30℃时，蚜虫活动频繁，病毒的传播速度加快。日照时间长更利于发病。湿度较低的环境更有利于蚜虫快速繁殖，尤其在干旱年份，蚜虫发生明显增多。

4. 防治方法

（1）农业防治　选择抗病品种栽培种植，选择对玉米矮花叶病具有抗性的品种是控制病毒病流行，减轻损失的根本措施。应定期组织有关单位对种植品种进行抗病性鉴定，筛选抗性强的品种栽培种植，及时轮换抗性强的品种。如登海618、伟科702、陕单9号、丰单1号、陇单1号、武早4号、吉853、掖单20、农大65等抗病品种。加强病虫害预测预报，适当调整播期，避免玉米易感病生育期遇上蚜虫高峰期加重病情，加强田间管理，及时清除田间地头的杂草和病株，尤其是多年生杂草，以降低蚜虫基数，减少初侵染源。科学合理施肥，播前施足底肥，后期合理追肥，合理浇水，加强田间栽培管理，增强植株抗病能力。进行合理的轮作。加强田间蚜虫防治，对传毒介体蚜虫数量进行系统调查，掌握消长规律，以便及时采取防治措施，减少蚜虫在一定程度上可控制侵染源和切断传播途径。

（2）化学防治　病区可在玉米苗期每亩用 10% 吡虫啉 20~30k，兑水 50~75kg 喷雾防治介体昆虫。此外，200g/L 丁硫克百威乳油、600g/L 吡虫啉悬浮种衣剂或者 30% 乙酰甲胺磷乳油，兑水进行喷雾防治，对蚜虫也有较好的防治效果。

参考文献

戴明丽，2012. 玉米茎腐病的综合防治措施［J］. 中国农业信息（4）：30-31.

段灿星，董怀玉，李晓，等，2020. 玉米种质资源大规模多年多点多病害的自然发病抗性鉴定［J］. 作物学报，46（8）：1135-1145.

黄世明，2018. 玉米除草剂常见药害［J］. 植物医生，31（12）：63-64. DOI：10.13718/j.cnki.zwys.2018.12.043.

李欢欢，2013. 玉米转基因体系的优化及抗矮花叶病基因的转化［D］. 泰安：山东农业大学.

刘红亮，2016. 陕西省渭北旱塬玉米矮花叶病的发生规律及防治研究［D］. 杨凌：西北农林科技大学.

鲁洪斌，2018. 玉米病毒病发生规律及田间防治技术［J］. 河北农业（10）：38-39.

吕亚静，2023. 抗玉米矮花叶病非传统肽 NCP38 的鉴定及功能研究［D］. 郑州：河南农业大学，DOI：10.27117/d.cnki.ghenu.2023.000776.

苏建功，2021. 玉米缺素症状及应对方法［J］. 现代化农业（6）：19.

王晓鸣，2005. 玉米病虫害知识系列讲座（Ⅰ）玉米病虫害发生特点及苗期病虫害鉴别与防治［J］. 作物杂志（2）：35-36.

王晓鸣, 2005. 玉米病虫害知识系列讲座（Ⅱ）玉米生长中后期病虫害鉴别与防治［J］. 作物杂志（3）：38-40.

王晓鸣, 2005. 玉米病虫害知识系列讲座（Ⅲ）玉米抗病虫性鉴定与调查技术［J］. 作物杂志（6）：53-55.

温晶晶, 2015. 玉米矮花叶病抗病基因 Rscmv2 的鉴定和分离［D］. 郑州：河南农业大学.

薛玉梅, 2006. 玉米主要病害的鉴别［J］. 安徽农业科学, (10)：2127.

杨帆, 2022. 山西省玉米矮花叶病传播途径研究及3种药剂对病毒抑制作用［D］. 太原：山西农业大学, DOI：10.27285/d.cnki.gsxnu.2022.000761.

游朋朋, 2020. 玉米弯孢霉叶斑病抗病品系及有效药剂筛选［D］. 泰安：山东农业大学. DOI：10.27277/d.cnki.gsdnu.2020.000716.

张培竹, 谢应林, 2009. 罗平县玉米主要病害及其防治对策［J］. 云南农业科技（S2）：99-100.

张莹莹, 吴连成, 库利霞, 等, 2014. 利用 RNAi 技术抗玉米矮花叶病效果研究［J］. 河南农业科学, 43（4）：69-74. DOI：10.15933/j.cnki.1004-3268.2014.04.023.

赵海成, 2015. 玉米大斑病防治试验［J］. 现代化农业, （12）：4-5.

郑万, 2019. 玉米矮花叶病防治技术探究［J］. 南方农业, 13（6）：57-58. DOI：10.19415/j.cnki.1673-890x.2019.06.030.

第八章

青贮玉米主要害虫识别及防治

青贮玉米生长过程中田间害虫会对其产量和品质造成一定的影响,尤其是地下害虫会造成缺苗断垄。蓟马为害造成玉米新叶扭曲,甚至造成伤口,导致玉米细菌性顶腐病的严重发生;暴食性草地贪夜蛾会大量取食玉米叶片,双斑萤叶甲为害玉米花丝,影响青贮玉米授粉;棉铃虫取食玉米叶片和穗部造成伤口,给病原菌的侵染提供有利条件;玉米螟钻蛀玉米造成空秆。青贮玉米田虫害包括地上害虫和地下害虫,地上害虫主要有棉铃虫、玉米螟、蚜虫、红蜘蛛、双斑萤叶甲、草地贪夜蛾、蓟马和金龟甲等;地下害虫主要有地老虎、金针虫和蛴螬等。

第一节 地下害虫识别及防治

一、蛴螬

1. 分类

蛴螬属于鞘翅目,金龟总科,是金龟子的幼虫,是玉米苗期常见虫害之一。

2. 为害特征

常年生活在地下，玉米播种发芽时，蛴螬幼虫可取食萌发的玉米种子，造成缺苗断垄，影响其正常生长；玉米苗期遭遇蛴螬的为害后，其茎基部、根系被咬断，使植株枯死，且伤口易被病菌侵入，引起其他病害的发生；成虫有时取食玉米叶片，将叶片咬成缺刻状。

3. 防治技术

（1）农业防治　严重发生田块采取秋耕翻地、倒茬、水旱轮作等农业措施；人工捕捉幼虫，在被害玉米植株下挖出幼虫，杀灭；防止使用未腐熟的有机肥料。

（2）物理防治　在成虫发生盛期，利用悬挂频振式杀虫灯或太阳能杀虫灯诱杀成虫。

（3）化学防治　种子包衣或拌种，用40%辛硫磷乳油0.5L加水20L，拌种200kg。此外，还可以用35%吡虫·硫双威悬浮剂、13%氯氰·福美双悬浮种衣剂、8%丁硫·戊唑醇悬浮种衣剂进行种子包衣。严重发生地块，用48%毒死蜱乳油2 000倍液或40%辛硫磷乳油1 000倍液灌根处理。毒土诱杀，每亩用5%毒·辛颗粒拌毒土2.5～3kg，于傍晚顺垄放置于垄间，注意不要撒到玉米叶片上。用200g/L的氯虫苯甲酰胺悬浮剂进行喷雾。

（4）生物防治　利用食虫虻、黑土蜂、白僵菌、绿僵菌、斯氏线虫科和异小杆线虫科等生物资源，还可以利用主要天敌寄生蜂、隐翅甲、步行甲和鸟类等来防治蛴螬。

二、小地老虎

1. 分类

小地老虎属于鳞翅目夜蛾科切根夜蛾亚科，又名土蚕，切根虫。

2. 为害特征

小地老虎1~2龄幼虫昼夜活动,取食玉米苗心叶,造成小的孔洞,3龄以上白天潜伏在表土下,夜出活动为害,咬断玉米苗茎基部,致使幼苗死亡,造成缺苗断垄,严重时可导致毁种。黄地老虎1~2龄幼虫在植株幼苗处昼夜为害,3龄后从接近地面的茎部蛀孔为害,造成枯心苗,3龄以后为害严重。大地老虎幼虫啃食植株幼苗茎基部,将其咬断,致使幼苗死亡,造成缺苗断垄,严重时可导致毁种。

3. 防治技术

(1) 农业防治　及时铲除田间、地头、渠道、路旁的杂草,适时中耕除草,秋末冬初深翻土壤,防止地老虎成虫产卵。加强栽培管理,不施未腐熟的有机肥料,合理施肥灌水,增强植株抵抗力。合理密植,雨季注意排水,保持适当的温、湿度。

(2) 物理防治　人工捕杀,清晨在断苗、断株的根际挖土捕杀幼虫。利用成虫的趋光性,可用黑光灯或者高压汞灯等诱杀越冬代成虫,也可利用发酵变酸的食物(烂水果、胡萝卜、甘薯等)加入适量的药剂,诱杀成虫。

(3) 化学防治　采用35%吡虫·硫双威悬浮剂、13%氯氰·福美双悬浮种衣剂、8%丁硫·戊唑醇悬浮种衣剂进行种子包衣。用40%毒·辛乳油1 000倍液灌根或每亩用5%丁硫克百威颗粒剂3~5kg撒施后浇水防治。可用50%辛硫磷乳油800倍液、2.5%溴氰菊酯乳油3 000倍液17:00以后地表喷雾。防治的关键是使药物与虫体充分接触,所以在用药时也可结合除草、打孔、提前浇水等方式,将地老虎诱至地表,以增加防效。

（4）生物防治　在幼虫期和蛹期主要是保护利用寄生性天敌昆虫，如布额短须寄蝇、伏虎茧蜂、螟蛉绒茧蜂、广小腿小蜂等。捕食性天敌昆虫主要有鞘翅目的虎甲和布甲、革翅目的蠼螋、半翅目的猎蝽以及蜘蛛和鸟类。

三、金针虫

1. 分类

金针虫属于鞘翅目，叩头总科。

2. 为害特征

金针虫取食玉米种子、幼芽，使其不能发芽出苗；也可钻蛀入玉米苗茎基部内取食，有褐色蛀孔，被害幼苗的主根或茎基部很少被咬断，被害部位不整齐。成虫在地上取食嫩叶。

3. 防治技术

（1）农业防治　秋季深耕35cm左右，破坏其生存和越冬场所，降低虫口密度。合理轮作，做好翻耕暴晒，减少越冬虫源。加强田间管理，清除田间杂草，减少食物来源。发生严重时可浇水迫使害虫垂直移动到土壤深层，减轻为害。

（2）物理防治　在成虫发生期，利用杀虫灯诱杀，有一定防治效果。

（3）化学防治　种子包衣或拌种，用40%辛硫磷乳油500mL加水20L，拌种200kg，或采用35%吡虫·硫双威悬浮剂、13%氯氰·福美双悬浮种衣剂、8%丁硫·戊唑醇悬浮种衣剂进行种子包衣。土壤处理，每亩用5%辛硫磷颗粒剂1.5kg拌入化肥中，随播种施入土壤；或耕地时用50%辛硫磷乳油75mL拌细土2～3kg撒施。用40%辛硫磷乳油1 000倍液灌根。

四、蝼蛄

1. 分类

蝼蛄属直翅目，蝼蛄科，又名拉拉蛄、大蝼蛄、土狗子、地狗子、地拉蛄，为害我国青贮玉米的蝼蛄种类主要有东方蝼蛄（*Gryllotalpa orientalis Burmeirster*）和华北蝼蛄（*Gryllotalpa orientalis Saussure*），我国各地均有发生。蝼蛄是杂食性害虫，为害玉米、花生、薯类和多种蔬菜等。

2. 形态特征

蝼蛄成虫体型狭长，体长一般约40~50mm，头小呈圆锥形，头长9mm左右，复眼小而突出，单眼2个，雄虫体长39~45mm，形似非洲蝼蛄，但体黄褐至黑褐色，前胸背板中央盾形，前胸背板中央有1个心脏形暗红色斑点。前足特化为粗短结构，便于开掘，后足胫节背侧内缘有棘1个或消失。腹部近圆筒形。卵为椭圆形，初产卵一般长1.6~1.8mm，宽约1.4m，卵孵化前长2.6mm，宽1.6mm，卵呈黄白色或黄褐色，从初产到孵化颜色逐渐变深。若虫形态跟成虫相似，体较小，初孵若虫为乳白色，二龄以后体色逐渐加深变为黄褐色，五六龄后基本与成虫同色。

3. 为害症状

蝼蛄的成虫和若虫会啃食刚播种的玉米种子，导致种子无法正常发芽出苗。还会咬食玉米幼苗的根部和嫩茎，使幼苗的根系和嫩茎受损，养分和水分的吸收和运输过程受到阻碍，最终导致幼苗死亡。蝼蛄在咬食玉米根系时，会将主根咬断或使其呈丝状、乱麻状，严重影响根系的正常功能和生长发育，导致玉米植株生长不良，甚至枯萎死亡。蝼蛄在土壤中活动时会挖掘纵横交错的隧道，使玉米幼苗的根部与土壤分离，导致幼苗无法从土壤中吸收到足够的水分和养分，从而致使幼苗因失水而枯死，严重时会造成缺苗断垄的现象，影响玉米的产量和质量。即使玉米幼苗没有被直接咬死，但其根系受到蝼蛄的破坏后，吸收能力下降，会导致玉米生长缓慢，植株矮小，叶片发黄，与缺水缺肥的症状相似，进而影响玉米的生长发育和最终产量。

4. 发生规律

蝼蛄主要在春秋两季活跃，昼伏土中，夜出地面活动。它们在土壤中周年活动规律时间长达7个多月，分几个阶段：

冬眠阶段期：从11月开始，当10cm地温降至8℃左右时，蝼蛄下潜越冬，一般在50~120cm处越冬，各地历年越冬深度根据当时温度和土壤水分有所不同，一般在冻土层下至地下水面之上越冬。春季为害阶段：每年2月起，当10cm地温升至9以上，越冬虫由越冬位置上迁；当10cm地温升至10℃以上，开始为害麦苗。夏季繁殖阶段：进入5月上中旬，地温升至20℃以上，蝼蛄成虫进入交尾产卵期。另外还有的地方部分若虫和成虫对夏播作物也形成一定为害，有时也很严重。秋季为害期：9月地温下降至25℃以下，新羽化成虫及新孵若虫均需取食，以积累营养准备越冬，这时春夏作物及杂草根系老化，均不适宜取食，故蝼蛄均集中到秋播麦田为害，形成麦田受害第2个高峰。冬季下潜越冬，春季上迁为害麦苗，夏季交尾产卵，部分若虫和成虫对夏播作物也有为害，秋季新羽化成虫及新孵若虫为越冬取食。蝼蛄一般于夜间活动，具有趋光性、趋化性、趋粪土性、喜湿性和抱卵习性，多栖息于近湖、临海、平原等低湿地带，特别是砂壤土和多腐殖质的地区。

5. 防治技术

（1）农业措施　适当轮作倒茬：合理安排茬口，实行轮作制度，避免连作，轮作、深耕犁耙、精耕细作可以破坏蝼蛄的生存环境，杀死部分虫体，减少蝼蛄的为害。如在进行土地耕作时，深耕可以将部分蝼蛄翻出地面，使其暴露在不利的环境中，从而降低其存活率。同时，清除杂草也能减少蝼蛄的栖息和食物来源，头茬作物收获后，及时清除田间杂草和病残体，减少害虫产卵和越冬场所。在作物出苗前也要及时铲除田间杂草，减少幼虫早期食料，并将杂草深埋或集中烧毁，从而降低虫口密度。施用高温腐熟的有机肥，切断传播途径。未腐熟的有机肥容易吸引蝼蛄等地下害虫，而高温腐熟的有机肥则可以避免这种情况。腐熟过程中产生的高温可以杀死可能存在的虫卵和幼虫，从而减少蝼蛄的传播。蝼蛄喜欢在较为干燥的土壤中活动，增加灌水次数和灌水量可以使土壤湿度增加，迫使蝼蛄下潜到更深的土层中，从而减少其对农作物的为害。

（2）物理防治　人工捕捉可以直接减少蝼蛄的数量，降低其对农作物的危害。在日出前或日落后可在玉米苗基部找到蝼蛄，进行处死。在特定的时间点，蝼蛄会出现在玉米苗基部等地方，此时进行人工捕捉是一种有效的防治方法。黑光灯诱杀，利用蝼蛄的趋光性，在成虫发生期夜间诱杀。蝼蛄具有趋光性，在夜间设置黑光灯可以吸引蝼蛄成虫，从而将其诱杀。这种方法可以减少蝼蛄的成虫数量，降低其繁殖能力。

（3）化学防治　毒饵诱杀，可将麦麸等饵料炒香后，加入化学药剂制成毒饵，利用蝼蛄对香甜物质的趋性，在傍晚时分撒于地面，可以吸引蝼蛄取食，从而达到毒杀的目的。喷雾防治，下午5点后蝼蛄活动较为频繁，此时选择合适药剂顺垄喷雾，能够有效地防治蝼蛄。药剂应选择高效、低毒、对环境友好的品种，同时避免单一药剂的长期使用，以延缓害虫的抗药性。

进行土壤处理时，可在整地之前将辛硫磷颗粒均匀撒施于地面，然后进行翻耙操作，让药剂分散在耕作层中。这样可以对地下害虫形成有效触杀，并同时兼治其他潜藏于土壤之中的其他害虫。药剂灌施，在蝼蛄为害特别严重的地块，用晶体敌百虫、辛硫磷乳油等灌根，但仅限于为害特别严重的地块，因为药剂灌施用药量较大，对土壤污染严重，因此应谨慎使用。

(4) 生物防治　利用生防菌、昆虫病源线虫等进行防治。例如，使用250~300g/亩的150亿个孢子/g球孢白僵菌、4~6kg/亩的2亿孢子/g金龟子绿僵菌CQMa421、昆虫病原线虫等生物防治方法，可以有效地防治蝼蛄等地下害虫。这些生物防治方法对环境友好，不会产生化学农药污染土壤的问题。

第二节　钻蛀害虫识别及防治

一、玉米螟

1. 分类

玉米螟属于鳞翅目螟蛾科野秆螟属节肢动物，又称箭秆虫、玉米钻心虫。

2. 为害特征

玉米螟广泛分布于全国各玉米种植区，主要为害玉米、谷子、高粱和棉花等，也可以为害大麦等20余种植物。通常在玉米心叶期，玉米螟2~3龄幼虫潜入心叶中，蛀食心叶，群集取食心叶叶肉，心叶被蛀穿，造成展开的叶片上出现整齐的一排排小孔。3龄以上幼虫蛀食，叶片展开时出现"排孔"。玉米进入打苞期，取食雄穗；散粉后幼虫开始向下转移蛀入雄穗柄或继续向下转移至雌穗着生节及其上、下节蛀入茎秆。此时玉米雌穗已开始发育，茎节被蛀会明显影响甚至中止雌穗发育，遇风极易造成植株倒折。穗期，初孵幼虫潜藏取食花丝继而取食雌穗顶部幼嫩籽粒，3龄以后部分蛀入穗轴、雌穗柄或茎秆，影响灌浆，降低千粒重，穗折而脱落，造成玉米更易发生穗腐病、粒腐病等，玉米品质下降。由于玉米螟蛀食籽粒造成伤口，常诱发玉米穗腐病。

3. 防治技术

（1）农业防治 选用抗虫青贮玉米品种；玉米秸秆粉碎还田，可杀死秸秆内越冬幼虫，降低越冬虫源基数；诱集玉米螟成虫产卵，再集中消灭。

（2）物理防治 利用性诱剂迷向诱杀玉米螟成虫雄虫；利用玉米螟成虫的趋光习性，在玉米螟成虫发生时期，用频振式杀虫灯或黑光灯诱杀玉米螟成虫，每台杀虫灯的有效防治面积为2~3hm^2，安装时杀虫灯的高度距地面1.5~2m，大面积连片使用时效果最佳。

（3）生物防治 在玉米螟卵期，释放赤眼蜂2~3次，每亩释放1万~2万头，或将10 000头/袋赤眼蜂虫卵袋挂放蜂袋进行防治；使用苏云金杆菌、白僵菌等生物制剂撒施于心叶内或喷雾；白僵菌每亩20g拌细河沙2.5kg，撒施于心叶内。以菌治虫，即使用苏云金杆菌或白僵菌进行处理方法有两种，使用苏云金杆菌颗粒剂或白僵菌消灭幼虫，或者早春时在越冬幼虫化蛹前用白僵菌对寄主秸秆根茬进行喷粉封垛。

（4）化学防治　颗粒剂，用14%毒死蜱颗粒剂、3%丁硫克百威颗粒剂每株1～2g，或用3%辛硫磷颗粒剂每株2g，或50%辛硫磷乳油按1∶100配成毒土混匀撒入心叶中，每株撒2g。喷雾，20%氯虫苯甲酰胺5 000倍液或3%甲氨基阿维菌素苯甲酸盐微乳剂2 500倍液喷雾，心叶期注意将药液喷到心叶丛中，穗期喷到花丝和果穗上；或用10%四氯虫酰胺每亩20～30mL、40%氯虫·噻虫嗪水分散粒剂8～12g/亩、10%高效氯氰菊酯水乳剂每亩15～20mL喷雾防治。

二、棉铃虫

1. 分类

棉铃虫属于鳞翅目夜蛾科，铃夜蛾属，别名玉米穗虫、青虫、钻心虫等。

2. 为害特征

棉铃虫通常可为害玉米、辣椒、豇豆、番茄、向日葵、棉花和花生等。幼虫从玉米苗期到穗期都可为害。以幼虫取食叶片形成孔洞或缺刻状，有时咬断心叶，造成枯心。叶片上虫孔粗大，边缘不整齐，常见粒状粪便，幼虫还可转株为害。穗期棉铃虫孵化后主要集中在玉米果穗顶部花丝上，处在其他位置的1～2龄幼虫，向下或向上爬行，或吐丝下坠到达果穗后开始从苞叶顶端钻孔蛀入花丝为害，并可将果穗顶端花丝全部咬断，导致玉米授粉不良而使部分籽粒不育，果穗向一侧弯曲。随着龄期的增大和玉米果穗的发育，幼虫逐步下移蛀食籽粒，并诱发玉米穗腐病。

3. 防治技术

（1）农业防治　清洁田园，秋耕冬灌，压低越冬蛹基数；合理调整作物布局，改进玉米种植方式；棉铃虫食性杂，寄主植物多，在玉米田边种植诱集作物（如洋葱、胡萝卜等），于盛花期可诱集到大量棉铃虫及时喷药，聚而歼之，可减轻为害；加强田间管理，推广地膜覆盖栽培，可促进玉米的长势和增强玉米抗病虫能力，缩短玉米生育期；合理套种轮作，增加田间生物多样性，有效减轻为害；适时剪除花丝，在玉米田棉铃虫幼虫3龄前尚未钻入玉米雌穗为害时，人工剪除雌穗花丝可减轻为害。

（2）生物防治　利用棉铃虫寄生性或捕食性天敌。寄生性微生物如白僵菌、绿僵菌和苏云金杆菌，寄生性天敌昆虫如螟黄赤眼蜂、玉米螟赤眼蜂、红侧沟茧蜂、棉铃虫齿唇姬蜂等，捕食性天敌如中华草蛉、异色瓢虫、龟纹瓢虫、草间小黑蛛、胡蜂和螳螂等均可有效控制棉铃虫；还可以使用性诱捕器诱捕捉雄虫，降低幼虫基数，从而减轻为害。

（3）物理防治　棉铃虫成虫具有趋光性、趋化性，喜欢在开花的蜜源作物上活动、取食及产卵，可利用这一特性对其进行诱集，集中杀灭。也可采用灯光诱杀（主要采用频振式杀虫灯和双波灯诱集），能够在羽化期有效减少棉铃虫成虫，降低产卵数量。

（4）化学防治　防治最佳时期在3龄前。主要采用以下方法：3龄前，叶片选择喷洒2.5%氯氟氰菊酯乳油2 000倍液，或5%高效氯氰菊酯乳油1 500倍液，或10%四氯虫酰胺1 000倍液等农药。6月下旬在玉米心叶中撒施杀虫颗粒剂，可选用0.1%或0.15%氟氯氰菊酯颗粒剂，每株用量1.5g；或14%毒死蜱颗粒剂、3%丁硫克百威颗粒剂每株1～2g；或3%辛硫磷颗粒剂，每株2g；或25%的乙基多杀菌素7 000～7 500倍液体喷雾。种子包衣，种子用含杀虫剂成分的种衣剂包衣，对幼苗和成株的生长速度及抗虫性有明显的促进作用。

第三节　刺吸害虫识别及防治

一、蚜虫

1. 分类

蚜虫属于半翅目蚜总科。

2. 形态特征

中小型，刺吸式口器，喙从头下后方或前足基节间伸出，喙多为3节，口针较长。分有翅型和无翅型，复眼1对，有翅型单眼2~3个，无翅型无单眼。有翅型前翅大后翅小。前翅仅1条粗大纵脉，中脉2~3支。腹部8~9节。足较细长，跗节2节，少数种类仅有1节，爪2个。

3. 为害特征

玉米蚜和禾谷缢管蚜的成蚜、若蚜群集于叶片背面、心叶、花丝和雄穗取食。能分泌"蜜露"并常在被害部位形成黑色霉状物，影响光合作用，叶片边缘发黄，发生在雄穗上会影响授粉并导致减产，被害严重的植株果穗瘦小，籽粒不饱满，秃尖较长。此外，蚜虫还能传播玉米矮花叶病毒和红叶病毒，导致病毒病造成更大产量损失。获草谷网蚜、麦二叉蚜多只在玉米抽雄前心叶中为害，玉米主要是作为中间寄主。棉蚜多在玉米中下部叶片叶背面为害。

4. 防治技术

(1) 农业防治 应及时清除田边及路、沟旁的禾本科杂草，消灭玉米蚜虫的寄主，压低向玉米田转移的虫源基数；合理施肥，加强田间管理，促进植株健壮生长，增强抗虫能力；玉米田间蚜虫多由邻近农作物田迁飞而来，因而防治好连片农作物田间蚜虫，可显著减轻玉米蚜虫为害；玉米不同品种间蚜虫发生为害程度存在差异，种植抗蚜品种、种植诱集田等措施可以有效控制蚜虫为害。

(2) 化学防治 种子包衣或拌种，用70%噻虫嗪种子处理可分散粉剂包衣，使用剂量为每100kg种子用药200g；或用10%吡虫啉可湿性粉剂拌种，药种比为1∶1 000，对苗期蚜虫防治效果较好。使用15%毒死蜱颗粒剂300～500g，按1∶(30～40)的比例拌细土后均匀撒于心叶内，可兼治玉米螟。喷雾防治，在玉米抽雄初期，每亩用3%啶虫脒乳油或10%吡虫啉可湿性粉剂15～20g，兑水50L喷雾；或每亩28%阿维·螺虫乙酯10～20mL、5%阿维菌素水乳剂15～20mL、25g/L溴氰菊酯乳油10～20mL进行喷雾。

二、玉米叶螨

1. 分类

叶螨属于绒螨目叶螨科节肢动物，又名红蜘蛛。

2. 为害特征

主要以成螨和幼螨在玉米叶背刺吸汁液，使叶面出现褪绿斑点，逐渐变成灰白色和红色的斑点。重时叶片枯焦脱落，田块像火烧状，造成植株早衰。叶螨种群数量大时，会在玉米叶片的叶尖聚集成小球状虫团,叶螨通过吐丝串联下垂,借风吹扩散。

3. 防治技术

(1) 农业防治 深翻土地,将害螨翻入深层,早春或秋后灌水,将螨冲淤在泥土中窒息死亡;清除田间、田埂、沟渠旁的杂草,减少害螨食料和繁殖场所;在严重发生地区,避免玉米与马铃薯、大豆、蔬菜等间作,能显著减少其种群数量;高温干旱时,要及时浇水,控制虫情发展。

(2) 生物防治 可利用烟碱、苦参碱等生物农药喷雾防治,例如0.26%苦参碱水剂150倍液,或10%烟碱乳油1 000倍液喷雾,对田间玉米叶螨一周的防治效果保持在50%以上。

(3) 化学防治 5月下旬至6月下旬,加强田埂边的玉米株行防治,防止叶螨向田间蔓延,将其控制在点片发生阶段。可选20%哒螨灵可湿性粉剂2 000倍液,或5%噻螨酮可湿性粉剂2 000倍液,或10%吡虫啉可湿性粉剂1 000~1 500倍液,或每亩28%阿维·螺虫乙酯5 000~7000倍液、20%唑螨酯悬浮剂7~10mL、30%乙唑螨腈10~20mL进行喷雾防治。重点喷施玉米中下部叶片的背面。

第四节 锉吸害虫识别及防治

蓟马

1. 分类

蓟马是昆虫纲缨翅目的一类昆虫。黄淮海玉米田蓟马优势种为黄呆蓟马（*Anaphothothrips obscurus*）和禾花蓟马（*Franklinielle tenuicornis*）。

2. 形态特征

蓟马体微小，一般为 1~2mm。口器锉吸式。触角丝状或捻珠状，一般 6~8 节。复眼发达，单眼 3 个，无翅型缺单眼。跗节 1~2 节。翅通常 2 对，前、后翅狭长，边缘密生缨状毛，静止时翅平放于体背。腹部通常 10 节。具产卵器。取食时，以左上颚锉破植物组织表皮，然后吸取汁液。

3. 为害特征

蓟马已成为重要的玉米苗期害虫，严重影响玉米的正常生长，主要以成虫、若虫锉吸玉米幼嫩部位汁液，苗期为害较重，通常在心叶中为害，以其锉吸式刮破玉米表皮，口针插入组织内吸取汁液。叶片伸展后呈现断续的银白色条斑，伴随有小污点。严重时心叶卷曲畸形，呈马尾状，不易伸展，被害部易被细菌侵染，导致细菌性顶腐病。

4. 防治技术

（1）农业防治　清除田间地边杂草，减少越冬虫口基数；适时灌水施肥，避免干旱，加强管理，以促进玉米苗早发快长；对卷成牛尾状的畸形苗，剖开扭曲心叶顶端，帮助心叶抽出。

（2）物理防治　玉米苗期可在田间设置蓝板诱杀。

（3）化学防治　种子包衣或拌种，70%噻虫嗪可分散粉剂、20%噻虫嗪微囊悬浮剂、60%吡虫啉悬浮剂分别以药种比 1∶150、1∶50 和 1∶150 包衣；喷雾，10%吡虫啉可湿性粉剂、40%毒死蜱乳油、20%灭多威可湿性粉剂 1 000~1 500 倍液，或 28%阿维•螺虫乙酯、25%噻虫嗪水分散粒剂 3 000~4 000 倍液、10%虫螨腈均匀喷雾，重点为心叶和叶背。

第五节　食叶害虫识别及防治

一、双斑萤叶甲

1. 分类

双斑萤叶甲属于鞘翅目叶甲科。

2. 为害特征

成虫为害玉米从下部叶片开始，啃食叶肉，留下不规则透光表皮；抽雄后取食玉米花丝，影响玉米授粉；也为害玉米嫩粒，将籽粒吃掉或造成籽粒破碎。成虫能飞善跳，有群居性、弱趋光性和趋嫩为害习性，日光强烈时常隐蔽在下部叶背或花穗中，干旱年份发生重。

3. 防治技术

（1）农业防治　清除田间地头杂草，消灭寄生场所。秋翻或者春耕土壤，减少越冬虫源。

（2）物理防治　害虫开始点片发生时，可利用黑光灯进行诱集，减少田间虫量。

（3）化学防治　可选用50%辛硫磷乳油1 500倍液，或10%吡虫啉可湿性粉剂1 000倍液，或20%氰戊菊酯乳油1 500倍液，或4.5%高效氯氰菊酯乳油1 000～1 500倍液喷雾防治，还可用25%噻虫嗪水分散剂3 000倍液，或二嗪磷水分散剂800～1 500喷雾。喷药时间应控制在10时前和17时后，重点喷施叶片背面和雌穗周围。成虫羽化初期主要在田边杂草上取食为害,这一时期害虫抗药性较差,是防治的关键时期,注意对田边地头杂草进行喷药。

二、草地贪夜蛾

1. 分类

草地贪夜蛾属于鳞翅目夜蛾科灰翅夜蛾,又名秋黏虫,主要以幼虫啃食叶片造成玉米落叶,部分大龄幼虫可切断玉米植株的茎,钻入玉米穗为害。

2. 为害特征

1~3龄幼虫一般会潜伏在玉米植株新叶背部啃食,通常在夜间出来为害,在叶片上形成大量透明窗纱状孔;4龄以上幼虫为害更为严重,啃食玉米植株的生长点和全部嫩绿部分,取食叶片后形成不规则的长形孔洞。暴发严重时,可将整株玉米叶片啃食殆尽,造成玉米生长点死亡,影响叶片和果穗的正常发育。高龄幼虫还具有暴食性,能够直接啃食幼嫩果穗和雄穗,在种群数量较大时,幼虫运动呈行军状成群扩散。

3. 防治技术

(1) 农业防治 对于小规模发生的田块,鼓励采用人工摘除卵块和幼虫的方式进行处置。卵多产于叶片正面,玉米喇叭口期多见于近喇叭口处。发现卵块或未分散初孵幼虫及时人工摘除,并妥善处理带有虫源的植物残体。草地贪夜蛾可在浅层土壤或玉米穗上化蛹,应人工捡拾蛹室,带出田块及时集中毁灭。

(2) 物理防治 加强地域监测,采取高空诱虫灯、性诱捕器以及食物诱杀等理化诱控措施,诱杀成虫、干扰交配,减少田间落卵量，压低发生基数，减轻为害损失。

（3）化学防治　低龄期实施统防统治和联防联控，对分散发生区实施重点挑治和点杀点治。发现成蛾后，采用甲氨基阿维菌素苯甲酸盐、虫螨腈、四氯虫酰胺、氯虫苯甲酰胺、虱螨脲等高效低风险农药，或者高效氯氟氰菊酯复配集中喷雾，注重农药的交替、安全使用，延缓抗药性产生，兼防棉铃虫达到经济、高效控害的目标。

（4）生物防治　多种天敌昆虫可寄生或捕食草地贪夜蛾卵和幼虫，如异色瓢虫、茧蜂、姬蜂、夜蛾黑小蜂、螟黄赤眼蜂、蠋蝽、益蝽、叉角厉蝽等。寄生性微生物有核型多角体病毒、苏云金杆菌、球孢白僵菌、绿僵菌、短稳杆菌等。

三、黏虫

1. 分类

黏虫［*Mythimna separata*（Walker）］，又名行军虫、剃枝虫、东方黏虫，属于鳞翅目夜蛾科。它是一种具有远距离迁飞习性的"暴食性"害虫，在我国各地均有分布，是玉米等禾本科作物的主要害虫之一。

2. 形态特征

成虫体长15~19mm，翅展35~45mm。体色淡黄褐色。前翅中央有淡黄色圆斑，外侧圆斑较大，下方有小白点，白点两侧较多小黑点，左右翅顶角各有1条黑色斜纹；后翅呈暗褐色。卵为馒头形，直径约0.5mmm。初产白色有光泽，后变为黄色至褐色。黏虫幼虫一般有6个龄期。初孵幼虫长3mm左右，头黑，身体淡绿。老熟幼虫可达约38mm，体色从绿至黄褐色。

3. 为害特征

玉米黏虫主要为害玉米叶片，严重时会将叶片全部吃光，只剩下叶脉。这会导致玉米植株光合作用受到严重阻碍，无法正常制造有机营养物质，使植株生长迟缓、矮小，果穗发育不良，籽粒干瘪，从而大幅降低玉米产量。

4. 发生规律

玉米黏虫的发生与气候条件密切相关。一般在温暖湿润的环境下容易大量发生，温度在19~23℃、相对湿度在75%以上时，最适宜黏虫的生长发育和繁殖。此外，它的发生还和作物布局、种植密度、田间杂草等因素有关。例如，连片种植禾本科作物、种植密度过大、田间杂草丛生等情况，都可能为黏虫提供适宜的生存和繁殖环境。

5. 防治技术

（1）农业防治　加强田间管理：铲除田间地头的杂草以及玉米收获后的植株病残株，减少黏虫的越冬场所，降低黏虫越冬虫源基数。合理密植：保持适宜的种植密度，保证田间通风透光良好，创造不利于黏虫生长发育的环境，增强玉米植株的抗虫能力。

科学合理施肥：促进玉米生长健壮，提高其抗病虫害的能力。避免偏施氮肥，以免玉米植株生长过嫩，吸引黏虫为害。

（2）物理防治　黑光灯诱杀法：在成虫发生期，于田间安装黑光灯，每晚开灯诱捕成虫。黑光灯的波长和强度对黏虫具有较强的吸引力，能有效减少成虫数量，从而减轻幼虫的为害。

糖醋液诱杀法：利用成虫对糖醋液的趋性，按糖、醋、酒、水的比例为3:4:1:2的配方配制糖醋液，并加入少量敌百虫等杀虫剂，放入盆、碗等容器中，置于田间，每亩放置3~5个，可诱杀大量成虫，降低虫口密度。

性诱捕器诱杀：使用黏虫性诱捕器，通过释放人工合成的性信息素，吸引雄性成虫前来交配，从而将其捕获，干扰成虫的正常交配繁殖，达到控制虫口数量的目的。

（3）生物防治　保护天敌：保护和利用黏虫的天敌，如鸟类、蛙类、步行甲、寄生蝇等，创造有利于天敌生存和繁殖的环境，充分发挥天敌对黏虫的自然控制作用。生物农药防治：在卵孵盛期和低龄幼虫期，可选用苏云金杆菌、球孢白僵菌、灭幼脲、等生物农药进行喷雾防治，这些生物农药对环境友好，对害虫具有特异性的毒杀作用。

（4）化学防治　抓住卵孵化盛期和三龄幼虫前的关键防治时期进行施药，此时幼虫的抗药性较弱，防治效果较好。当虫龄为4龄及以上或虫量较大时，应及时开展区域统防统治。药剂选择：可选用甲氨基阿维菌素苯甲酸盐、溴酰·噻虫嗪、甲维·茚虫威、氯虫苯甲酰胺、高效氯氟氰菊酯等药剂，按照标签用量，兑水进行叶面喷雾。注意不同药剂要轮换使用，以延缓黏虫抗药性的产生。施药方法：施药时间宜在傍晚或清晨进行，避免在高温时段施药，以免影响药效和造成人员中毒。玉米中后期植株高大，可选用植保无人机等适合高秆作物的植保机械进行施药，并加入沉降剂等助剂，确保药剂均匀喷施到玉米植株的各个部位，提高防治效果。喷药时无人机亩用水量不低于3L，背负式电动喷雾器亩用水量不低于30kg。

第六节　病虫害绿色防控策略与措施

我国在启动"粮改饲试点"计划以来，青贮玉米推广种植速度加快,加之禁牧区域的放大,青贮玉米市场前景十分广阔,2014年达625万亩,2019年达到1 500万亩,2022年达4 220万亩,约占玉米面积的6.5%。我国青贮玉米的研究主要集中在品种选育、高产栽培、机械收获和青贮技术方面,在病虫害防治方面研究和关注相对较少。然而,随着农业种植结构的调整,青贮玉米也易发生多种病虫害,严重影响饲草的产量和品质,而用药不当或错误的用药方式导致青贮玉米产量和品质下降,大量化学农药的使用严重污染生态环境。因此,对青贮玉米病虫害的发生和绿色防控方面的研究至关重要。

一、我国青贮玉米病虫害研究现状

祁鹤兴等研究表明青贮玉米链格孢叶枯病是由多种链格孢属真菌共同侵染造成的,他还明确了青海省不同地区青贮玉米蠕形菌种类及其致病性,并在青海省东部农业区青贮玉米茎基部、叶部和苞叶上分离到拟轮枝镰刀菌(*Fusarium verticillioides*)、层出镰刀菌(*F. proliferatum*)、木贼镰刀菌(*F. equiseti*)、亚黏团串珠镰刀菌(*F. subglutinans*)和燕麦镰刀菌(*F. avenaceum*)。常建萍等在青海省青贮玉米叶部分离到亚隔孢壳叶斑病菌(*Didymella glomerata*),并表明该病原菌与青贮玉米叶斑病菌交链格孢(*Alternaria alternata*)、玉米生平脐蠕孢(*Bipolaris zeicola*)和麦根腐平脐蠕孢(*B. sorokiniana*)混合接种致病性明显增强。引起青海省民和县玉米叶斑病的病原菌分别隶属于2属6种,主要为链格孢属真菌,分别为交链格孢(*A. alternat*)、*A. burnsii*和细级链格孢(*A. tenuissima*)。陈应娥等研究表明,引起甘肃古浪青贮玉米根腐病的病原为茄病镰刀菌(*F. solani*),对其抑菌效果较好的药剂有8%噁霉灵、80%多菌灵和75%百菌清。

关于青贮玉米病虫害防治方面的研究主要集中在生物防治方面。有研究表明,荧光假单胞菌剂可在一定程度上抑制青贮玉米褐斑病、瘤黑粉病、玉米螟等病虫害的发生，提高玉米产量。丁子·香芹酚、真菌 360、黄芩颗粒和哈茨木霉菌对青贮玉米小斑病有一定的防治效果，其中黄芩颗粒增产效果最稳定。哈茨木霉菌对青贮玉米小斑病有较好防治效果，且药后 14d 的防效大多低于药后 7d 的防效，不同玉米品种对小斑病的抗性有较大的差异。

二、我国青贮玉米病虫害绿色防控的意义

习近平总书记在党的二十大报告中指出，要推动绿色发展，促进人与自然和谐共生；农业农村部关于《到 2025 年化学农药减量化行动方案》指出，"十四五"期间，对农药减量增效提出更高的要求，迫切需要转变过度依赖化学农药防病治虫方式，大力推进绿色防控，实施病虫害综合防治可持续治理，力争到 2025 年玉米等主要农作物病虫害绿色防控覆盖率达到 55% 以上。为全面贯彻落实党的二十大精神和《到 2025 年化学农药减量化行动方案》通知要求，保障人民群众"舌尖上的安全"，在我国大力推广"环境友好和生态兼容"的玉米病虫害绿色防控技术刻不容缓。青贮玉米病虫害绿色防控技术的推广为解决我国玉米病虫害绿色防控瓶颈问题提供保障，将稳步扩大玉米病虫害绿色防控面积，有力促进我国青贮玉米产业绿色高质量发展，为实现乡村振兴贡献科技力量，对保障我国饲草安全具有重要的战略意义。

三、青贮玉米病虫害绿色防控主要技术措施

1. 农业防治

培育健康土壤生态环境、选用抗性或耐性品种、种子包衣、平衡施肥和合理田间管理等。

2. 生物防治

利用害虫的趋光性、趋化性，通过布设灯光、色板（蚜虫和蓟马）、昆虫信息素（玉米螟、棉铃虫、甜菜夜蛾、斜纹夜蛾等害虫）等诱集并消灭害虫。也可利用天敌昆虫（赤眼蜂防治玉米螟）、微生物农药、植物源农药、生物化学农药（信息素、激素、天然的昆虫或植物生长调节剂、驱避剂以及酶类物质）等；也可选用球孢白僵菌、昆虫病原线虫、苏云金杆菌、甜菜夜蛾核多角体病毒、银纹夜蛾核多角体病毒、小菜蛾颗粒体病毒、井冈霉素、农抗120等生物制剂被广泛用于病虫害绿色防控。

3. 生态防治

通过调整作物布局（在茎基腐病、瘤黑粉病等土传病害严重发生区，实行玉米与大豆等非寄主作物轮作）、改造植被构成、调节田间小气候等方式，形成有利于天敌昆虫定殖、繁殖和觅食的生态环境或者起到恶化害虫生长繁殖的生态环境。

4. 化学防治

溴氰菊酯、氟氯氰菊酯、碱式硫酸铜、氢氧化铜、氧化亚铜、石硫合剂、代森锰锌、福美双、多菌灵、戊唑醇、甲基硫菌灵、噻菌灵、吡唑醚菌酯、咯菌腈和百菌清等。

参考文献

郭海琴, 2017. 小地老虎的发生与防治技术研究 [J]. 种子科技, 35（9）：117-118.

何康来, 王振营, 周大荣, 等, 2000. 玉米抗螟性鉴定方法与评价标准 [J]. 沈阳农业大学学报（5）：439-443.

和美艳, 2017. 小地老虎对玉米的为害及其防治对策 [J]. 农业工程技术，37（29）：21-22. DOI：10.16815/j. cnki. 11-5436/s. 2017. 29. 013.

侯玉玲，2017. 玉米主要虫害种类及综合防控技术［J］. 现代农业（3）：42-43. DOI：10. 14070/j. cnki. 15-1098. 2017. 03. 034.

孔得星，闫香春，2024. 绿色防控技术在玉米病虫害防治中的应用［J］. 种子科技，42（1）：101-103. DOI：10. 19904/j. cnki. cn14-1160/s. 2024. 01. 034.

苗义，王学艳，池也，2014. 农作物主要病虫害发生规律及防治［J］. 吉林农业（16）：81.

任守才，王锋，2020. 北方主要农作物草地贪夜蛾防控技术［J］. 现代农村科技（2）：40-41.

王晶，王铁成，朱研，等，2015. 腈菌·戊唑醇悬浮种衣剂防治玉米丝黑穗病田间药效试验［J］. 中国果菜，35（12）：57-59.

张登峰，刘海林，王爱玲，等，1999. 带田玉米上棉铃虫危害特性的研究［J］. 植物保护（2）：26-28.

赵建伟，赵金凤，邱良妙，等，2023. 6种杀虫剂对草地贪夜蛾的防效及对螟黄赤眼蜂的安全性［J］. 福建农业学报，38（8）：960-965. DOI：10. 19303/j. issn. 1008-0384. 2023. 08. 010.

第九章

青贮玉米疑难问题原因分析及防治

第一节 大小穗、空秆形成原因及防治

大小穗和空秆在青贮玉米栽培中比较常见，空秆率和大小穗对青贮玉米的产量有非常显著的影响。玉米散花期如遇连续高温或者阴雨天气，玉米空秆率将显著升高，最终导致玉米大幅度减产。引起玉米大小穗和空秆的原因很多，总结起来主要分为生理性和非生理性两种。除品种本身因素外，栽培管理措施是否得当，玉米果穗分化发育失败都能产生空秆。青贮玉米生产过程中，往往对玉米大小穗及空秆没有引起高度重视，从而造成严重的经济损失，是阻碍玉米产业高质量发展的生产难题之一。玉米大小穗是指玉米穗表现大小差异较大，并且小穗占比较大；玉米空秆指的就是玉米不结实，穗分化失败，有的表现为只有雌穗，但是没有籽粒，或只有几颗籽粒，生产中空秆率在20%，亩减产100kg左右。

一、非生理性大小穗及空秆

1. 发生原因

青贮玉米非生理性大小穗、空秆主要与玉米根腐病、线虫、地

下害虫、玉米黑束病、顶腐病、玉米髓腐病及病毒病等的发生有关，当土壤带菌或青贮玉米种子带菌导致青贮玉米发生根腐病、玉米黑束病、顶腐病和玉米髓腐病等后，青贮玉米根系不发达，生长缓慢，代谢紊乱，光合作用变弱，最后导致大小穗和空秆的发生。玉米矮花叶病毒病发病较重时，植株矮小，不抽穗或推迟抽穗，不结实，茎部较细，根系萎缩，因而造成青贮玉米空秆的发生。玉米粗缩病可直接导致青贮玉米畸形而不能抽穗，或雌穗畸形而不能正常授粉结实。青贮玉米大（小）斑病和瘤黑粉等直接破坏玉米雌穗组织，消耗玉米体内的养分，阻碍茎叶养分向雌穗输送，影响穗的发育，从而形成空秆。地下害虫及线虫为害青贮玉米后造成伤口，加大病原真菌和细菌的侵染风险，造成根系受损，植株生长受阻，也可以造成后期玉米大小穗及空秆的发生。玉米螟属于钻蛀性害虫，也会引起玉米空秆现象的发生。

2. 防治措施

播前用进行玉米种子包衣有较好的杀虫和灭菌作用。播种前用植物生长调节剂赤·吲乙·芸薹、免疫诱抗兼杀菌剂吡唑醚菌酯、杀虫剂噻虫胺和宝丽膜进行种子包衣，作用是除病除虫，减少玉米根部虫害伤口和病原菌侵染率，提高出苗率，促进根系发育，起到齐苗壮苗的作用，能够充分发挥玉米自身抗病和抗逆能力，达到良好地防治玉米根腐病的效果。

抓住关键时期，及时防治病虫害。青贮玉米生长时期处于夏秋季节，容易发生病虫害，要加强对病虫害的适时防治。除了选用抗病虫品种外，运用好生物防控和物理防控措施，也要加强田间管理和适当化学防治，防治大（小）斑病用苯甲·丙环唑1 500倍液。防治灰飞虱控制玉米粗缩病的发生，每亩用10%吡虫啉40g混合

4.5%高效氯氰菊酯80mL，兑水40kg进行喷施。适当延迟播种，尽量避免灰飞虱1代成虫的为害，或于玉米出苗后3～5叶期，用25%噻嗪酮30g混合4.5%高效氯氰菊酯80mL，兑水40kg进行喷施。加强玉米螟防治，通过白僵菌、赤眼蜂和性诱剂等生物防治、高压汞灯等物理防治或者化学农药颗粒剂等进行防治。

二、生理性大小穗及空秆

1. 发生原因

在青贮玉米生长过程中，土壤贫瘠、营养不良、高温干旱、持续降雨、品种选择不当、栽培因素以及管理不当等都会造成大小穗甚至空秆的发生。土壤肥力不足，养分不能满足青贮玉米生育所需，生殖器官不能正常形成。田间管理不当，缺水少肥，会造成玉米早衰。品种选择不当，不能适应或不能完全适应当地的条件，影响穗分化，从而导致空秆。分析原因还要考虑气候因素。一是持续高温干旱，生长期遇到严重干旱天气会造成玉米小苗率高，植株营养生长和生殖生长严重受限，难以正常发育结穗，空秆率增加；青贮玉米抽雄和吐丝前后5d，让遇环境温度过高易降低花粉活力，影响玉米授粉结实，空秆率增加。二是连续阴雨天气，在青贮玉米抽雄、吐丝期间遇连续阴雨天气对玉米授粉影响较大，容易造成其中玉米空秆；栽培密度过大，群体空间不足，影响植株光合作用，玉米个体较弱，影响雌穗发育。从密度来看，密度超过4 500株/亩，空秆率明显上升。由于玉米生长前期养分供给不足，导致出苗不齐、苗弱等情况，玉米植株弱小，影响雌、雄穗的分化，从而导致玉米空秆率增加。土壤有机质含量和施肥量。土壤有机质含量越高，则田间玉米发生空秆率越低，田间施肥不足养分供给不足，则空秆率较高。

2. 防治措施

（1）选择品种　据本地具体情况选用丰产性好、品质优良、抗逆性强、适应性广的品种。

（2）做好施肥　根据测土配方，坚持大量元素与中、微量元素相配合和有机肥与无机肥相结合的原则。合理搭配氮、磷、钾的比例，从而保障青贮玉米发育过程中所需营养元素均衡供给。一是重视玉米拔节肥。在玉米拔节期，每亩配施施尿素5kg、磷肥15kg和钾肥5kg。二是重施穗肥。青贮玉米抽穗前5~7d每亩施玉米专用肥30kg或尿素5~10kg。三是施好叶面肥。自玉米拔节之后，用翠善和可溶性硅肥500倍液喷施1次。大喇叭口期可采用1%尿素混合0.2%磷酸二氢钾进行叶面喷施，每7d喷1次，连喷2~3次，提高玉米光合作用，促根壮秆，满足穗分化对养分的需求。

（3）合理密植　要根据土壤肥力、品种特性和栽培水平等因素来确定青贮玉米的种植密度，不宜过密。

（4）加强田间管理　在青贮玉米管理过程中，要及时间苗，留大小均匀的壮苗，使玉米生长整齐健壮。在开花期如遇持续降雨，应当及时进行人工授粉，以避免空秆的大发生，挽回产量损失。也可以利用去雄技术有效削弱顶端优势，减少雄穗对雌穗的抑制作用，合理分配养分，从而有效降低空秆的发生率。

（5）合理灌溉　青贮玉米是一种需水较多的植物，拔节期到至抽穗开花期，田间持水量须保持在65%~70%，孕穗期到灌浆期须保持在70%~80%，要及时灌水。在青贮玉米拔节孕穗期至开花授粉期，如遇持续高温干旱天气，应当及时浇水，满足雌穗、雄穗发育对水分的需求；如遇水分过多，应当及时排水防涝，尽量减少空秆的发生。

第二节 弯头形成原因及防治

近年来,在青贮玉米生长过程中,尤其是生长前期,玉米顶端弯头现象发生越来越普遍。导致青贮玉米产生弯头的原因主要有玉米顶腐病和蓟马等病虫害、缺素、除草剂药害和品种适应性等。玉米不同生长期间出现弯头症状也不同,在幼苗时期,青贮玉米弯头症状主要表现在玉米顶部叶片呈扭曲状态,心叶不能正常展出,从而抑制玉米生长;拔节前期出现弯头症状会抑制玉米生长,导致植株生长缓慢从而变小;大喇叭口期的弯头症状主要会导致包裹雄穗的叶片生长相对缓慢,不能及时打开,雄穗抽出困难,玉米生长方向改变而造成弯头。

一、蓟马为害引发

1. 发生原因

青贮玉米苗期顶端卷叶弯头症状之一是由蓟马为害造成的,蓟马为害玉米后,当玉米心叶抽出后,叶片上出现间断的银白色条纹,严重时心叶像牛尾鞭一样扭曲不能抽出,老叶包裹着新叶不能正常伸展,玉米整体生长方向发生了改变,造成了弯头。蓟马为害玉米后造成伤口导致玉米被害部位易遭细菌侵染,导致细菌性顶腐病的发生而产生弯头现象。蓟马属蓟马科,体长 $1 \sim 1.5 mm$,具有较长的翅,翅边缘有较长的缨毛。蓟马春夏秋冬均能发生,春季、夏季和秋季主要为害玉米;蓟马喜欢取食幼嫩组织,已吸取玉米幼嫩叶片汁液造成为害。在田间，如发现青贮玉米扭曲的新叶中有蓟马或有蓟马为害症状，就可以判断出这种玉米弯头现象是由蓟马引起的。

2. 防治措施

因蓟马繁殖速度较快，发生初期就要防治，见虫即应进行防治，应及时清除田间和地头杂草，以降低虫口基数。对于已经在叶片中产卵的蓟马，可以使用氢氧化钙进行浸液处理，可以有效杀死玉米蓟马的卵，同时黑色地膜可以阻止玉米蓟马孵化。利用生物方法防治蓟马，可栽种洋葱和洋甘菊等对玉米蓟马有天敌作用的植物，可以有利于生态稳定和控制蓟马数量。由于蓟马隐蔽性强，化学防治应选择内吸性、持效期长的药剂，如吡虫啉、啶虫脒、多杀菌素、甲维盐、阿维菌素等单剂或复配药剂，要注意交替用药，也可在喷药时添加有机硅助剂，注意打药时要打透，让虫体充分接触药液，提高药剂的施用效果。根据蓟马昼伏夜出的行为习惯，以及避免高温药液蒸发，一般于下午或傍晚时喷施药剂。

二、玉米顶腐病引发

1. 发生原因

玉米弯头发生现象也可由病害引起，最常见的是由顶腐病侵染导致弯头症状。顶腐病的病原菌主要以菌丝体在病残体上越冬，成为翌年的初侵染源。长期的高湿环境有利于镰孢菌的萌发，病菌借助潮湿环境条件侵染发病，不同地块发病程度不同，低洼地块发病较重，蓟马为害会加重顶腐病的发生。近年来，青贮玉米顶腐病已经由次要病害上升为主要病害，给玉米生产带来严重的损失。从苗期至成熟期均可发生玉米顶腐病造成的青贮玉米弯头现象，不同时期症状表现不同。青贮玉米苗期感染顶腐病，首先玉米不同程度生长缓慢而矮化，叶片不规则、扭曲，轻者叶片边缘黄化，玉米中上部呈扇状，叶脉基部腐烂，重者可导致玉米全株腐烂，甚至枯萎死亡。吐丝期感染顶腐病玉米症状表现为心叶基部腐烂干枯，紧紧包裹心叶，使其不能展开，呈鞭子状弯曲而出现弯头状。

2. 预防措施

遵循"预防为主，综合防治"植保方针，通过清除病原残体，改进栽培管理措施，如合理轮作、合理密植、保持土壤水分、预防蓟马为害和机械损伤等措施预防玉米顶腐病的发生。播种前用苯醚甲环唑包衣，以减少菌源。玉米生长期顶腐病零星发生时，可拔出病株，带到田外销毁，防治病原菌快速传播。发病前期可用50%多菌灵可溶性粉剂或吡唑醚菌酯等杀菌剂配合植物生长调节剂和叶面肥喷施玉米心叶。

三、除草剂药害引发

1. 发生原因

目前，青贮玉米生产上使用的除草剂主要有乙草胺、氟噻草胺和莠去津等，种类较多，如果使用不当容易产生药害。在生产中，青贮玉米除草剂出现药害原因错综复杂，既有环境因素也有人为因素和除草剂本身的因素，概括起来主要有以下几点：一是没有按照使用说明配制药剂浓度，除草剂使用浓度过高；二是过量喷施，导致药害发生；三是不同青贮玉米品种对不同类型除草剂的敏感程度不同，如果选择不当容易导致除草剂药害发生；四是药剂挥发或喷药时雾滴漂移；五是施药期间温度过高或过低；六是除草剂混用不当等。青贮玉米发生除草剂药害后主要表现为生长受抑制，叶片变形，心叶卷曲不能伸展，有时呈鞭状，其余叶片皱缩，根茎节肿大，大部分玉米在相同叶出现褪绿，新生叶片白色或黄色，严重时受害玉米心叶变薄粘连，玉米整体生长方向改变呈弯头状，抑制玉米正常生长。

2. 防治措施

预防青贮玉米除草剂药害主要做好以下几点：首先选好用药时间，一般在玉米 3~5 叶期间喷施苗后除草剂对玉米安全，喷药时间是以 18：00 以后最佳，杂草能充分吸收除草剂成分，不易发生药害；其次严禁和有机磷类杀虫剂混喷，苗后除草剂的前、后 7d 都不能使用有机磷类杀虫剂，否则易发生药害；青贮玉米发生药害后可采取以下补救措施：一是加强田间管理，如采取耕作措施，疏松土壤，增加地温和土壤通气性，破除土壤板结，促进有益微生物活动，加快土壤养分的分解，增强根系对养分和水分的吸收能力，使植株尽快恢复生长发育，促进玉米生长，提高抗逆能力。二是改善生长条件，根据玉米的长势，结合浇水，增施腐熟人畜粪尿、碳酸氢铵、硝酸铵、尿素等速效肥料，及时补充氮、磷、钾肥或可溶性硅肥等促进根系发育和再生田间，也可以根据实际情况叶面喷施，例如叶面喷洒 1%~2%尿素或 0.3%磷酸二氢钾溶液，以促进作物生长发育，尽快恢复生长。也可喷施一些植物生长调节剂，特别是促进根系生长的 0.136%赤·吲乙·芸薹、芸薹素等；三是人工辅助解除"牛鞭状"，助力新叶展开；四是要及时排水和预防好各类病虫害。总之，只要有利于玉米生长发育的措施，都有利于缓解药害，减少损失。

第三节　多穗形成原因及防治

玉米多穗，是指每株玉米形成两个以上果穗的不正常现象。近年来，青贮玉米部分种植区域和品种出现玉米多穗现象，对青贮玉米产量产生较大影响。玉米多穗易造成产量降低，甚至绝收，严重影响其产量和品质。玉米一般只能产生单穗或者双穗，由于遗传、环境及生物学等多种因素作用，玉米植株就易产生多穗。分蘖多穗实际上也是多秆多穗，分蘖出多个植株并发育出多个果穗；一节多穗因其形态原因，又称"香蕉穗"，指同一玉米的单一茎节上长出多个小穗，基本结实不良或根本不结籽粒；多节多穗指的是同一玉米的不同茎节上生长出多个无效小果穗，也有多节多穗现象。结合生产实际，进行玉米多穗现象发生成因分析和提出应对措施，在生产实践中对多穗性进行预防，能够更好地指导青贮玉米提质增效。

一、发生原因

1. 品种特性

不同青贮玉米品种多穗发生率不同。有多穗特性的青贮玉米品种，第一腋芽发育优势不强，第一腋芽以下腋芽就会发育成雌穗。研究表明，多穗性状是由多基因控制的，其遗传和环境影响是数量性状，表现型是质量性状，遗传基础决定了部分青贮玉米植株的多穗性状。

2. 生物学因素

青贮玉米果穗的发育是不同的库器官对营养物质的竞争过程，

青贮玉米的功能叶是果穗发育的源器官，特别是"棒三叶"叶面积最大，功能期长，对雌穗的生长发育起着重要作用。一般情况下，第一个果穗分化的时间和分化速度较快，故发育成雌穗，并受精结实而成。但是，一旦第一果穗生长受到抑制，其他腋芽就会成为生长中心，功能叶的养分还是优先供应生长中心，输送给其他腋芽，就会发育成多穗。

3. 气象因素

青贮玉米各个生长阶段对温度、水分和光照的要求不同。青贮玉米大喇叭口期至抽雄期如遇高温干旱时，会引起玉米养分输送失败，第一雌穗受精率降低，生长受到抑制，节间产生多穗；高温干旱还会导致玉米雌穗发育缓慢，造成雄穗和雌穗错期，从而形成多穗。散粉期连遇阴雨，会影响玉米授粉，在雌雄穗分化阶段，如遇连续阴雨天气也会影响授粉。雄穗花粉因湿度过大，导致花粉粒膨胀破裂死亡，即使正常散粉，也影响雌穗受精，第一雌穗不能正常成穗，营养物质又重新分配到下一果穗，从而导致多穗发生。

4. 病虫害的发生

青贮玉米感染粗缩病毒病，扰乱了玉米的激素平衡，破坏了玉米的顶端优势，第一穗位优势减弱，养分向其他叶腋输送，造成了青贮玉米多穗现象的发生。玉米螟、圆斑病等会导致第一雌穗不能正常结实，玉米植株体内多余养分输送到相邻的两个果穗上而发生多穗现象。叶斑病、蚜虫等病虫害也会影响青贮玉米果穗的正常授粉成穗，造成多穗不结实现象的发生，对青贮玉米产量和品质造成严重的影响。

5. 栽培不当

一般情况下，密度越大，多穗率越高。青贮玉米高密度栽培时，田间通风不畅，花粉不易散落到雌穗上，雌穗难以正常受精结实，往往会导致多穗形成。樊金娟等（2012）发现栽培密度为3 000株/亩时，郑单958多穗率为54%，当栽培密度提高至3 667株/亩时，多穗率增加到66%。在青贮玉米生殖生长阶段，若水肥过量，植株营养积累过多，营养物质就会分流，激发其他茎节腋芽发育或者堆积于主穗间，就会产生多节多穗和一节多穗现象。

二、防治措施

在青贮玉米生产上出现多穗现象是由多种因素综合导致的结果，青贮玉米多穗现象可采取以下防控措施。

1. 品种选择

在生产中因地制宜选择适应性好的国审品种。

2. 实时播种，加强管理

要区分开春播和夏播玉米品种界限，实时播种，尽可能地抢墒早播，确保苗齐苗壮，平衡施肥，避免大肥大水，要加强田间管理，出现多穗时，及时去除多余小穗，保留1个较大果穗，避免养分消耗，造成减产。

3. 确定播种方式

根据品种株型、适宜密度等特性确定播种量，保证田间通风透光，提高光合效率和授粉率，进而避免或防止多穗现象的发生。

4. 消除病源

要加强青贮玉米叶斑病、玉米螟、蚜虫和灰飞虱的防治，清除田间地头杂草，消灭传染源，严格按照用药时间、浓度配比规范用药，避免造成药害抑制玉米顶端生长优势从而加重多穗现象的发生。

第四节　秃尖缺粒形成原因及防治

玉米秃尖是玉米生理病害之一，是指玉米果穗的顶部不结实，导致玉米穗粒数减少，造成减产。青贮玉米雌小花分化、吐丝及籽粒形成始于雌穗的中下部，以后则由此处向上或向下同时进行，最后在顶部结束，玉米秃尖是由果穗顶部败育的籽粒和未受精的小花引起的，其长度较长会导致严重减产。秃尖长为数量性状，易受环境因素影响，包括气候条件、生态条件、品种遗传特性、栽培条件和病虫害等多重因素的影响。玉米缺粒表现为多种形式，有的果穗一侧自基部到顶部整行没有籽粒，有的整个果穗结籽很少，缺粒在果穗上散乱分布。青贮玉米秃尖缺粒现象主要有三种类型：第一种类型是果穗顶端出现1~5cm长的干秕籽粒或特小籽粒，颜色有浅白色或淡黄色，也是最常见的类型；第二种是指雌穗从顶部的一侧至基部几行或半个果穗无籽粒或秕粒，且穗形多数弯向缺粒一侧；第三种是整个果穗籽粒稀少，且不规则零星散乱分布在整个果穗上。

一、发生原因

1. 品种特性

秃尖缺粒与品种有很大关系，有些品种本身具有灌浆不到顶的缺点，不同的玉米品种，遗传特性不同，有的品种秃尖受遗传特性的影响，也易造成秃尖缺粒。

2. 气象条件

不良气象条件，例如干旱、高温、连阴雨等灾害性天气发生在玉米授粉期，均可造成花粉败育、雌穗发育不良、花丝授粉受阻出现秃尖。遇到持续阴雨天气，温度降低，伴随寡照、空气湿度增加，极不利于散粉，会造成缺粒秃尖现象发生。青贮玉米若遇到持续 7d 超过 36℃的高温，花粉就不能正常发育，一部分花粉败育，活力减弱，不能受精，一部分成畸形花粉，影响受精，导致形成瘪粒。急风、大雨或无风都会不同程度影响青贮玉米的正常授粉，从而造成秃尖缺粒。

3. 肥水条件

肥水条件差，后期养分供给不足或施肥不合理，某种营养元素缺乏，亦能造成灌浆不充分，有秃尖情况发生。大部分种植户不配合施用氮、磷、钾肥，主要施用氮肥，基本不施用磷肥和钾肥，这样无法满足花粉正常生长所需营养，导致花粉发育不良和花丝枯萎，严重影响受精，导致秃尖缺粒发生。

4. 种植密度

种植密度大，通风透光不良，光合产物不足，植株获得的有机物不能满足需要，单株纤细，影响到幼穗的分化、抽雄散粉、受精灌浆，导致穗小、粒少秃尖。

5. 病虫害

青贮玉米的大斑病、小斑病、青枯病、粗缩病和茎基腐病等病害均能使青贮玉米个体发育迟缓，雌穗发育不良，雄穗抽雄散粉困难。抽雄散粉期蚜虫过多，吸食雄穗及叶营养，影响雄穗分化，致使花粉量减少造成授粉不良。

二、预防措施

1. 选择优良品种

根据生态区域特性，宜选用生育期适中、优质高产、抗旱、抗逆性强、较耐高温、株型紧凑或半紧凑、不易感茎基腐病、较抗螟虫的优良青贮玉米品种。

2. 改善授粉环境

在玉米抽雄吐丝期，若出现极端异常天气，影响开花授粉时，为提高授粉结实率，可进行人工辅助授粉，增加果穗粒数。因各种原因未及时授粉，导致花丝过长，而影响正常授粉，可剪去部分（一般1.7cm以上）的花丝，剪后花丝上短下长，互不影响授粉，从而减少缺粒秃尖。

3. 隔株错株抽雄

能见10%左右的玉米雄穗时，选择晴天8∶00—11∶00时或17∶00以后，对种植的玉米一行隔株抽雄，另一行与左右行错株抽雄，既可减少无效养分的消耗，让有限的养分输送到果穗，刺激雌穗加快发育吐丝，使雌雄花期同步，又可达到雌穗籽粒饱满、增加雌穗上部粒数和百粒粒重，预防秃尖发生。

4. 加强田间水肥管理

根据青贮玉米需肥规律，按照前轻、中重、后补原则，适量施用氮肥，增加磷钾肥和农家肥以及硼肥、锌肥等微肥。根据青贮玉米需水量大的规律，在关键生育期浇足水量，在多雨积水的时候，要做好排水工作，防止沤根或茎基腐病的发生。

5. 加强病虫害的预防和控制

青贮玉米生产过程中要做好茎基腐病、大斑病和小斑病等病害的预防和控制，减少秃尖发生，从而保证饲草质量和产量。

参考文献

曹先明，李红彦，李福刚，2016. 玉米田施用除草剂药害产生

的原因及补救措施 [J]. 农业科技与信息（20）：87，89. DOI：10.15979/j.cnki.cn62-1057/s.2016.20.055.

单柳颖，2018. 引起玉米茎腐病的镰孢菌的分离鉴定与多样性分析 [D]. 北京：中国农业科学院.

樊金娟，王楠，朱延姝，等，2010. 玉米多穗现象研究进展 [J]. 玉米科学 20（5）：143-146. DOI：10.13597/j.cnki.maize.science.2012.05.031.

高晓云，高宜明，2008. 常建松. 张掖市制种玉米病虫害的发生与防治 [J]. 甘肃农业（12）：95-96.

谷良治，张玉松，2010. 玉米生长期栽培异常产生的原因及预防 [J]. 中国种业（11）：82-83. DOI：10.19462/j.cnki.1671-895x.2010.11.045.

郝志强，2018. 论如何预防玉米空秆现象的发生 [J]. 农民致富之友（21）：128.

李佳，2022. 浅析玉米弯头病发生的原因及防治措施 [J]. 天津农林科技（6）：19-21. DOI：10.16013/j.cnki.1002-0659.2022.0098.

李瑞祥，2019. 田间玉米产生"香蕉穗"及"超生"的原因及防治措施 [J]. 种子科技 37（3）：20-21.

李妍华，2013. 玉米空秆病原因与防治措施 [J]. 农业开发与装备（1）：80，92.

刘立平，贾利军，刚洁，等，2013. 玉米空秆原因及防治措施 [J]. 农民致富之友（3）：64.

罗丹，2021. 浅谈大田农作物除草剂药害及预防、缓解药害措施 [J]. 现代化农业（7）：11-12.

任伟, 王永军, 张玉强, 等, 2008. 玉米栽培疑难问题解析 [J]. 种子世界 (1): 38-39.

王秀珍, 2015. 驻马店玉米发生药害后的补救措施 [J]. 河南农业 (13): 29. DOI: 10.15904/j.cnki.hnny.2015.13.025.

肖家雄, 李少锋, 2006. 玉米秃尖缺粒的原因及防治对策 [J]. 中国种业 (1): 42. DOI: 10.19462/j.cnki.1671-895x.2006.01.028.

谢跃忠, 2021. 华蓥山区玉米秃尖缺粒成因及预防技术探讨 [J]. 种子科技 39 (14): 89-90. DOI: 10.19904/j.cnki.cn14-1160/s.2021.14.043.

张世洪, 郭晓红, 郭元平, 等, 2007. 玉米多穗的原因及防治措施 [J]. 中国种业 (4): 50. DOI: 10.19462/j.cnki.1671-895x.2007.04.031.

赵雁立, 吴金高, 冯朝飞, 等, 2010. 玉米空秆、倒伏的原因和防治措施 [J]. 种业导刊 (10): 17-18.

左端荣, 葛丽君, 2021. 玉米弱株小穗及空杆的成因与防止对策 [J]. 农业开发与装备 (7): 219-220.

第十章

青贮玉米病虫害绿色防控

目前,化学防治仍是玉米病虫害防治最为有效的防治措施之一,化学防治具有见效快、药效显著等特点,使用杀菌剂可在短期有效控制玉米病虫害的发生和蔓延,但不同作用机理的药剂防治效果有差异,因此,筛选低毒高效农药、绿色新型农药和种子包衣方法等研究对于玉米病虫害的有效防治变得十分迫切和尤为重要。

第一节 病虫害发生的影响因素

一、环境因素

1. 温度和湿度

温度和湿度作为关键气象要素,对青贮玉米病害的发生起到重要的调控作用。低温容易造成青贮玉米幼苗出现生理性病害,如冷害、冻害导致植株发育迟缓,青贮玉米春季播种后如遇"倒春寒"等低温天气,会显著影响玉米种子的发芽和幼苗生长。极端高温天气容易造成青贮玉米幼苗灼伤,夏季如果连续出现35℃以上的高温天气,玉米叶片的光合作用会受到抑制。因为高温会使参与光合作用的酶活性降低,影响光合产物的积累。高温高湿环境更利于一些真菌病害的发生和蔓延,青贮玉米的种植密度影响田间通风透光,从而影响田间温湿度,进而引发玉米病虫害的发生。如玉米小斑病、玉米大斑病,其病原菌分生孢子的萌发和侵染温度为20~25℃,湿度较高的环境下会加速。当温度过高时,例如超过32℃病原菌的生长速度可能会减缓,但如果同时伴随着高湿度,病害依然能够发展。玉米锈病的流行同样与温湿度紧密关联。南方锈病在温度25~30℃、湿度80%以上的环境中,病原菌繁殖速率呈指数级增长,夏孢子大量产生并借助气流迅速扩散。而在相对干旱、温度较低的北方地区,锈病发病概率则显著降低,即便偶有发生,病情发展也较为缓慢。

玉米细菌性茎基腐病在温度28~32℃、湿度饱和的条件下,病菌繁殖周期缩短,侵染能力增强,发病植株茎基部迅速腐烂,出现恶臭味,极易导致植株倒伏,造成大面积减产甚至绝收。

2. 降水与干旱

降水对青贮玉米病虫害的影响也不容小觑。降水异常增多引起田间积水严重,土壤透气性骤降,根系长时间处于缺氧状态,利于病原菌侵染。染病植株生长停滞,根系变黑腐烂,叶片发黄枯萎,玉米茎腐病、根腐病等在这种情况下频发。

干旱胁迫同样是病虫害滋生的重要诱因。长时间无降水或田间干旱缺水,土壤含水量锐减,玉米植株生长发育受阻,植株下部叶片逐渐枯黄,雄穗不能正常抽出,严重时植株过早枯死,此外,严重干旱造成植株自身抗虫性显著降低,此时,玉米螟、蚜虫等害虫乘虚而入,取食玉米叶片、茎秆,掠夺植株养分。因此,干旱年份玉米螟的虫口密度可比正常年份高出30%~50%,对玉米的为害程度加剧，造成叶片千疮百孔，雌穗发育不良，产量损失惨重。同时，干旱还会促使一些害虫提前羽化、繁殖，延长其为害周期，进一步威胁玉米生长。

二、土壤因素

1. 重茬连作

青贮玉米重茬连作地块有害病虫侵染源不断积累，土传病虫害加剧发生，结果导致地下害虫、根腐病等病虫害严重为害，青贮玉米产量和品质急剧下降，严重影响了青贮玉米的生产，连作障碍出现后，盲目增施化肥农药，病虫产生抗药性且导致农药残留严重，直接降低了青贮玉米的品质，也增加了种植成本。

2. 土壤肥力

土壤肥力可以提供青贮玉米生长的物质基础，其氮、磷、钾等养分的丰缺状况对玉米病虫害的发生有重要影响。氮素是构成青贮玉米蛋白质、叶绿素等关键物质的核心元素，因此，也是提高生产能力的主要限制因子，氮素不足，植株生长缓慢，矮小瘦弱，茎秆细弱，叶片发黄变薄，严重影响光合产物积累，致使植株抵御病虫害的能力显著下滑。

磷素参与青贮玉米能量代谢、核酸合成等诸多生理过程，土壤缺磷严重时，玉米根系发育不良，苗弱矮小，叶片呈现暗紫色，花期授粉受阻，易形成瘪粒、秃尖，且对病原菌的抵抗力减弱。土壤有效磷含量的降低将增加玉米纹枯病的发病概率，病斑沿叶鞘迅速蔓延，严重时可环绕茎秆，导致茎秆腐烂倒伏。

钾素在维持青贮玉米细胞渗透压、增强植株机械强度方面发挥关键作用。缺钾土壤中生长的青贮玉米叶缘发黄焦枯，茎秆细弱易倒伏，同时有利病原菌入侵。例如在低钾土壤种植区，玉米根腐病频发，根系变黑腐烂，无法正常吸收水分与养分，进一步削弱植株生长势，形成恶性循环，严重制约青贮玉米产量与品质提升。

3. 土壤质地和酸碱度

土壤质地通过影响土壤透气性、保水性和透水性等从而影响作物病虫害的发生。砂土质地疏松，透气性好，但保水性较差，在干旱条件下，青贮玉米生长受水分胁迫，易招引蚜虫等刺吸式害虫，蚜虫繁殖速度加快，大肆吸食玉米汁液，传播病毒病，致使青贮玉米叶片卷曲、发黄，生长受阻。黏质土壤质地黏重，保水性好，但土壤孔隙度小、透气性较差、排水不畅易造成田间积水，植物根系发育受阻，容易引起青贮玉米根腐病、茎基腐病等土传病害，导致植株萎蔫、死亡，造成田间缺苗断垄。

土壤酸碱度不适宜同样是病虫害诱发的重要因素。酸性土壤中金属离子活性增强，可能对青贮玉米根系产生毒害作用，抑制根系生长，削弱根系防御功能，使得玉米易受镰刀菌等病原菌侵染，引发根腐病，导致根系腐烂，植株生长不良。碱性土壤中，磷和锌等养分有效性降低，青贮玉米植株生长发育迟缓，叶片发黄发白，抗逆性降低，易遭受玉米螟、棉铃虫等害虫侵袭，造成叶片、茎秆、果穗受损，产量锐减。

三、种植管理因素

1. 品种选择与布局

因地制宜选择种植青贮玉米品种对病虫害的防控起基础性关键作用。选种抗病虫品种能够有效抵御病原菌与害虫的侵袭，极大降低发病风险，尤其是集中连片病虫害的发生。

因此,依据不同地区的生态环境特点、病虫害发生规律进行精准合理的品种布局,能充分发挥品种的抗性优势。在春玉米区,针对大斑病、玉米螟高发地区,优先推广种植抗大斑病、抗螟且适应低温环境的青贮玉米品种;在黄淮海夏玉米区,考虑到高温高湿易诱发小斑病、锈病以及蚜虫等的大发生,选用抗多种病害、耐高温高湿且对蚜虫有一定抗性的青贮玉米品种。

单一品种大面积种植对病害的发生也具有重要影响,如果单一品种大面积连片种植,病原菌的传播就会更加容易,单一品种种植更易吸引特定害虫的聚集,害虫种群数量会迅速增加,形成虫害大暴发。因此要避免单一青贮玉米品种大面积种植,通过多品种合理搭配、分区种植。

不同青贮玉米品种对病虫害的抗性不同。当进行多品种混种时,就像在田间构建了一个复杂的生态系统,可以通过改变田间的小气候,使得湿度、通风等条件不利于病害的发生。因为不同品种的植株高度、叶片密度等形态特征不同,能够改善田间的通风状况,降低湿度,形成不利真菌病害滋生的环境。

2. 种植密度与田间通风透光

种植密度与田间通风透光条件紧密相连,对病虫害的发生发展有着直接且显著的影响。当种植密度过大时,青贮玉米植株间的竞争变得异常激烈,如同拥挤在狭小空间的"竞争者",纷纷抢夺有限的光照、水分与养分资源,致使植株生长细弱,叶片相互遮挡,田间通风透光严重受阻。通风不畅使得空气流动性变差,湿度长时间维持在较高水平,为病原菌滋生创造了绝佳的温床;透光不足则导致植株下部叶片光照匮乏,光合作用减弱,制造的有机物质减少,植株抗逆性随之大幅下降,极易遭受病虫害侵袭。相关研究数据显示，种植密度每增加1 000株/亩，玉米大小斑病的发病率平均上升10%～15%，玉米螟的为害率可提高8%～12%。在实际生产案例中，部分农户为追求高产盲目加大种植密度，结果导致田间通风透光率不足30%，导致青贮玉米生长中后期大、小斑病迅速蔓延，病叶率高达70%以上，玉米螟虫口密度超出防治阈值数倍，玉米产量锐减，品质严重受损。

可见，应依据品种特性、土壤肥力、气候条件等因素合理确定种植密度，维持良好的田间通风透光环境，是防控病虫害的重要举措。

3. 施肥与灌溉

施肥与灌溉作为种植管理的关键环节，若操作不当，将对青贮玉米生长及病虫害发生产生深远影响。不合理施肥如同给青贮玉米生长"添乱"，氮肥过量施用便是典型的"反面教材"。过量的氮肥会促使青贮玉米茎叶徒长，叶片嫩绿多汁，如同为害虫精心准备的"美食盛宴"，极易吸引蚜虫、蓟马等刺吸式害虫前来取食，同时也会导致青贮玉米贪青晚熟，生育期延长，在后期低温多雨的环境下，纹枯病、茎腐病等病害乘虚而入，发病率显著增加。

而科学施肥则能助力青贮玉米苗壮成长，增强其抗病虫能力。依据其不同生长阶段对养分的需求，精准供应氮、磷、钾等肥料，确保植株生长健壮，叶片厚实、色泽浓绿，光合作用高效，自身防御体系稳固，有效抵御病虫害侵扰。灌溉亦是如此，水分过多或过少都为"大忌"。水分过多，土壤透气性变差，根系缺氧，活力下降，根腐病、细菌性茎基腐病等病害频发；水分过少，干旱胁迫致使玉米生长受阻，叶片发黄卷曲，植株抗虫性降低，玉米螟、红蜘蛛等害虫肆虐。科学灌溉要求依据土壤墒情、天气状况以及玉米生长阶段，合理把控灌溉水量与频率，保持土壤含水量适宜，维持根系健康生长，为玉米高产优质保驾护航。

4. 轮作与连作

连年种植同一种玉米品种，病原菌能够在病残体上越冬、越夏，在适宜的条件下反复侵染青贮玉米植株，一旦环境条件适宜，例如在湿度较大、温度适中的环境下，病害就会迅速蔓延，导致大面积的青贮玉米植株感染，严重影响青贮玉米的产量和质量。

轮作与连作模式对玉米病虫害的发生态势有着截然不同的影响。长期连作如同"慢性毒药"，使得土壤中病原菌与害虫的种群数量逐年递增。玉米根系分泌物及残体在土壤中大量累积，为病原菌提供了丰富的"食物来源"，镰刀菌、丝核菌等土传病原菌肆意繁殖，引发根腐病、纹枯病等病害肆虐横行；同时，玉米螟、金针虫等害虫也在适宜的栖息环境中大量滋生，虫口密度居高不下，为害逐年加重。

轮作模式则能有效打破这一恶性循环，恰似为土壤"注入活力"。当青贮玉米与大豆、花生等非禾本科作物轮作，一方面，改变了病原菌与害虫的生存环境，使其因缺乏适宜寄主而数量锐减。例如大豆根瘤菌能够固氮，改善土壤肥力结构，抑制病原菌生长，且大豆植株形态与青贮玉米差异大，不利于青贮玉米害虫栖息繁衍；另一方面，轮作有助于改善土壤物理化学性质，增强土壤透气性、保水性，促进青贮玉米根系健壮发育，提升植株整体抗逆性，从根本上降低病虫害发生风险，为青贮玉米产业可持续发展提供有力支撑。

第二节　青贮玉米病虫害综合防治

一、选育抗病品种

因地制宜选育并推广种植青贮玉米抗病品种是一种经济、有效且环保的防治青贮玉米病虫害的方法。推广高产优质兼抗病虫的青贮玉米杂交种，是防病增产的重要措施，能够在很大程度上减少病虫害发生的概率，降低化学农药的使用量。例如对于玉米大斑病这种常见的青贮玉米病害，种植具有抗大斑病基因的品种，可以从源头上阻止病原菌的侵染，使其在生长过程中保持健康的状态。同时，抗病品种还可以提高青贮玉米的产量和品质。健康的植株能够更好地进行光合作用，积累更多的营养物质，从而提高青贮饲料的营养价值，有利于家畜的生长和发育。

品种抗性在玉米病虫害防控中起着基础性关键作用。抗病虫品种犹如玉米田的"坚固盾牌"，能够有效抵御病原菌与害虫的侵袭，极大降低发病风险。依据品种审定数据以及田间抗性表现，因地制宜筛选出适用于不同区域的抗病虫玉米品种至关重要。在北方春玉米区，针对玉米螟、大斑病高发态势，优先推广种植抗玉米螟、抗大斑病且适应低温环境的品种；黄淮海夏玉米区，考虑到高温高湿易诱发小斑病、锈病以及蚜虫为害，选用抗多种病害、耐高温高湿且对蚜虫有一定抗性的品种。

以玉米大斑病为例，研究表明，抗病品种相较于感病品种，发病概率可降低60%～80%。如先玉335等品种体内含有特定的抗性基因,在大斑病病原菌孢子大量散落的环境下,仍能保持较低的感染率,叶片病斑少,光合作用得以正常维持,为青贮玉米高产稳产筑牢根基。筛选标准涵盖了对多种常见病虫害的抗性评估,包括人工接种病原菌或害虫后观察品种的发病程度、受害症状,以及在自然发病环境下连续多年监测品种的田间抗性稳定性等。同时,兼顾品种的农艺性状,如产量潜力、品质、适应性等,确保所选品种既具备优良的抗病虫特性,又能满足当地农业生产的实际需求,实现绿色高产高效的种植目标。

青贮玉米新品种的选育主要有以下方法。

1. 引种

从其他地区引进已经表现出良好抗病性的青贮玉米品种。但是在引种过程中,需要先进行小面积的试种,观察其在本地环境下的适应性和抗病性表现。因为不同地区的气候、土壤条件和病虫害种类可能存在差异。例如一个在北方地区抗病性良好的青贮玉米品种,引种到南方可能由于南方的高温高湿环境和不同的病原菌优势种群,而出现抗病性下降的情况。

2. 系统选育

在现有的青贮玉米品种群体中选择具有抗病特征的单株。这些单株可能在田间表现出对某种病虫害的天然抗性,例如叶片上病斑较少、植株生长健壮等。然后通过连续多代的自交和选择,培育出具有稳定抗病性的品种。例如在感染玉米螟的青贮玉米田中挑选那些被玉米螟为害程度较轻的植株,经过多代选育,可能获得抗玉米螟的品种。

3. 基因工程

通过识别和导入抗病基因来培育抗病品种。科学家已经发现了许多与玉米抗病性相关的基因。例如将抗锈病基因导入青贮玉米品种中，可以增强其对锈病的抵抗能力。这种方法能够精准地将所需的基因导入植物细胞，大大缩短了育种周期，并且可以培育出具有高抗病性的品种。

4. 分子标记辅助育种

利用与抗病基因紧密连锁的分子标记来筛选具有抗病基因的植株。这种方法可以在植株的幼苗阶段就进行筛选，不必等到植株发病才能判断其抗病性。例如通过检测与抗黑粉病基因连锁的分子标记，能够快速从大量的幼苗中挑选出可能具有抗黑粉病能力的植株，从而提高育种效率。

二、加强植物检疫

植物检疫是国家保护农林牧业生产的主要措施，由各地的植物检疫站、植保植检站等专业机构负责具体执行。主要依据《植物检疫条例》等国家和地方相关法律法规，对青贮玉米及相关产品的生产、运输、销售全链条监管，确保无检疫性有害生物。许多青贮玉米病虫害具有很强的传播性，例如玉米细菌性枯萎病、玉米褪绿斑驳病毒病等可随种子、种苗或农产品调运远距离传播，加强植物检疫能将这些危险病虫害拒之门外，避免其在新地区定植、扩散，保护本地玉米产业安全。对于已局部发生的检疫性病虫害，需要加强检疫来限制检疫性病虫害向未发病区域传播，防止带疫产品流通，遏制疫情扩大。

目前，检疫措施与技术手段主要有：一是运用分子生物学方法，如PCR技术精准检测病毒、细菌类检疫病害；二是通过显微镜观察、病原菌分离培养鉴定真菌病害；三是借助昆虫形态学特征和分子标记识别害虫种类,像利用性诱剂诱捕特定害虫监测其发生动态。对于检疫性病虫害处理措施,一旦发现检疫性有害生物,对轻度感染种子可采用化学药剂熏蒸、浸种消毒,杀死病原菌或虫卵;对染疫种苗、玉米产品,依据规定在检疫人员监督下销毁或退回原产地,防止疫情扩散。

三、农业防治

1. 合理布局

要尽量合理安排茬口,尤其以青贮玉米、小麦带状种植的茬地,应当精细安排错行种植,避开青贮玉米行重茬播种。定期合理轮作倒茬,合理间作套种或实行宽窄行种植,例如可以和花生大豆、小麦、棉花等作物间作。合理布局,实行1~3年的轮作,划种植密度,调节田间小气候,降低田间湿度,增加通风透光性,能够很好地抑制和降低发病概率。

合理的轮作与间作模式恰似巧妙布局的"棋局",对青贮玉米病虫害的防控非常关键。玉米与豆类、薯类等作物轮作、间作已被诸多实践证明是行之有效的生态调控手段。在东北黑土地地区,推行玉米-大豆轮作模式,大豆根瘤菌能够固氮,改善土壤肥力结构,抑制病原菌生长,且大豆植株形态与玉米差异大,不利于玉米害虫栖息繁衍。田间调查数据显示,连续3年实施玉米-大豆轮作后,土壤中镰刀菌等土传病原菌数量减少约40%,玉米根腐病发病率降低30%~40%,玉米螟虫口密度下降20%~30%,同时玉米产量稳定增长,平均亩增产5%~10%。

在西南山区,玉米与红薯间作模式广泛应用,红薯藤蔓覆盖地面,减少土壤水分蒸发,抑制杂草生长,改变田间小气候,不利于玉米纹枯病等病害滋生。而且间作形成的复杂生态环境为害虫天敌提供栖息繁衍场所，构建起自然的生物防控网络，减少害虫为害损失，保障玉米健康生长，提升农田生态系统的稳定性与可持续性。

2. 加强田间管理

科学的田间管理操作规范是青贮玉米病虫害防控的关键环节。定苗时，应依据品种特性、土壤肥力合理确定留苗密度，确保植株分布均匀，通风透光良好，避免因种植密度过大导致田间湿度增加、通风不畅，为病虫害滋生创造条件。一般早熟品种、土壤肥力高的地块可适当密植，反之则稀植。整枝能及时去除病叶、黄叶、老叶，减少病原菌滋生场所与害虫隐蔽栖息之处，降低病虫害传播风险，秋季青贮玉米收获后及时清洁田园，清除田间病残体及田间杂草，减少初侵染源，及时深翻灭茬，促进病残体分解，减少病残体和杂草上越冬菌源。中耕除草不仅能铲除杂草，减少杂草与青贮玉米争夺养分、水分，还能破坏害虫虫卵、蛹的栖息环境，抑制害虫羽化出土。

深耕深翻是防治玉米病虫害的重要举措，结合土壤检测数据精准实施，效果显著。在秋收后，对土壤进行深度翻耕，将病原菌、害虫蛹等深埋地下，破坏其生存环境，有效减少翌年病虫害发生基数。研究表明，深耕至 30 厘米以上，可使土壤表层的玉米螟蛹死亡率达到 70%～80%，大斑病病原菌孢子存活率降低 60%～70%。同时，配合施用土壤改良剂，如生物炭、腐植酸等，能进一步提升地力，改善土壤结构，增强土壤保水保肥能力，营造有利于玉米根系生长而不利于病原菌和害虫滋生的土壤环境。生物炭富含微孔结构，可吸附土壤中的有害物质，为有益微生物提供栖息位点，促进土壤生态平衡恢复，抑制病原菌活动；腐植酸能螯合土壤养分，提高养分有效性，刺激玉米根系生长，增强植株抗逆性，从根本上提升玉米抵御病虫害的能力，实现土壤健康与作物高产的协同发展。

适期播种，加强管理。春播玉米适期早播，雨后及时覆膜保墒，促进青贮玉米根系发育，促进植株生长，提高幼苗抗侵入能力。加强田间施肥管理，施足底肥，适期追肥，及时追施氮、磷、钾肥，防治植株营养不良和后期脱肥，尤其是播种时，适当增施腐熟的有机肥，促进植株健壮生长，提高植株抗病力。

排灌环节尤为重要，依据天气状况、青贮玉米生长阶段精准把控浇水次数和灌水量。干旱时及时灌溉，避免植株因缺水生长受阻，抗虫性降低；低洼地块雨季加强排水，防止田间积水引发根腐病等病害，控制田间合理湿度，促进植株生长的同时及时关注病害的发生。在青贮玉米大喇叭口期，若遇连续干旱，及时灌溉可使玉米螟为害率降低10%～15%；而在南方梅雨季节，做好排水措施，玉米根腐病发病率可控制在10%以内，为青贮玉米生长营造良好的田间小环境，保障其健壮生长，提升抗病虫能力。播种时尽量精选种子，降低种子带菌率。

四、化学防治

我国播种面积最广、产量最大的粮食作物是玉米，种植面积和总产量居世界第二位。近年来，随着国家对青贮饲料重视程度的提高以及畜牧业发展对优质饲草需求的增加，我国青贮玉米种植面积呈现不断扩大的趋势，当病害发生大面积流行时，施用化学药剂防治是较为有效的防治方法。一是种子包衣防治法，选择籽粒饱满、发芽率高、发芽势强的种子，进行种子包衣处理，预防青贮玉米病虫害的发生。二是种子消毒法，发病严重的地块，青贮玉米播前1

周用50%多菌灵可湿性粉800倍液浸种40min,晾干后播种。三是叶面喷施法,在病虫害发生初期和发生严重期,均可通过化学农药叶面喷施的方法进行病虫害防治。

1. 农药的合理选择

在青贮玉米病虫害化学防治进程中,农药的合理选择和科学使用关乎防治成败。依据病虫害种类特性"量体裁衣"选药是关键。针对玉米螟等鳞翅目害虫,优先选用20%的氯虫苯甲酰胺、四氯虫酰胺等酰胺类杀虫剂进行喷雾防治,这类药剂作用于害虫肌肉,使其麻痹、停止取食,最终死亡,对玉米螟幼虫具有很好的防效,也可以选用3%的丁硫克百威颗粒剂撒施于青贮玉米心叶进行防治。对于蚜虫和叶螨等刺吸式害虫,10%的吡虫啉或3%的啶虫脒等烟碱类杀虫剂则是首选,通过干扰害虫神经系统,阻断神经传导,致使蚜虫口器麻痹,无法吸食汁液。或是选用70%噻虫嗪可分散粉剂进行种子包衣。

化学农药使用过程中要关注病虫对药剂的抗药性,科学轮换使用农药,避免长期使用单一农药,通过采用不同作用机制的农药进行轮换使用是延缓抗药性产生的有效方法,可以交替使用有机磷类、拟除虫菊酯类,也可以和生物农药等不同类型的杀虫剂交替轮换使用,也可以将不同作用机制的化学农药混合使用,不仅可以延缓抗药性产生,还可以扩大防治谱,但是,在混配农药时应该注意农药的兼容性,避免不同作用机制的药剂产生化学反应导致药害。

同时,化学药剂的使用还应该严格依照使用规范,不能为追求快速和防治效果而随意加大用药,高剂量使用农药可在短期收获成效,但是也会造成抗药基因在种群中快速传播。

2. 施药时机与方法

施药时机与方法直接影响化学防治成效。青贮玉米不同生长阶段，病虫害防治的施药窗口期各有不同。青贮苗期重点防控地下害虫与苗期病害，此时种子处理与土壤处理至关重要。播种前，选用含有戊唑醇、咯菌腈等杀菌剂以及噻虫嗪等杀虫剂的种衣剂进行种子包衣，为种子穿上"防护铠甲"，有效预防根腐病、金针虫等病虫害侵袭，确保幼苗健壮出土；土壤处理可在播种前，将辛硫磷颗粒剂均匀撒施于土壤表面，随后翻耕入土，毒杀土壤中的害虫，降低虫口基数。青贮玉米大喇叭口期，是玉米螟、叶斑病等多种病虫害的高发期，堪称防治关键节点。此时，选用内吸性强的药剂，通过喷雾方式，确保药剂均匀覆盖叶片、茎秆等部位。例如使用高效氯氟氰菊酯乳油防治玉米螟，按照规定剂量兑水稀释后，利用植保无人机或电动喷雾器进行喷雾，药剂经叶片吸收后，在植株体内传导，毒杀蛀入茎秆的玉米螟幼虫；对于叶斑病，选用苯醚甲环唑水分散粒剂，精准喷雾，抑制病原菌生长，防止病害扩散蔓延。

施药方式多样，各有优劣。喷雾法适用于大面积病虫害防治，能使药剂快速均匀覆盖植株表面，但易受风力、降水等气象因素干扰，影响药效；灌根法针对地下害虫与根部病害效果显著，将药剂直接送达根系周围，精准高效，但操作相对烦琐，劳动强度大；种子包衣则具有预防前置、持效期长的优势，可在种子萌发阶段提供全程保护，减少苗期病虫害威胁，然而需严格把控种衣剂质量与包衣工艺，确保安全性与有效性。实际应用中，应综合考量病虫害发生态势、田间环境、设备条件等因素，灵活选用施药方式，实现精准打击病虫害，护航玉米苗壮成长。

3. 农药安全使用与监管

农药使用安全与监管犹如坚固盾牌，守护着农产品质量安全、生态环境健康以及施药人员生命健康。施药人员防护是安全基石，每次施药前，施药人员务必穿戴防护服、防护手套、防护口罩以及护目镜等专业装备，确保身体各部位免受农药沾染。防护服应选用材质厚实、密封性佳且具有耐化学腐蚀性的产品，防止农药渗透；防护手套需具备良好的柔韧性与抗穿刺性，保障手部操作灵活同时抵御农药侵蚀；防护口罩配备高效过滤元件，有效阻挡农药雾气与粉尘吸入；护目镜则能防止农药溅入眼睛，引发损伤。

农药残留检测是农产品质量把控的关键关卡。在青贮玉米收获前，严格依据国家标准，运用气相色谱、液相色谱等先进检测技术进行精准残留检测。重点监测克百威、百菌清等常用农药残留量，确保其低于规定限值。一旦检测超标，立即采取延长休药期、销毁超标产品等果断措施，严禁问题农产品流入市场，保障消费者餐桌安全。

监管部门对违规用药保持高压态势，利剑高悬。各级农业农村部门、市场监管部门强化联合执法，定期巡查农资市场，严厉打击销售禁用农药、假冒伪劣农药以及超范围用药等违法行径。对于违规生产、销售农药的企业，依法处以巨额罚款、吊销生产经营许可证等惩处；对违规用药农户，加强教育引导，责令限期整改，情节严重者追究法律责任。通过全方位、多层次的监管体系，规范农药使用秩序，确保玉米病虫害化学防治在法治轨道上稳健前行，为农业绿色高质量发展保驾护航。

五、生物防治

1. 利用天敌昆虫

天敌昆虫进行生物防治在青贮玉米病虫害防控上发挥着独特且重要的作用。赤眼蜂，作为玉米螟的天敌，以其卓越的寄生特性精准打击害虫。在玉米螟成虫产卵高峰期，依据田间监测数据，精准投放赤眼蜂蜂卡，每亩地设置 8~10 个释放点，确保蜂卡均匀分布于田间。赤眼蜂成虫羽化后，凭借其敏锐的感知能力，迅速搜寻玉米螟卵块，将自身卵产入其中，通过寄生繁衍，从源头上遏制玉米螟幼虫的孵化，有效降低虫口密度。田间试验表明，合理释放赤眼蜂，玉米螟的卵寄生率可高达 70%~80%，虫口减退率达 60% 以上，显著减轻玉米螟为害，保障青贮玉米健康生长；瓢虫是蚜虫的"天敌克星"，七星瓢虫一生可捕食上万头蚜虫，在玉米田蚜虫发生初期，可以通过释放人工饲养的瓢虫来控制蚜虫数量。这些瓢虫会主动寻找蚜虫并将其捕食，从而减少蚜虫对玉米的为害。草蛉幼虫又叫蚜狮，草蛉的幼虫和成虫都能捕食红蜘蛛，它会用上下颚抓住红蜘蛛，然后将其吸食。当玉米田出现红蜘蛛为害迹象时，引入草蛉能够有效遏制红蜘蛛的繁殖和扩散。捕食螨则是叶螨等小型害虫的"天敌猎手"。当玉米田叶螨初发、虫口密度较低时，按照每株玉米投放 20~30 头捕食螨的标准，将捕食螨制剂轻轻撒施于玉米叶片上。捕食螨凭借其敏捷的行动能力与精准的捕食技巧，在玉米植株上穿梭游走，迅速捕食叶螨，抑制叶螨种群扩张。监测数据显示，捕食螨释放 10~15d 后，叶螨的虫口密度可降低 50%~60%，减缓叶片受害进程，维持叶片正常光合作用，为玉米生长营造良好环境。

2. 利用昆虫性诱剂

通过人工合成玉米螟性信息素，制成诱芯放置在诱捕器中。性信息素会释放出类似于雌性玉米螟求偶的信号，吸引雄性玉米螟前来。当雄性玉米螟被诱捕后，会导致田间雌雄比例失调，减少交配机会，从而降低玉米螟的繁殖数量，达到防治玉米螟的目的。这种方法环保无污染，而且针对性强，不会对其他非靶标生物造成伤害。

长期监测数据表明，持续利用天敌昆虫防控的玉米田，害虫种群数量趋于稳定且维持在较低水平，减少了化学农药使用量，保护了田间有益生物群落，生态系统稳定性显著增强，为玉米产业绿色可持续发展筑牢根基。

3. 施用生物农药

生物农药以其环境友好、靶向性强等优势，在玉米病虫害防治领域崭露头角。苏云金芽孢杆菌（Bt），作为应用广泛的微生物农药，对玉米螟、黏虫等鳞翅目害虫具有特效。其作用机制在于，苏云金杆菌在害虫肠道内萌发，分泌毒素，破坏害虫肠道上皮细胞，致使害虫肠道穿孔、麻痹，最终死亡。在玉米螟幼虫低龄期，选用100亿孢子/mL的苏云金杆菌悬浮剂，按照500～800倍液稀释，采用喷雾方式均匀喷施于玉米叶片，确保药剂覆盖全面。田间药效试验显示，施药后7～10d，玉米螟幼虫的校正死亡率可达80%～90%，与化学农药相比，在有效防控害虫的同时，避免了化学农药残留对土壤、水源及农产品质量的潜在为害。

白僵菌是一种虫生真菌，以其独特的侵染特性为玉米病虫害防治助力。白僵菌孢子接触害虫体壁后，在适宜温湿度条件下萌发，菌丝穿透体壁，在虫体内生长繁殖，消耗虫体营养，使害虫僵化死亡。针对玉米螟，在化蛹前期，将白僵菌粉剂按1～1.5kg/亩用量，采用喷粉方式施用于玉米秸秆垛及周边环境，借助风力传播，使白僵菌孢子广泛附着于玉米螟蛹体，有效降低越冬代玉米螟基数。据统计，经白僵菌处理的玉米田，翌年玉米螟的发生数量可比对照田减少30%～40%，生态效益显著，为玉米田构建起一道绿色防护屏障。

4. 生物多样性调控

生物多样性调控通过优化农田生态系统结构，为玉米病虫害防控注入内生动力。种植诱集植物是一项巧妙的生态策略，例如在玉米田周边种植向日葵、万寿菊等。向日葵凭借其高大植株与鲜艳花色，对蚜虫、蓟马等小型害虫具有极强的吸引力，将害虫从玉米植株上诱集过来；万寿菊分泌的特殊气味物质，能够干扰玉米螟等害虫的嗅觉识别，使其迷失方向，减少对青贮玉米的侵害。研究表明，合理布局诱集植物，玉米田害虫的虫口密度可降低20%～30%。

保护田边杂草同样意义非凡，一些常见杂草如荠菜、狗尾草等，可为捕食螨、草蛉等害虫天敌提供栖息、繁衍的庇护场所。在玉米生长季，保留适量田边杂草，天敌昆虫的种类与数量显著增加，形成稳定的天敌群落，对蚜虫、叶螨等害虫发挥持续的自然控制作用，降低害虫种群暴发风险，构建起玉米田生态平衡的良性循环，促进玉米产业与生态环境协调发展。

六、物理防治

1. 灯光诱捕

灯光诱捕技术是利用许多害虫具有趋光性这一特性，如玉米螟、黏虫等，设置杀虫灯等来诱捕害虫，灯光诱捕技术作为物理防治的重要手段，在玉米病虫害防控领域发挥着独特优势。黑光灯与频振式杀虫灯是其中的典型代表，这些灯光能发出特定波长的光，对害虫有很强的吸引力，精准诱捕玉米螟、草地贪夜蛾等多种夜行性害虫。黑光灯主要发射波长约为365nm的紫外线，这一波段恰好处于多数害虫视觉敏感度极高的区域，能够强烈吸引它们飞向光源。频振式杀虫灯则更进一步，在发光诱虫的基础上，配备了高压电网等捕杀装置，当害虫被灯光吸引触碰到电网时，瞬间被电击致死，大大提高了捕杀效率。

在青贮玉米种植区的实际应用中，通过合理布局灯光诱捕设备，依据田块面积、地形以及害虫发生历史数据，精准确定灯距与安装高度，能够构建起高效的诱捕网络。以某大型玉米种植基地为例，在玉米田周围每隔一定距离（如30～50m）安装一盏杀虫灯，灯的高度一般距离地面1.5～2m。在夜间开启灯光，害虫会飞向灯光，碰到灯周围的电网而被电击死亡。在玉米生长旺季，每晚可诱捕玉米螟成虫数十只至上百只不等，草地贪夜蛾成虫也有一定捕获量，有效降低了田间成虫交配繁殖概率，显著减少了下一代幼虫的发生数量，从源头上遏制了虫害的扩散，为玉米生长营造了相对安全的环境。

2. 糖醋液诱杀

糖醋液诱杀凭借其独特的气味诱集机制，对果蝇、地老虎等害虫具有极强的针对性捕杀效果。糖醋液的配方优化是关键，一般以糖∶醋∶酒∶水为3∶4∶1∶2的比例混合为宜，在此基础上，添加少量敌百虫等杀虫剂，能够进一步增强诱杀效力。果蝇对糖醋液散发的酸甜气味极为敏感，循着气味而来，一旦接触便会被杀虫剂毒杀；地老虎成虫同样难以抵挡这种诱惑，纷纷自投罗网。

在田间悬挂糖醋液时，需精细考量悬挂高度与密度。通常，悬挂高度距地面0.8～1m，确保害虫易于发现；每亩设置5～8个悬挂点，呈棋盘式分布，保证诱杀范围覆盖全面。实践表明，在果蝇高发期，合理运用糖醋液诱杀，可使果蝇虫口密度降低50%～

60%，显著减轻其对玉米果穗的为害，减少果穗腐烂、籽粒缺损等问题，保障玉米产量与品质。

3. 色板诱集

色板诱集依据蚜虫、蓟马等小型害虫对特定颜色的趋性差异，实现精准诱捕防控。蚜虫对黄色具有强烈趋性，蓟马则偏好蓝色，基于此，黄色与蓝色黏虫板应运而生。黄色黏虫板能够大量诱捕蚜虫，蓝色黏虫板对蓟马的诱集效果显著。在玉米田间布局色板时，需综合考虑风向、光照以及害虫活动规律等因素。一般而言，在田边、行间每隔 5～8m 悬挂一块色板，色板底部略高于玉米植株顶部，以确保最大限度接触害虫飞行路径。

研究数据显示，在蚜虫初发期及时悬挂黄色黏虫板，每亩悬挂 30～40 块，可诱捕 80% 以上的有翅蚜，有效阻断蚜虫传播病毒病的途径，降低玉米病毒病发生率；蓝色黏虫板对蓟马的防控贡献率可达 60%～70%，减轻蓟马吸食叶片汁液造成的为害，维持玉米叶片正常光合作用，保障植株健康生长。

4. 高温闷棚与地膜覆盖

高温闷棚与地膜覆盖技术从土壤与环境层面发力，为病虫害防控筑牢防线。高温闷棚主要针对土壤传播的病原菌与害虫，在夏季高温时段，将大棚密闭，利用太阳辐射使棚内温度迅速攀升至 50～60℃，甚至更高，持续 7～10d。如此高温环境，能够有效灭活土壤中的病原菌孢子、菌丝以及害虫虫卵、蛹等，大幅降低病虫害在土壤中的基数。相关研究表明，经过高温闷棚处理的土壤，镰刀菌、丝核菌等土传病原菌数量减少 70%～80%，金针虫、蛴螬等地下害虫虫口密度降低 60%～70%。

地膜覆盖则兼具多重功效，一方面，地膜形成的物理阻隔层，能够阻止土壤中的害虫出土为害玉米幼苗，如地老虎、金针虫等；另一方面，地膜调节了土壤的温湿度，春季增温保墒，促进玉米早出苗、出壮苗，增强幼苗抗逆性，秋季保温防寒，延长玉米生育期，提高产量。在北方春玉米区，地膜覆盖可使玉米生育期提前 5~7d，增产幅度达 10%~15%，同时显著减少病虫害侵袭，为玉米高产稳产奠定坚实基础。

5. 防虫网隔离

防虫网能够阻止害虫进入玉米种植区域。对于一些体型较小的害虫，如蚜虫、蓟马等，防虫网就像一道屏障。在玉米播种后，或者在幼苗期，在田间搭建防虫网。防虫网的网孔大小要根据主要防治害虫的体型来选择，一般选用 40~60 目的防虫网。将防虫网覆盖在支架上，四周要埋入土中或者用重物压实，防止害虫从边缘进入。防虫网隔离法可以有效防治害虫侵害玉米植株，减少害虫传播病毒的机会，而且还能在一定程度上调节田间小气候。

6. 套袋隔离

对于一些玉米的果穗害虫，如玉米穗虫等，可以采用套袋的方法进行隔离。果穗套袋后，害虫无法直接接触果穗产卵或取食。在玉米果穗吐丝后，选择合适大小的纸袋或塑料袋（一般用白色透明的塑料袋，规格为 20~30cm 长，宽度以能包裹果穗为宜），将果穗套住，袋口要扎紧，防止害虫进入。套袋隔离法能显著降低果穗害虫的为害率，提高玉米的品质和产量，而且成本较低。

7. 人工捕捉

对于一些体型较大、易于发现的害虫，如地老虎等，可以通过人工捕捉来减少虫口数量。地老虎在白天通常潜伏在玉米根部附近的土壤中，夜晚出来咬食玉米幼苗。在清晨或者傍晚，巡视玉米田，当发现有地老虎幼虫在玉米幼苗周围活动或者咬食幼苗时，用镊子或者直接用手将其捕捉，然后集中处理。人工捕捉方法简单直接，不需要额外的设备和药剂，而且可以快速降低害虫对玉米幼苗的为害。

第三节　种子包衣防治技术

一、试验目的

通过对不同作用机理的药剂进行种子包衣防治玉米瘤黑粉病田间效果的比较研究，筛选出对玉米瘤黑粉病防效好的药剂。

二、材料与方法

1. 供试药剂

28%灭菌唑FSC＊（Triticonazole，德国巴斯夫公司），3%苯醚甲环唑FSC＊、44%氟唑环菌胺FSC＊和福亮FS（24%溴虫酰胺·24%噻虫嗪）[（Difenoconazole、Sedaxane和Fortenza Duo），瑞士先正达作物保护有限公司）]，6%戊唑醇FSC＊（Difenoconazole，江苏龙灯化学有限公司），24%噻呋酰胺FS（Thifluzamide，美国陶氏益农公司）。由甘肃祁连山种业有限公司提供。试验地设武威市凉州区黄羊镇甘肃省农业工程技术研究院试验地，海拔1 720m，土壤肥力中等，前茬玉米，肥水管理同大田。

2. 试验方法

试验共设 7 个处理，内含 1 个对照，试验按各处理的药种比将玉米种子进行包衣，每个处理 3 次重复，随机区组设计，小区面积 4m×8m，每膜 2 行，株距 28cm。药剂用量为与种子质量的百分比（%）：T1：3% 苯醚甲环唑 0.5% +（24% 溴虫酰胺·24% 噻虫嗪）0.2%；T2：44% 氟唑环菌胺 0.05% +（24% 溴虫酰胺·24% 噻虫嗪）0.2%；T3：6% 戊唑醇 0.1% +（24% 溴虫酰胺·24% 噻虫嗪）0.2%；T4：24% 噻呋酰胺 0.05% +（24% 溴虫酰胺·24% 噻虫嗪）0.2%；T5：3% 苯醚甲环唑 0.3% + 24% 噻呋酰胺 0.05% +（24% 溴虫酰胺·24% 噻虫嗪）0.2%；T6：28% 灭菌唑 0.2% +（24% 溴虫酰胺·24% 噻虫嗪）0.2%；CK：（24% 溴虫酰胺·24% 噻虫嗪）0.2%。将包衣种子晾干后于 2015 年 4 月中旬播种，每穴播种 2 粒种子，出苗后随机定苗 1 株，播种后每穴用瘤黑粉与细沙 1：5 混合覆盖播种压实，整个生育期间管理同生产田。

3. 试验调查

玉米出苗后调查各阶段药害发生情况。当玉米长到 3 叶 1 心期时，对各小区所有的玉米的出苗情况进行调查，记录出苗株数，计算出苗率。于 9 月中旬进行调查玉米瘤黑粉发病情况，每小区采用随机 5 点取样，每点取 5 株，以整株为单位分级调查，记录病株数量及病级，计算发病率和防效。

发病率 =（发病株数/调查总株数）×100%

防治效果 = [（对照发病率（病指）- 种衣剂处理发病率
   （病指））/对照发病率（病指）] ×100

统计方法：数据用 DPS7.5 软件进行单因素分析，并进行新复极差比较。

三、结果与分析

1. 几种药剂配方对制种玉米出苗的影响

玉米苗期调查结果显示,各处理出苗率与对照基本一致,种子包衣安全,无药害发生。T1、T2、T4 和 T5 出苗率都高于对照(88.8%),分别为 92.3%、89.0%、90.8%和 89.6%,T3 和 T6 出苗率低于对照(88.8%),分别为 85.6%和 86.4%(表 10-1)。

表 10-1 不同药剂包衣对玉米种子出苗的影响

处理	出苗率(%)	5%显著水平
T1	92.3	a
T2	89.0	a
T3	85.6	a
T4	90.8	a
T5	89.6	a
T6	86.4	a
CK	88.8	a

2. 几种药剂配方对制种玉米瘤黑粉病的防治效果

玉米籽粒形成期调查结果表明,本试验所选择的药剂对瘤黑粉病均有一定的防治作用,各处理发病率均低于对照(41.3%);T6:28%灭菌唑 0.2%+(24%溴虫酰胺·24%噻虫嗪)0.2%处理玉米种子,发病率最低为 18.0%,与对照差异显著,防治效果最好,为 56.4%;其次是 T4:24%噻呋酰胺 0.05%+(24%溴虫酰胺·24%噻虫嗪)0.2%,防效为 53.2%,发病率为 19.3%,与对照差异也显著;T1:3%苯醚甲环唑 0.5%+(24%溴虫酰胺·24%

噻虫嗪) 0.2%和T5：3%苯醚甲环唑0.3%+24%噻呋酰胺0.05%+（24%溴虫酰胺·24%噻虫嗪）0.2%防效较好，分别为43.6%和42.6%，发病率为23.3%和23.7%但与对照差异不显著；T3：6%戊唑醇0.1%+（24%溴虫酰胺·24%噻虫嗪）0.2%和T2：44%氟唑环菌胺0.05%+（24%溴虫酰胺·24%噻虫嗪）0.2%的防效较差，仅为35.3%和27.4%，发病率为26.7%和30.0%，与对照差异不显著（表10-2）。

表10-2 玉米籽粒形成期瘤黑粉发病率及防效

处理	发病率（%）	5%显著水平	防效（%）
T1	23.3	ab	43.6
T2	30.0	ab	27.4
T3	26.7	ab	35.3
T4	19.3	b	53.2
T5	23.7	ab	42.6
T6	18.0	b	56.4
CK	41.3	a	

四、结果与讨论

本试验所选取的品种，在苗期调查中均未表现出有感病症状，在植株叶片、茎秆均未有瘤黑粉病发生，因此在试验前期不能调查有效的数据。在玉米授粉结束后，调查发现，此品种果穗被瘤黑粉菌侵染，受侵染果穗完全变成瘿瘤，形成绝收，这与其他品种有很大区别。

本试验所选的药剂对玉米的出苗影响都不大，苗期调查无药害发生，所有处理出苗率都与对照差异不显著；供试药剂对玉米瘤黑粉都有一定的防效，但只有28%灭菌唑0.2%+（24%溴虫酰胺·24%噻虫嗪）0.2%和24%噻呋酰胺0.05%+（24%溴虫酰胺·24%噻虫嗪）0.2%包衣玉米种子，对瘤黑粉病的防效超过了50%，防效分别为56.4%和53.2%，其他药剂防效都低于50%，44%氟唑环菌胺0.05%+（24%溴虫酰胺·24%噻虫嗪）0.2%的防效较差，仅为27.4%；试验还表明，防治玉米瘤黑粉病，单纯用种子包衣不能完全控制，需要与田间药剂喷雾相结合，颗粒剂防治效果最好，在玉米心叶末期撒施烯唑醇与辛硫磷复配颗粒剂，对玉米瘤黑粉病和玉米螟有较好的防治效果。玉米瘤黑粉病7月初发病，并同期进入快速发病期，7月底达发病高峰期，7月是该病害的防治关键期。防治玉米瘤黑粉病，除了选抗病品种外，应加强农业防治，减少初侵染源，加强田间管理，合理施肥，适当施用含锌和含硼的微量元素，对玉米瘤黑粉病有防治效果；今后，将玉米种子包衣、撒施颗粒剂和药剂喷雾相结合进行玉米瘤黑粉的防治试验十分必要，以便筛选出防效较好的药剂配方，同时对瘤黑粉病的侵染机制需要进一步研究，这方面的研究鲜有报道，以便改进防治方法，简化防治措施，提高防效。

本试验所用噻肤酰胺及氟唑环菌胺是琥珀酸脱氢酶类抑制剂，是除三唑类种衣剂外用于种子处理的新药剂，未见有防治瘤黑粉病的相关报道，这为玉米瘤黑粉病的防治提供了新药剂。而其他药剂虽然有一定的防效，但防治效果较差，可以与其他药剂混合使用以提高防效。另外，新药剂处理玉米种子能够防治玉米瘤黑粉病，但需要进一步试验药剂用量，以提高防治效果。

第四节 药剂拌种防治技术

一、试验目的

玉米黑束病是由直枝顶孢霉菌（*Acremonium strictum*）引起的系统侵染性病害，是玉米生产中造成玉米空秆的主要原因，同时也造成部分品种形成空秕穗，严重减产。本研究以感病玉米品种为试验材料，用10种不同作用机理的药剂包衣玉米种子，在张掖临泽农场进行了防治玉米黑束病的田间试验，本次试验填补了国内药剂拌种防治玉米黑束病的空白，为该病害的有效控制提供了理论依据。

二、材料与方法

1. 供试材料

供试玉米品种农大808（母本）；供试药剂：0.136%赤·吲乙·芸薹（碧护），由北京诚禾佳信咨询服务有限公司提供，种子用量0.12g/kg，其他药剂见表10-3。

2. 试验地概况

试验地点在张掖市临泽县农技推广中心试验农场，海拔1 500m；前茬玉米，地力均匀，试验水肥条件较好。试验地为东西条田，膜幅宽1m，小区长18m，面积18m^2，每膜种植2行，栽培管理条件一致，符合试验要求；种植时间2017年4月25—26日，人工播种。

表 10-3　种子包衣防治玉米黑束病供试药剂及用量

序号	药剂名称	生产厂家	用量（mL/kg）
1	4.23%种菌唑·甲霜灵（顶苗新）	美国爱利思达公司	2
2	27%苯醚·咯·噻虫（酷拉斯）	先正达（中国）投资有限公司	2
3	苯醚·咯菌腈（适麦丹）	先正达（苏州）作物保护有限公司	3
4	苯醚甲环唑（敌委丹）	先正达（苏州）作物保护有限公司	3
5	戊唑醇（亮穗）	安道麦马克西姆有限公司	1.5
6	18%吡唑醚菌酯（齐跃）	巴斯夫（中国）有限公司	0.33
7	32.5%苯甲·嘧菌酯（阿米妙收）	先正达（苏州）作物保护有限公司	0.7
8	精甲·咯·嘧菌（宝路）	先正达（苏州）作物保护有限公司	1.5
9	咯菌腈·精甲（满适金）	先正达（苏州）作物保护有限公司	1.5
10	克菌丹	美国爱利思达公司	4
11	噻虫胺（护粒丹）	江苏富美实农化有限公司	3

3. 试验处理

试验共设 10 个处理和 1 个对照，3 次重复随机区组设计，其中 T1 至 T10 分别用表 1 中序号 1 到 10 的药剂按剂量兑水拌种，其中 T7 再加 0.12g 的 0.136%赤·吲乙·芸薹，每处理另加 3mL 的噻虫胺，对照只用噻虫胺（3mL/kg）进行包衣，再设 1 个清水对照，以自然发病的玉米为研究对象。

4. 试验调查

（1）出苗率调查　于 2017 年 5 月 15 日调查出苗率，调查每个重复播种总株数和出苗总株数，统计出苗率。

（2）试验调查 在拔节期，采取5点取样，每个处理取30株（每个重复3株），带根挖出后带室内进行清洗，待水分干后，进行称重，测量株高和统计叶片数，然后检查根部病斑、调查胚根和胚轴侵染率和发病情况，并统计和照相，统计完后每处理留10株样品，保存冰箱后待镜检。在玉米开花期，每个处理取30株（每个重复3株）剖茎调查茎节变褐率、维管束变褐率和髓部发病程度。髓部病情分级标准参考郝凯等（2009）的方法：0级，髓部无症状；Ⅰ级，髓部有黄褐色零星病点；Ⅱ级，髓部1/3以下的病点相连呈黄褐色至褐色，节部轻微变色；Ⅲ级，髓部1/3以上的病点连片，节部变成褐色。

2017年9月8日调查发病率和病情指数。病情分级标准：0级，没有发病；Ⅰ级，顶部1~3个叶片变色，但病叶未枯死，雌穗形成，但不饱满；Ⅱ级，顶部4~5个叶片变色或有1~2叶干枯，雌穗形成，但果穗较小、籽粒较少；Ⅲ级：6片叶以上发病或有3叶以上干枯或全株枯死，髓部节间变褐色，雌穗未发育，形成空杆。

三、结果与分析

1. 不同药剂包衣对玉米出苗率和生长的影响

玉米出苗后，对出苗率进行了田间统计，出苗率在51.80%~69.07%（表10-4），所有药剂处理过的种子出苗率高于对照，可以看出药剂包衣提高了玉米的出苗率，并且所用剂量对玉米安全，其中18%吡唑嘧菌酯处理玉米出苗率居首位，27%苯醚·咯·噻虫次之，除苯醚·咯菌腈、苯醚甲环唑和戊唑醇外，其他处理与对照之间差异极显著。除苯醚甲环唑外，其他处理株高都高于对照，其中用32.5%苯甲·嘧菌酯+赤·吲乙·芸薹和咯菌腈·精甲株高最高，分别为180.02cm和180.00cm，与对照差异显著。所有处理玉米根冠比都大于对照，其中32.5%苯甲·嘧菌酯+赤·吲乙·芸薹和18%吡唑醚菌酯处理玉米种子后根冠比最大，分别为0.346和0.328，苯醚·咯菌腈和咯菌腈·精甲次之，为0.325和0.324，用苯醚甲环唑处理玉米种子，根冠比最小，为0.273。

表10-4 不同药剂拌种对玉米出苗率和生长的影响

处理	出苗（%）	株高（cm）	根冠比
4.23%种菌唑·甲霜灵	65.29a	173.50ab	0.286 b
27%苯醚·咯·噻虫	66.82a	170.30bc	0.303 ab
苯醚·咯菌腈	56.59bcd	177.50ab	0.325 ab
苯醚甲环唑	53.32 cd	165.50c	0.273 b
戊唑醇	53.05 cd	174.00ab	0.322 ab
18%吡唑嘧菌酯	69.07a	169.50bc	0.328 ab
32.5%苯甲·嘧菌酯+赤·吲乙·芸薹	57.34bc	180.02a	0.346 a
精甲·咯·嘧菌	59.81b	172.50abc	0.304 ab
咯菌腈·精甲	65.18a	180.00a	0.324 ab
克菌丹	64.96a	176.00ab	0.316 ab
CK	51.80d	169.50bc	0.272 b

注：小写字母表示5%水平下差异显著性。

2. 不同药剂包衣处理对玉米空秆率的影响

试验结果表明（表10-5），除4.23%种菌唑·甲霜灵、苯醚甲环唑和精甲·咯·嘧菌外，其他处理玉米空秆率均低于对照，其中 32.5%苯甲·嘧菌酯+赤·吲乙·芸薹处理后空秆率最低,为 26.82,较对照降低了 31.54%,其中苯醚甲环唑处理后空秆率最高,为 45.59,较对照增加了 16.36%。

表 10-5 不同药剂包衣处理对玉米空秆率的影响

处理	空秆率（%）	CK±（%）
27%苯醚·咯·噻虫	35.31a	-9.87
苯醚·咯菌腈	31.67a	-19.16
苯醚甲环唑	45.59 a	+16.36
戊唑醇	27.72a	-29.24
18%吡唑嘧菌酯	28.86a	-26.34
32.5%苯甲·嘧菌酯+赤·吲乙·芸薹	26.82a	-31.54
精甲·咯·嘧菌	43.86 a	+11.94
咯菌腈·精甲	31.29a	-20.13
克菌丹	33.33a	-14.92
CK	39.18 a	—

注：小写字母表示 5%水平下差异显著性。

3. 药剂拌种对玉米黑束病菌侵染玉米胚根及胚轴的影响

由表 10-6 可以看出,用苯醚甲环唑处理玉米种子后胚根死亡率大于对照并与对照差异不显著外,其他处理都低于对照并与对照差异极显著,其中用 32.5%苯甲·嘧菌酯+赤·吲乙·芸薹和克菌丹处理后胚根死亡率最低,为 12%；用 27%苯醚·咯·噻虫处理后节间变褐率与对照相同,差异不显著,其他处理都低于对照并与对照差异极显著,其中用 32.5%苯甲·嘧菌酯+赤·吲乙·芸薹处理节间变褐率最低为 12%；胚轴变褐率各处理都低于对照并与对照差异显著,其中用 32.5%苯甲·嘧菌酯+赤·吲乙·芸薹处理胚轴变褐率最低为 12%，说明经药剂拌种后大大降低了玉米黑束病菌侵染胚轴、胚根及节间的概率。

表 10-6　不同药剂处理下玉米胚部发病情况

处理	胚根死亡率（%）	节间变褐率（%）	胚轴变褐率（%）
4.23%种菌唑·甲霜灵	50.00bc	33.33c	23.00f
27%苯醚·咯·噻虫	56.00b	80.00a	28.00ef
苯醚·咯菌腈	48.00bc	64.00b	54.00b
苯醚甲环唑	84.00a	64.00b	40.00d
戊唑醇	40.91c	63.64b	36.36de
18%吡唑嘧菌酯	24.00d	24.00d	52.00bc
32.5%苯甲·嘧菌酯+赤·吲乙·芸薹	12.00e	12.00e	12.00g
精甲·咯·嘧菌	41.67c	12.50e	36.67de
咯菌腈·精甲	16.00de	40.00c	40.00d
克菌丹	12.00e	36.00c	44.00cd
CK	80.00a	80.00a	68.00a

注：小写字母表示 5%水平下差异显著性。

4. 不同药剂处理对玉米茎髓部发病程度的影响

通过剖茎观察表明（表 10-7），药剂处理以后各处理发病程度和平均病级都较对照有所降低，32.5%苯甲·嘧菌酯+赤·吲乙·芸薹处理后病情指数最低为 48.89%，与对照差异极显著，防效也最高为 26.67%，其他处理和对照之间差异不显著；用 18%吡唑嘧菌酯和 32.5%苯甲·嘧菌酯+赤·吲乙·芸薹处理玉米种子平均病级与对照差异显著，都为 1.5 级；除苯醚甲环唑外，其他药剂处理后茎节部变褐率都较对照有所降低，并且相互之间差异不显著，维管束变褐率都较对照降低,其中用苯醚·咯菌腈处理玉米种子后维管束变褐率最低为 36.67%,与对照差异极显著,其次为 18%吡唑醚菌酯和 32.5%苯甲·嘧菌酯+赤·吲乙·芸薹。

表 10-7 不同药剂处理下玉米茎髓部发病情况

处理	茎节部变褐率（%）	维管束变褐率（%）	平均病级	病情指数	防效
4.23%种菌唑·甲霜灵	93.33abc	41.30ab	1.6ab	53.33a	20.01
27%苯醚·咯·噻虫	96.67ab	43.33ab	1.7ab	55.56ab	16.66
苯醚·咯菌腈	86.67abc	36.67b	1.6ab	52.22ab	21.67
苯醚甲环唑	100.00a	60.00ab	1.9ab	62.22ab	6.67
戊唑醇	93.33abc	53.33ab	1.7ab	57.78ab	13.33
18%吡唑嘧菌酯	90.00bc	40.00ab	1.5b	50.00ab	25.00
32.5%苯甲·嘧菌酯+赤·吲乙·芸薹	86.67abc	40.00ab	1.5b	48.89b	26.67
精甲·咯·嘧菌	93.33abc	53.33ab	1.7ab	57.78ab	13.33
咯菌腈·精甲	93.33abc	50.00ab	1.6ab	54.44ab	18.34
克菌丹	90.00bc	50.00ab	1.7ab	55.56ab	16.66
CK	100a	63.33a	2.0a	66.67a	—

注:小写字母表示 5%水平下差异显著性。

5. 不同药剂包衣处理对玉米黑束病的防治效果

试验结果表明（表 10-8）,所有处理病情指数与对照差异极其显著。苯醚甲环唑处理玉米种子其防效与其他处理差异显著,32.5%苯甲·嘧菌酯+赤·吲乙·芸薹包衣处理对玉米黑束病的防治效果最好,为 55.15%;其次是克菌丹和 18%吡唑嘧菌酯,防治效果为 50.16% 和 49.89%，苯醚·咯菌腈和咯菌腈·精甲防治效果也较好，为 49.61%。

表 10-8 不同药剂对玉米黑束病的防治效果

处理	病情指数	防效
4.23%种菌唑·甲霜灵	21.33a	46.85a
27%苯醚·咯·噻虫	22.44a	44.08a
苯醚·咯菌腈	20.22a	49.61a
苯醚甲环唑	28.9b	27.98b
戊唑醇	20.44a	49.07a
18%吡唑嘧菌酯	20.11a	49.89a
32.5%苯甲·嘧菌酯+赤·吲乙·芸薹	18a	55.15a
精甲·咯·嘧菌	21.56a	46.27a
咯菌腈·精甲	20.22a	49.61a
克菌丹	20a	50.16a
CK	40.13c	

注：小写字母表示 5%水平下差异显著性。

四、结果与讨论

本研究通过种子包衣进行玉米黑束病的防治试验，并观察不同药剂处理后玉米胚部和茎髓部发病情况来明确不同药剂对玉米黑束病的防治效果。通过种子包衣后各处理出苗率都高于对照，各药剂对种子安全无药害发生，32.5%苯甲·嘧菌酯+0.136%赤·吲乙·芸薹处理玉米种子后出苗率、株高和根冠比都最高；调查空秆率表明 32.5%苯甲·嘧菌酯+0.136%赤·吲乙·芸薹处理后空秆率最低,较对照降低了 31.54%;不同药剂处理下玉米胚部发病情况也有差异,用 32.5%苯甲·嘧菌酯+赤·吲乙·芸薹处理后胚根死亡率、节间变褐率和胚轴变褐率都最低;从不同药剂处理下玉米茎髓部发病情况来看,所有处理茎节部变褐率与对照差异不显著,维管束变褐率除苯醚·咯菌腈外,其他处理都与对照差异不显著;防治效果来看,32.5%苯甲·嘧菌酯+0.136%赤·吲乙·芸薹防效最好,其次是 18%吡唑嘧菌酯和克菌丹,苯醚甲环唑处理后,发病较严重,防效最低。

  玉米黑束病是典型的种传病害,土壤和病残体也可以传播,是苗期根部受侵以后引起的系统性病害。国内对该病害的研究报道也较少,孟有儒等(1992)对玉米黑束病的症状与病原生理特性进行过研究,目前还没有较好的药剂来控制该病害的发生,较好的防治方法就是选育抗病品种,郝铠等 2009 年进行了玉米黑束病的抗性鉴定工作,结果表明我国抗黑束病的种质资源相对丰富,而且品种(系)抗、感病界限十分明显,并结合合理施肥、灌溉和轮作等农业措施进行防治。本试验通过种子包衣进行了黑束病的防治,初步筛选出了几种药剂对该病害具有较好的控制作用,如克菌丹、32.5%苯甲·嘧菌酯+0.136%赤·吲乙·芸薹和 18%吡唑醚菌酯处理玉米种子以后不仅提高了出苗率,发病率和空秆率较对照降低幅度较大,对玉米黑束病具有较好的防效,综合分析得出精甲·咯·嘧菌、戊唑醇、苯醚·咯菌腈和 27%苯醚·咯·噻虫对黑束病也有一定的防治作用,苯醚甲环唑对黑束病防效最低。本次试验填补了国内药剂拌种防治玉米黑束病的空白,为该病害的有效控制提供了理论依据。

第五节　硅肥与 18%吡唑醚菌酯 SC 混喷防治技术

一、试验目的

通过田间随机区组试验，比较不同浓度可溶性硅肥与 18%吡唑醚菌酯 SC 配施对玉米茎基腐病的防效。

二、材料与方法

1. 试验材料

供试玉米品种，N6 母本（糯）；供试菌种：禾谷镰刀菌，由甘肃省农业工程技术研究院植物病理实验室提供；供试硅肥可溶性硅肥（途保康），由江门市植保有限公司提供；供试药剂 18%吡唑醚菌酯（Pyraclostrobin）SC，德国巴斯夫有限公司生产。

2. 试验条件

大田试验在甘肃省黄羊河集团种子公司试验场进行，地力均匀，试验水肥条件较好，为玉米连作地，该地有玉米茎基腐病的发生史，全田采用滴灌，栽培管理条件一致，试验期间未进行其他病害的防治，地为东西条田，小区长 10m，宽 4.2m，符合试验要求。

3. 试验设计

玉米播种时间 2017 年 4 月 30 日，玉米播种前用禾谷镰刀菌孢子悬浮液进行拌种，设清水拌种为对照。试验采用随机区组设计，共设 9 个处理，1 个清水对照，3 次重复。分别为 CK、T1、A1、

T2、A2、T3、A3、T4、A4、T5、B、T6、A1+B、T7、A2+B、T8、A3+B、T9、A4+B。其中，A1为喷施2 000mg/L的可溶性硅肥，A2为喷施1 333mg/L的可溶性硅肥，A3为喷施1 000mg/L的可溶性硅肥，A4为喷施667mg/L的可溶性硅肥，B为喷施1 250mg/L的18%吡唑醚菌酯，药剂2次稀释后按照使用浓度配制，进行叶面均匀喷雾。第1次喷药时间为：2017年6月8日，玉米平均叶龄为8叶1心；第2次喷药时间：2017年7月3日，玉米平均叶龄为14叶1心；第3次喷药时间：2017年8月2日，玉米灌浆期。

4. 试验调查

（1）玉米出苗率及药害调查 玉米出苗后调查病原菌拌种处理和清水拌种对照各100株，3次重复，计算出苗率，并在每次喷完药后调查药害发生情况。

（2）不同处理对玉米叶绿素含量的影响 每次喷药后第7d 9—10时，用SPAD-502叶绿素仪定期定株定叶测定玉米叶片的叶绿素相对含量，每个小区采用5点取样法选择10株穗位叶进行测定，第3次喷药后20～30d再测定1次，取平均值，测定时选择叶片中部避开主脉进行测定。

（3）不同处理对玉米茎基腐病的防效 玉米茎基腐病田间分级标准参考龚士琛等（2021）的方法并加以改进。分级标准为：0级，植株正常生长；1级，病株由下而上枯黄，占全株叶片的1/4以下，茎基部和果穗生长正常；2级，枯黄叶片占1/2左右，茎基部1～2节稍有水渍状，果穗生长正常；3级，枯黄叶片占2/3以上，茎基部变软，果穗下垂；4级，全株叶片枯黄，茎基部明显变软但不倒伏，果穗下垂；5级：玉米全株叶片枯死，茎基部明显变软并倒伏，果穗下垂、干瘪。在玉米乳熟期及蜡熟期，调查各处理发病率，病情指数，并计算防效。计算公式如下。

病情指数=[∑（各级的病株数×相对级数值）/（调查总株数×最高级数值）]×100%

防治效果=[（对照病情指数-处理病情指数）/对照病情指数]×100%

在玉米成熟后，每小区取 20 株样品晾晒后在室内考种，测定穗长、穗重、穗粒重、穗粗、百粒重等，最后以小区产量换算单位面积产量。

（4）数据统计分析　原始数据采用 Microsoft Excel 2007 进行整理，然后用 SPSS 软件进行新复极差法比较分析。

三、试验结果

1. 接种禾谷镰刀菌对玉米出苗率的影响

玉米拌种禾谷镰刀菌后，出苗率与清水对照相比明显降低（图 10-1），拌种禾谷镰刀菌后玉米平均出苗率为 82.28%，较清水对照降低了 9.18%。3 次喷药后调查发现，各处理对玉米安全无药害发生。

2. 喷施可溶性硅和杀菌剂对玉米叶绿素相对含量的影响

玉米在不同时期的叶绿素含量（SPAD 值）的变化均不同，各处理的叶绿素含量均高于对照，平均增幅在 8.3%～28.9%，其中最高值出现在第 3 次喷药后第 7 天，最低值出现在第 1 次喷药后第 7 天（表 10-9）。从第 1 次喷药后第 7 天到第 3 次喷药后第 7 天，玉米叶片叶绿素含量逐渐增高，之后开始下降。第 3 次喷药后第 7 天喷施 2 000mg/L 可溶性硅+18%吡唑醚菌酯叶绿素含量最高，为 55.7；混合喷施 1 333mg/L 可溶性硅和 18%吡唑醚菌酯叶绿素

第十章 青贮玉米病虫害绿色防控

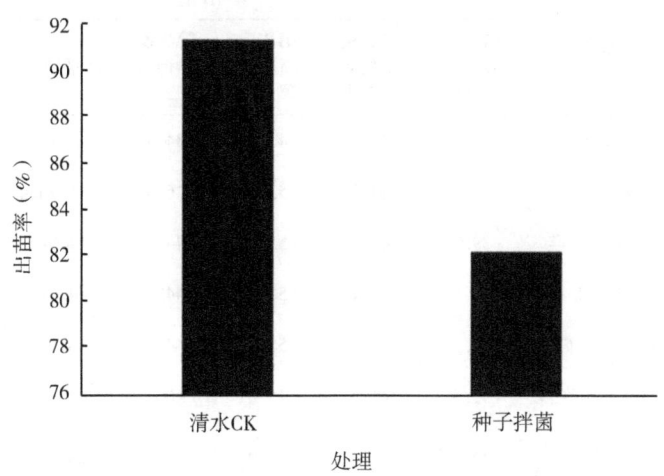

图 10-1　接种禾谷镰刀菌对玉米出苗率的影响

含量次之，为 54.8。不同浓度的可溶性硅肥喷施处理玉米后其叶绿素含量差异不显著，其中喷施 2 000mg/L 可溶性硅后叶绿素含量稍高于其他浓度；不同浓度可溶性硅肥与 18% 吡唑醚菌酯混合喷施后，其叶绿素含量都高于单喷；喷施可溶性硅肥后叶绿素含量高于喷施杀菌剂；各处理在前期对玉米叶绿素含量的影响不大，但是在后期玉米灌浆期各处理玉米叶绿素含量比对照显著增高，在第 3 次喷药后第 7d 表现更加明显，对玉米进行可溶性硅和杀菌剂等喷施处理后，其叶绿素含量在达到峰值时下降较对照缓慢。从 4 次测定总体来看，2 000mg/L 可溶性硅+18% 吡唑醚菌酯混合喷施叶绿素含量最高，平均值为 49.1，增幅最大，较对照增加 28.9%（表 10-9）。

表 10-9 喷施可溶性硅肥和杀菌剂后对玉米叶绿素相对含量的影响

处理	SPAD 值				平均	CK± (%)
	第1次喷药后第7天	第2次喷药后第7天	第3次喷药后第7天	第3次喷药后第28天		
CK	34.2	39.5	43.6	34.9	38.1c	—
2 000mg/L 硅	40.3	44.3	53.2	46.9	46.2abc	21.2
1 333mg/L 硅	39.7	42.7	52.3	44.9	44.9bc	17.8
1 000mg/L 硅	39.9	43.1	50.4	44.8	44.6bc	16.9
667mg/L 硅	39.5	41.2	50.4	44.5	43.9bc	15.2
18%吡唑醚菌酯	35.3	41.2	48.6	40	41.3c	8.3
2 000mg/L 硅+18%吡唑醚菌酯	43	46	55.7	51.8	49.1a	28.9
1 333mg/L 硅+18%吡唑醚菌酯	39	44.6	54.8	49.3	46.9ab	23.2
1 000mg/L 硅+18%吡唑醚菌酯	41	43.8	53.1	46.7	46.2abc	21.1
667mg/L 硅+18%吡唑醚菌酯	40	42	53.3	48.4	45.9abc	20.5

注：小写字母表示在5%水平下的差异显著性。

3. 喷施可溶性硅肥和杀菌剂后对玉米茎基腐病的影响

所有处理对玉米茎基腐病均有一定的防效。单喷不同浓度可溶性硅肥对玉米茎基腐病的防效在34.0%～47.6%，喷施2 000mg/L防效最好；单喷杀菌剂的防效介于单喷硅肥和混合喷施硅肥与18%吡唑醚菌酯之间，其中喷施2 000mg/L的可溶性硅肥+18%吡唑醚菌酯的防效最好，为64.0%，与其他处理差异显著，1 333mg/L可溶性硅肥+18%吡唑醚菌酯混喷次之，为59.0%，单喷 667mg/L 可溶性硅肥防效最低，为 34.0%（图 10-2）。

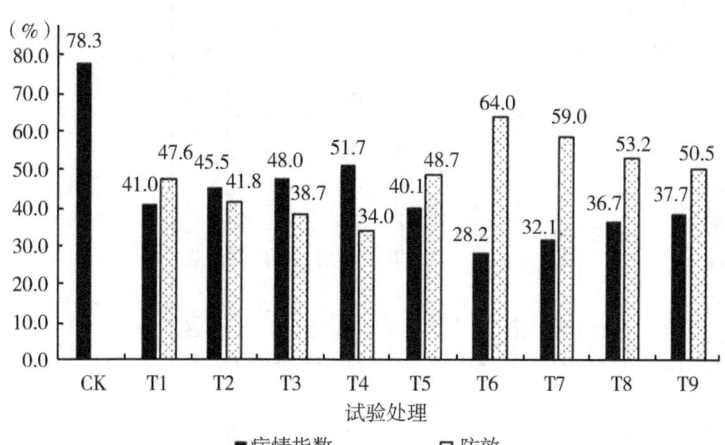

图 10-2 喷施可溶性硅肥和杀菌剂后对玉米茎基腐病的影响

注：T1：2 000mg/L 硅；T2：1333mg/L 硅；T3：1 000mg/L 硅；T4：667mg/L 硅；T5：18%吡唑醚菌酯；T6：2 000mg/L 硅+18%吡唑醚菌酯；T7：1333mg/L 硅+18%吡唑醚菌酯；T8：1 000mg/L 硅+18%吡唑醚菌酯；T9：667mg/L 硅+18%吡唑醚菌酯。

4. 喷施可溶性硅和杀菌剂后对玉米产量及产量构成因素的影响

由表 10-10 可以看出，喷施可溶性硅和杀菌剂后，不同处理对玉米产量及产量构成因素的响应不同，各处理玉米穗长、穗粗、穗行数、行粒数及秃尖与对照差异不显著，除 667mg/L 可溶性硅肥处理外其他处理穗长都高于对照，除喷施 18%吡唑醚菌酯外其他处理穗粗都高于对照；喷施 18%吡唑醚菌酯后玉米秃尖最短为 0.06cm；喷施 667mg/L 可溶性硅肥后玉米秃尖最长，产量和百粒重最低，分别为 0.12cm、485.4kg/667m² 和 23.71g。各处理穗行

表10-10 喷施可溶性硅和杀菌剂对玉米产量构成因素和产量的影响

处理	产量构成因素						产量	
	穗长(cm)	穗粗(cm)	秃尖(cm)	穗行数(行)	行粒数(粒)	百粒重(g)	kg/亩	CK±(%)
CK	12.12ab	4.20a	0.11a	12.5b	20.4b	23.64c	463.7d	—
2 000mg/L 硅	12.37ab	4.22a	0.11a	13.3ab	20.8b	25.4abc	520.2abc	12.1
1 333mg/L 硅	12.43a	4.23a	0.08a	12.9ab	21.6ab	25.0abc	517.1abc	11.5
1 000mg/L 硅	12.28ab	4.24a	0.09a	12.6b	21.4ab	24.58bc	497.5bcd	7.3
667mg/L 硅	12.00b	4.20a	0.12a	13.5a	22.3a	23.71bc	485.4cd	4.7
18%吡唑醚菌酯	12.16ab	4.19a	0.06a	13.1ab	22.3a	24.35bc	499.0abcd	7.6
2 000mg/L 硅+18%吡唑醚菌酯	12.46a	4.27a	0.11a	13.7a	22.6a	27.04a	538.1a	16.0
1 333mg/L 硅+18%吡唑醚菌酯	12.33a	4.26a	0.08a	12.9ab	21.3ab	26.05ab	530.0ab	14.3
1 000mg/L 硅+18%吡唑醚菌酯	12.21ab	4.26a	0.09a	12.6b	21.6ab	25.55abc	523.6abc	12.9
667mg/L 硅+18%吡唑醚菌酯	12.18ab	4.23a	0.10a	13.3ab	21.0ab	24.75bc	512.4abc	10.5

注：a、b、c、d 表示 5%水平下的差异显著性。

数、行粒数、百粒重和产量都高于对照；喷施2 000mg/L可溶性硅肥+18%吡唑醚菌酯处理后穗长、穗粗、穗行数、行粒数、百粒重和产量都较对照增幅最大分别为 12.46cm、4.27cm、13.7 行、22.6 粒、27.04g 和 538.1kg/亩，产量较对照增加 16.02%；喷施667mg/L可溶性硅肥其穗长最短、秃尖最长、百粒重和产量最小，分别为 12cm、0.12cm、23.71g 和 485.4kg/亩；对照与单喷1 000mg/L可溶性硅肥、667mg/L可溶性硅肥和 18%吡唑醚菌酯其产量在 0.05 水平下差异不显著，与其他处理差异极显著。喷施2 000mg/L可溶性硅肥+18%吡唑醚菌酯与单喷1 000mg/L可溶性硅肥、667mg/L可溶性硅肥及对照其产量差异极显著。

5. 经济效益分析

硅可以明显抑制和防御制种玉米茎基腐病的发生，从而提高玉米种子的品质和产量。从表 10-11 可以看出，制种玉米田在常规管理的基础上喷施硅肥和杀菌剂的投入并不高，最高投入仅仅 134 元，但可以达到 744 元的增产值，可增收 624 元。因此，喷施2 000mg/L可溶性硅肥和 18%吡唑醚菌酯在玉米制种田增产高，经济合理，可以推广使用。

表 10-11　喷施可溶性硅和杀菌剂经济效益分析

处理	硅肥投入（元）	杀菌剂投入（元）	人工投入（元）	增产量（kg/亩）	增产（元/亩）	增收（元/亩）
2 000mg/L 硅	30	0	90	56.5	565	445
1 333mg/L 硅	20	0	90	53.4	534	424
1 000mg/L 硅	15	0	90	33.8	338	233
667mg/L 硅	10	0	90	21.7	217	117
18%吡唑醚菌酯	0	14	90	35.3	353	263

(续表)

处理	硅肥投入（元）	杀菌剂投入（元）	人工投入（元）	增产量（kg/亩）	增产（元/亩）	增收（元/亩）
2 000mg/L 硅+18%吡唑醚菌酯	30	14	90	74.4	744	624
1 333mg/L 硅+18%吡唑醚菌酯	20	14	90	66.3	663	553
1 000mg/L 硅+18%吡唑醚菌酯	15	14	90	59.9	599	494
667mg/L 硅+18%吡唑醚菌酯	10	14	90	48.7	487	387

四、讨论

1. 可溶性硅和杀菌剂配施对玉米叶绿素含量的影响

近年来，硅作为植物健康生长的有益元素对植物的生理功能备受生物学界的高度关注，李佐同等（2011）研究表明不同浓度 Na_2SiO_3 处理能明显提高玉米苗期叶绿素含量；李清芳等（2007）研究表明干旱胁迫下硅能够提高玉米叶绿素含量，增强光合作用；本次研究结果表明喷施硅肥和杀菌剂后玉米生长前期与对照叶绿素含量差别不大，后期差异显著，第 3 次喷药后第 28 天较第 7 天各处理叶绿素含量下降率较对照缓慢，说明在喷施可溶性硅后，玉米抗病能力增强，叶绿素含量增高，并且降解的速度减慢；混合喷施叶绿素含量高于单喷，单喷 2 000mg/L 可溶性硅叶绿素含量高于其他浓度，其中单喷 18% 吡唑醚菌酯叶绿素含量最低，说明可溶性硅与杀菌剂互作对玉米叶绿素含量影响显著；林少雯等（2018）在温室采用盆栽试验进行了同一水分处理条件土壤不同硅素用量对玉米苗期生理生化指标的影响，结果表明随着硅肥的增加玉米叶绿素含量均有不同程度的增加，说明基施硅肥和叶面喷施硅肥对玉米叶绿素的影响一致。

2. 可溶性硅和杀菌剂配施对玉米茎基腐病的影响

可溶性硅对植物生长发育和抵抗逆境的作用已被大量研究证实，硅肥对一些病原真菌的生长具有抑制作用，喷施到植物表面的硅形成晶体后对病原物的入侵起到物理阻碍作用（宁东峰，2014；李清芳，2007；林少雯，2018）。本研究表明喷施不同浓度可溶性硅肥对玉米茎基腐病的发生有一定控制作用，在供试硅肥浓度范围内，喷施可溶性硅肥浓度越高病情指数越低，防效越显著；单独喷施18%吡唑醚菌酯的防效稍高于单喷不同浓度可溶性硅肥；不同浓度可溶性硅肥与18%吡唑醚菌酯混配防效高于单喷，可溶性硅肥浓度为2 000mg/L时与18%吡唑醚菌酯混配其防效最好，为64.0%，这也与前人的研究结果相符。王丽培（2010）在苗期开沟施用硅钙镁肥降低了因禾谷镰刀菌引起的夏玉米茎腐病的发病率，其中以施硅90kg/hm^{2}处理效果最好。因此，在今后的防治中可以将这两种防治方法相结合，达到更理想的防治效果。

3. 可溶性硅和杀菌剂配施对玉米产量构成因素和产量的影响

本研究表明喷施可溶性硅肥对玉米穗长、穗粗、百粒重、穗粒数、产量性状方面起到了促进作用，对秃尖起抑制作用，这与前人研究结果基本一致。本研究还表明可溶性硅和18%吡唑醚菌酯混合喷施具有明显的增产作用，增幅在10.5%～16.02%，增产48.7～74.4kg/亩；喷施2 000mg/L可溶性硅肥+18%吡唑醚菌酯处理后穗长、穗粗、穗行数、行粒数、百粒重和产量都较对照增幅最大；喷施667mg/L可溶性硅肥其穗长最短、秃尖最长、百粒重和产量最小；不同浓度可溶性硅和杀菌剂混配使用其百粒重和产量都高于单喷，硅肥浓度越高，玉米产量、百粒重增加越显著。王道海（2016）研究表明，在干旱年份施用硅肥玉米抗旱效果明显，增产效果较为显著；赵宏儒等（2004）研究表明，用硅肥作基肥还是作追肥，对玉米的增产效果都十分明显，施35~50kg/亩作基肥，其增产率为6.7%~19.0%，施40kg/亩作追肥，其增产率为17.4%~21.4%；宋淑玲等（2007）研究表明在常规施肥的基础上加施40kg/亩的硅肥后玉米抗病能力明显增强，穗粒数，千粒重及产量显著提高，并且经济合理。

五、结论

本研究在田间进行了可溶性硅肥与杀菌剂混合喷施对玉米茎基腐病的影响，防病和增产效果显著，经济效益分析表明，喷施可溶性硅肥（2 000mg/L）+18%吡唑醚菌酯（1 250mg/L）在玉米制种田投入少、增产高、经济合理，对玉米茎基腐病的防治具有一定的可行性和应用价值，但今后还需进行必要的田间试验示范，并筛选出最佳喷施时期，同时在室内可控环境下进一步试验，探究可溶性硅肥与18%吡唑醚菌酯互作对玉米茎基腐病的防治机理和内在因素，为玉米茎基腐病的防治提供新途径和可靠依据。

第六节　可溶性硅和杀菌剂混施防治技术

一、试验目的

以禾谷镰孢菌为研究对象，在室内测定了不同浓度可溶性硅和不同杀菌剂及其互配对禾谷镰孢菌生长的影响。

二、材料与方法

1. 试验材料

（1）供试菌种　禾谷镰孢菌（*Fusarium gramincarum*），由甘肃省农业工程技术研究院植物病理学实验室提供，为单孢分离后培养菌株。

（2）供试硅　可溶性硅肥（途保康）（Si＝50g/L），江门市植保有限公司提供。

（3）供试药剂　详见表10-12。

表10-12　供试药剂

供试药剂	剂型	供试浓度（mg/L）	生产厂家
32.5%苯甲·嘧菌酯	WP	250、125、62.5、31.25、15.63	先正达投资有限公司生产
43%戊唑醇	SC	312.5、156.25、78.13、39.06、19.50	江苏七州绿色化工股份有限公司
5%香芹酚	AS	10.00、5.00、2.50、1.25、0.63	兰州世创生物科技有限公司
2.5%咯菌腈	FS	250、125、62.5、31.25、15.63	先正达南通作物保护有限公司
3%苯醚甲环唑	FS	50.00、25.00、12.50、6.25、3.08	瑞士先正达作物保护有限公司
25%吡唑醚菌酯	SC	1.00、0.50、0.25、0.125、0.063	德国巴斯夫有限公司
40%咯菌腈·氟唑菌酰羟胺	FS	0.125、0.063、0.032、0.016、0.008	先正达投资有限公司
20%苯醚甲环唑·7.5%氟唑菌酰羟胺	FS	1 000	先正达投资有限公司

2. 试验方法

（1）不同浓度可溶性硅对禾谷镰孢菌生长的影响　试验共设4个处理，分别吸取1mL、3mL和5mL可溶性硅倒入3个装有150mLPDA培养基的三角瓶中，分别配成含有333.3mg/L、999.9mg/L、1 666.7mg/L可溶性硅的培养基进行高压灭菌，在培养皿中制成含硅PDA平板。用打孔器（直径为6mm）打取正常PDA平板中培养的禾谷镰孢菌块，移入加硅PDA平板中央，以不加硅为空白对照，共设4个处理，每个处理3次重复，置25℃恒温培养箱中黑暗培养，3d后以十字交叉法测量菌落直径，计算抑制率。

（2）不同杀菌剂对禾谷镰孢菌的毒力测定　采用含毒介质法测定7种供试杀菌剂对禾谷镰孢菌的毒力。量取50mLPDA培养基，分别装入250mL容量三角瓶中进行高压灭菌，灭菌以后冷却至45℃左右，量取5mL不同浓度的供试杀菌剂加入三角瓶中，摇匀后倒入90mm培养皿中，待培养基冷却后将禾谷镰孢菌的菌饼分别移入含有药剂的PDA平板中央，加以无菌水处理作空白对照，每个处理3次重复，置25℃恒温培养箱中黑暗培养，3d后以十字交叉法测量菌落直径，计算菌丝生长相对抑制率。

（3）不同杀菌剂与可溶性硅混配对禾谷镰孢菌生长的影响　分别量取1mL、3mL和5mL的可溶性硅倒入装有PDA培养基的三角瓶中定容至50mL，进行高压灭菌，灭菌以后冷却至50～55℃，量取5mL适当浓度的杀菌剂（50.00mg/L苯醚甲环唑，2.50mg/L香芹酚，0.03mg/L咯菌腈·氟唑菌酰羟胺，1.00mg/L吡唑醚菌酯，1.00mg/L咯菌腈，1.00mg/苯甲·嘧菌酯）加入含不同含量可溶性硅的PDA培养基三角瓶中，摇匀后倒入90cm培养皿中，待培养基冷却后用灭菌打孔器打取直径6mm的禾谷镰孢菌菌饼，分别移入平板中央，以加无菌水做空白对照，每个处理3次重复，置25℃恒温培养箱中黑暗培养，3 d后以十字交叉法测量菌落直径，计算菌丝生长相对抑制率。

（4）田间药效试验　试验地位于甘肃省武威市凉州区黄羊镇的甘肃亚盛种业黄羊河有限责任公司试验基地，2016年该地块玉米茎腐病发生特别严重，发病率为78%；2017年发病较严重，发病率为56%，该地块连作玉米19年。采用田间随机区组试验，以感病玉米品种晋糯205为研究对象，共设13个处理和1个清水对照，分别为T1（2 000mg/L的戊唑醇）、T2（1 000mg/L的苯醚甲环唑）、T3（500mg/L的苯甲·嘧菌酯）、T4（1 250mg/L的吡唑嘧菌酯）、T5（1 000mg/L的20%苯醚甲环唑·氟唑菌酰羟胺）、T6（500mg/L的40% 25%咯菌腈·15%氟唑菌酰羟胺）、T7（2 000mg/L可溶性硅）、T8（2 000mg/L的戊唑醇+2 000mg/L可溶性硅）、T9（1 000mg/L的苯醚甲环唑+2 000mg/L可溶性硅）、T10（500mg/L的苯甲·嘧菌酯+2 000mg/L可溶性硅）、T11（1 250mg/L的吡唑嘧菌酯+2 000mg/L可溶性硅）、T12（1 000mg/L的20%苯醚甲环唑·氟唑菌酰羟胺+2 000mg/）、T13（500mg/L咯菌腈·氟唑菌酰羟胺+2 000mg/L可溶性硅）。在播种时用禾谷镰孢菌分生孢子悬浮液（1×10^7个/mL）与成膜剂拌种接种。在玉米大喇叭口期（2018年6月15日）和灌浆期（2018年7月19日）进行各药剂喷雾处理，以喷清水作为对照，试验设3次重复，每个小区长8m，宽5m，播种密度90 000株/hm^2，四周设保护行，每次喷药后观察药害情况。

玉米茎腐病田间分级标准参考李春霞等（2001）方法并加以改进：0级，植株正常生长；1级，病株由下而上枯黄，枯黄叶片占全株叶片的1/4以下，茎基部和果穗生长正常；2级，枯黄叶片占全株叶片1/4～1/2，茎基部1～2节稍有水渍状，果穗生长正常；3级，枯黄叶片占全株叶片1/2～2/3，茎基部变软，果穗下垂；4级，枯黄叶片占全株叶片的2/3以上，茎基部明显变软但不倒伏，果穗下垂；5级：玉米全株叶片枯死，茎基部明显变软并倒伏，果穗下垂，干瘪。在每次喷药后7 d用美国产CCM-200型手持式叶绿素仪测定各处理玉米叶绿素含量，在玉米乳熟期及蜡熟期，调查各处理发病率，计算病情指数及防效，采收后测定实收产量。

3. 数据处理与分析

采用Excel 2010对试验数据进行录入处理，使用SPSS 20.0进行单因素方差分析，并用Duncan法进行多重比较。以药剂浓度对数为横坐标（X），以相对抑制率的概率值为纵坐标（Y），用Microsoft Excel软件绘制标准曲线，求得毒力回归方程$Y=aX+b$、相关系数R、计算供试药剂对病原菌的抑制中浓度（EC50），根据毒力回归方程的EC50值进行药剂毒力比较。

抑菌率＝［对照菌落直径－处理菌落直径］/对照菌落直径×100%

病情指数＝［Σ（各级的病株数×相对级数值）／（调查总株数×最高级数值）］×100%

防治效果＝［（对照病情指数－处理病情指数）/对照病情指数］×100%

三、结果与分析

1. 可溶性硅对禾谷镰孢菌生长的影响

不同浓度可溶性硅对禾谷镰孢菌均有一定抑制作用。333.3mg/L、999.9mg/L、1666.7mg/L，硅对禾谷镰孢菌生长抑制率分别为 19.4%、26.9%、30.3%（图 10-3，表 10-13），三者相互间差异极显著（$P>0.05$）。可溶性硅浓度与禾谷镰孢菌生长的抑制率呈正相关，各处理抑制率在 0.05 水平上与对照差异显著，333.3mg/L、999.9mg/L 和 1 666.7mg/L 硅处理后菌落直径与对照差异显著（$P>0.05$），而 999.9mg/L 和 1 666.7mg/L 硅处理两者菌落直径差异不显著（$P>0.05$）。

CK　　　Si（333.3mg/kg）　　　Si（999.9mg/kg）　　　Si（1 666.7mg/kg）

图 10-3　不同浓度可溶性硅对禾谷镰孢菌生长的影响

表 10-13　不同浓度可溶性硅对禾谷镰孢菌生长的影响

硅（mg/L）	菌落直径（cm）				抑菌率（%）
	Ⅰ	Ⅱ	Ⅲ	平均	
333.3	4.5*4.8	5*4.9	5*4.8	4.8 b	19.4 a
999.9	4.9*5	4.3*4.2	3.9*4	4.4 c	26.9 b

(续表)

硅（mg/L）	菌落直径（cm）				抑菌率（%）
	Ⅰ	Ⅱ	Ⅲ	平均	
1 666.7	4.3*4.2	4.6*4.8	3.5*3.7	4.2 c	30.3 c
CK	6.0*6.0	5.8*6.0	6.1*6.1	6.0 a	—

注：小写字母表示5%水平下的差异显著性。

2. 不同药剂对禾谷镰孢菌的毒力

供试7种药剂，随浓度上升，抑菌率呈上升趋势，不同药剂在不同浓度条件下对玉米茎腐病菌的抑制率存在明显差异。40%咯菌腈·氟唑菌酰羟胺浓度为0.031 75～0.125 00mg/L时、2.5%咯菌腈浓度为800mg/L时、5%香芹酚浓度为10mg/L时的抑菌率达100%，抑菌效果显著；各供试药剂浓度与玉米茎腐病菌的抑制率呈正相关，浓度越大，抑菌效果随之增强。从供试药剂的毒力分析来看，40%咯菌腈·氟唑菌酰羟胺最大，EC50为0.008mg/L；其次是25%吡唑醚菌酯EC50，为0.05mg/L；43%戊唑醇和3%苯醚甲环唑的效果较好，EC50分别为0.34mg/L和0.87mg/L；32.5%苯甲·嘧菌酯和2.5%咯菌腈的效果较差，EC50分别为91.35mg/L和75.36mg/L（表10-14）。

表10-14 不同药剂对禾谷镰孢菌的室内毒力测定

供试药剂	毒力回归方程	EC50（mg/L）	R
苯醚甲环唑	Y=0.5126X+5.031	0.87	0.984
5%香芹酚	Y=2.714X+4.7450	1.242	0.932
40%咯菌腈·氟唑菌酰羟胺	Y=4.4927X+14.5200	0.008	0.981
2.5%咯菌腈	Y=2.5693X+0.0162	75.36	0.845

（续表）

供试药剂	毒力回归方程	EC50 （mg/L）	R
32.5%苯甲嘧菌酯	Y=0.8602X+3.3134	91.35	0.987
25%吡唑醚菌酯	Y=0.4127X+5.5358	0.05	0.974
43%戊唑醇	Y=0.3340X+5.1570	0.34	0.980

3. 可溶性硅与杀菌剂混配对禾谷镰孢菌生长的影响

表10-15结果表明，可溶性硅与苯醚甲环唑按不同比例混配均能促进对禾谷镰孢菌的抑制，可溶性硅与50mg/L苯醚甲环唑按1:5混配抑制率最高，为83.89%，较单施50mg/L苯醚甲环唑抑制率增加2.78%，较单施硅抑制率增加64.49%；可溶性硅与吡唑醚菌酯、2.5%咯菌腈、32.5%苯甲·嘧菌酯按不同比例混配均能促进对禾谷镰孢菌的抑制，按1:1混配抑制率最高分别为85.4%、89.81%和84.54%，较单施1mg/L吡唑醚菌酯抑制率分别增加7.31%、29.69%和39.04%，较单施硅抑制率分别增加56.18%、59.51%和54.14%；可溶性硅与5%香芹酚按不同比例混配对禾谷镰孢菌互作效应不同，可溶性硅与2.5mg/L 5%香芹酚按1:5混配较单施5%香芹酚降低对禾谷镰孢菌的抑制率，按3:5和1:1混配较单施5%香芹酚提高对禾谷镰孢菌的抑制，可溶性硅与2.5mg/L 5%香芹酚按1:1混配后的抑制率最高为71.48%，较单施5%香芹酚抑制率增加4.27%，较单施硅抑制率增加41.18%；与单施40%咯菌腈·氟唑菌酰羟胺相比，可溶性硅与咯菌腈·氟唑菌酰羟胺按不同比例混配均能降低对禾谷镰孢菌的抑制率，抑制率较单施咯菌腈·氟唑菌酰羟胺降低8.7%~12.87%，按1:1混配降幅最大，而与单施可溶性硅相

比两者按不同比例混配能增强对禾谷镰孢菌的抑制。

表 10-15 可溶性硅与不同杀菌剂混配对禾谷镰孢菌生长的影响

供试药剂	药剂浓度（mg/L）	硅与杀菌剂的比例	菌落直径（mm）	抑菌率（%）	较单施杀菌剂抑菌率（±%）	较单施硅抑菌率（±%）
苯醚甲环唑	50.0	1∶5	1.45	83.89 a	+2.78	+64.49
	50.0	1∶3	1.62	82.04 a	+0.93	+55.14
	50.0	1∶1	1.65	81.67 a	+0.56	+51.37
	50.0	0	1.70	81.11 a	—	
5%香芹酚	2.5	1∶5	3.13	65.19 b	-2.02	+45.79
	2.5	1∶3	2.70	70.00 a	+2.79	+43.1
	2.5	1∶1	2.57	71.48 a	+4.27	+41.18
	2.5	0	2.95	67.21ab	—	—
40%L咯菌腈·氟唑菌酰羟胺	0.03	1∶5	1.15	87.22 c	-12.78	+67.82
	0.03	1∶3	0.92	89.81 b	-10.19	+62.91
	0.03	1∶1	0.78	91.30 b	-8.7	+61
	0.03	0	0.6	100 a	—	—
25%吡唑醚菌酯	1.00	1∶5	2.15	81.25 bc	+2.08	+61.8
	1.00	1∶3	1.42	84.26 ab	+5.09	+57.36
	1.00	1∶1	1.22	86.48 a	+7.31	+56.18
	1.00	0	1.87	79.17 c	0.00	—
2.5%咯菌腈	2.00	1∶5	1.42	84.26 b	+24.14	+64.86
	2.00	1∶3	1.07	88.15 a	+28.03	+61.25
	2.00	1∶1	0.92	89.81 a	+29.69	+59.51
	2.00	0	3.59	60.12 c	0.00	—

（续表）

供试药剂	药剂浓度（mg/L）	硅与杀菌剂的比例	菌落直径（mm）	抑菌率（%）	较单施杀菌剂抑菌率（±%）	较单施硅抑菌率（±%）
32.5%苯甲·嘧菌酯	1.00	1∶5	2.10	76.67 b	+31.27	+57.27
	1.00	1∶3	1.42	84.26 a	+38.86	+57.36
	1.00	1∶1	1.40	84.44 a	+39.04	+54.14
	1.00	0	4.91	45.4 c	—	—
CK	—	—	9.00	—	—	—

4. 喷施可溶性硅肥+杀菌剂混剂对玉米茎腐病发生的影响

调查发现，2次喷药后各处理对玉米安全，无药害发生，所有处理对玉米茎腐病均有一定防效。单喷杀菌剂对玉米茎腐病的防效为14.54%～34.15%，喷施500mg/L的咯菌腈·氟唑菌酰羟胺的防效最好，其次为2 000mg/L的可溶性硅；除500mg/L的咯菌腈·氟唑菌酰羟胺和可溶性硅混剂喷雾防效低于单喷杀菌剂外，其他杀菌剂和可溶性硅混合喷雾防效均高于单制剂喷雾。喷施2 000mg/L可溶性硅肥+18%吡唑醚菌酯防效最好，为43.80%，与其他处理差异显著；2 000mg/L的可溶性硅肥和1 000mg/L的20%苯醚甲环唑·氟唑菌酰羟胺混喷次之，为40.60%；单喷32.5%苯甲·嘧菌酯防效最低，为14.54%（表10-16）。

表10-16 混合喷施可溶性硅和杀菌剂对玉米茎基腐病的影响

处理	平均病情指数	防效（%）
2 000mg/L的戊唑醇	32.10 ab	18.73 c
1 000mg/L的苯醚甲环唑	30.01 ab	24.02 bc
500mg/L的苯甲·嘧菌酯	33.76 ab	14.54 c

(续表)

处理	平均病情指数	防效（%）
1 250mg/L 的吡唑嘧菌酯	26.01 ab	34.15 ab
1 000mg/L 的 20%苯醚甲环唑·氟唑菌酰羟胺	28.53 ab	27.77 bc
500mg/L 的咯菌腈·氟唑菌酰羟胺	24.49 ab	38.00 ab
2 000mg/L 可溶性硅	25.48 ab	35.50 ab
2 000mg/L 的戊唑醇+2 000mg/L 可溶性硅	24.20 ab	38.73 ab
1 000mg/L 的苯醚甲环唑+2 000mg/L 可溶性硅	24.87 ab	37.05 ab
500mg/L 的苯甲·嘧菌酯+2 000mg/L 可溶性硅	24.95 ab	36.83 ab
1250mg/L 吡唑嘧菌酯+2 000mg/L 可溶性硅	22.20 a	43.80 a
1 000mg/L 的 20%苯醚甲环唑·氟唑菌酰羟胺+2 000mg/L 可溶性硅	23.46 ab	40.60 ab
500mg/L 的 40%咯菌腈·氟唑菌酰羟胺+2 000mg/L 可溶性硅	24.96 ab	36.81 ab
CK	39.5 b	—

5. 喷施可溶性硅和杀菌剂等对玉米产量的影响

由表 10-17 可以看出，喷施可溶性硅和杀菌剂后，不同处理玉米产量与对照差异极显著，除 500mg/L 的咯菌腈·氟唑菌酰羟胺和可溶性硅混合喷雾后产量低于单喷外，混合喷雾可溶性硅和其他杀菌剂产量都高于单独喷雾硅肥和杀菌剂，单独喷雾咯菌腈·氟唑菌酰羟胺产量高于其他杀菌剂，为12 219.3kg/hm²，较对照增产12.4%；混合喷雾2 000mg/L 可溶性硅肥+1 250mg/L吡唑醚菌酯后产量最高，为12 513.9 kg/hm²，产量较对照增加 15.74%；喷施32.5%苯甲·嘧菌酯玉米产量最低，为11 480.7kg/hm²，较对照增产 6.18%。

表 10-17 喷施可溶性硅和杀菌剂对玉米产量的影响

处理	产量（kg/hm²）	增产率（%）
2 000mg/L 的戊唑醇	1 140.0 769.60 d	6.77 c
1 000mg/L 的苯醚甲环唑	1 1784.3785.62 cd	8.99 bc
500mg/L 的苯甲·嘧菌酯	11 480.7765.38 d	6.18 c
1 250mg/L 的吡唑嘧菌酯	12 100.2806.68 abc	11.91 ab
1 000mg/L 的 20%苯醚甲环唑·氟唑菌酰羟胺	11 917.2794.48 bcd	10.22 bc
500mg/L 的咯菌腈·氟唑菌酰羟胺	12 219.3 814.62 abc	12.40 ab
2 000mg/L 可溶性硅	12 063.75804.25 abc	11.58 ab
2 000mg/L 的戊唑醇+2 000mg/L 可溶性硅	12 158.7810.58 abc	12.46 ab
1 000mg/L 的苯醚甲环唑+2 000mg/L 可溶性硅	12 184.5812.3 abc	12.69 ab
500mg/L 的苯甲·嘧菌酯+2 000mg/L 可溶性硅	12 090 806.00 abc	11.82 ab
1 250mg/L 的吡唑嘧菌酯+2 000mg/L 可溶性硅	12 513.9834.26 a	15.74 a
1 000mg/L 的 20%苯醚甲环唑·氟唑菌酰羟胺+2 000mg/L 可溶性硅	12 384.3825.62 a	14.54 ab
500mg/L 咯菌腈·氟唑菌酰羟胺+2 000mg/L 可溶性硅	12 153.0810.20 abc	12.40 ab
CK	10 812 720.8 e	—

四、结论与讨论

玉米茎腐病是一种典型的土传病害，病原种类复杂多样，以禾谷镰孢菌为主的玉米茎腐病对我国北方玉米特别是制种玉米造成严重的为害。本研究表明，不同浓度可溶性硅对玉米茎腐病菌禾谷镰孢菌有一定抑制作用，各处理与对照差异显著（$P>0.05$），且可溶性硅浓度越大，对禾谷镰孢菌生长的抑制率越高，这与梅丽艳等（2000）研究结果不一致，可能是梅丽艳等所用材料硅为硅粉，硅粉是不溶入水的，而本研究所用硅为可溶于水的硅酸盐，对禾谷镰孢菌的作用不一致，具体作用机理还有待进一步研究。张丹丹等（2010）研究表明，对玉米茎腐病病原菌 *F. graminearum* 毒力较强的药剂是咯菌腈、咯菌腈·精甲霜灵和多菌灵等，和 EC50 分别是 0.03mg/kg、0.30mg/kg、0.56mg/kg。赵应娟等（2015）研究表明，氰烯菌酯和多菌灵对小麦赤霉病菌 *F. graminearum* 的毒力强，EC50 分别为 $0.23\mu g/mL$ 和 $0.25\mu g/mL$，甲基硫菌灵和三唑酮的抑菌作用明显较差。本研究表明，40%咯菌腈·氟唑菌酰羟胺、25%吡唑醚菌酯、43%戊唑醇和3%苯醚甲环唑对禾谷镰孢菌毒力较强，EC50 分别为 0.008mg/L、0.05mg/L、0.34mg/L 和 0.87mg/L，而咯菌腈对禾谷镰孢菌的毒力较小，EC50 为 75.36mg/L。本研究还表明，纯植物制剂生物农药5%香芹酚对玉米茎腐病菌有较好的抑制作用，毒力较高，EC50 为 1.242mg/L。张博等（2018）研究不同生物制剂对小麦根腐病菌 *F. graminearum* 的毒力，表明申嗪霉素和乙蒜素能有效抑制禾谷镰孢菌的生长，在田间对根腐病也有较好的防治效果。今后要选择不同类型的生物制剂测定其对玉米茎腐病菌的毒力，并进行田间试验验证，为玉米茎腐病的生物防治提供理论依据。

可溶性硅与3%苯醚甲环唑、25%吡唑醚菌酯、2.5%咯菌腈、32.5%苯甲·嘧菌酯按不同比例混配都能够提高对禾谷镰孢菌的抑制率，可溶性硅与5%香芹酚按不同比例混配对禾谷镰孢菌互作效应不同，可溶性硅与咯菌腈·氟唑菌酰羟胺按不同比例混配均降低对禾谷镰孢菌的抑制率，抑制率较单施咯菌腈·氟唑菌酰羟胺降低 8.7%～12.87%，按 1：1 混配降幅最大，这说明不同药剂与可溶性硅互配对禾谷镰孢的效应不同，其内在的机理还需要进一步探讨。

田间试验表明，可溶性硅与 25%吡唑醚菌酯、43%戊唑醇、32.5%苯甲·嘧菌酯等 6 种药剂混合后喷雾防治效果和产量都高于单独喷施，而 40%咯菌腈·氟唑菌酰羟胺单独喷雾效果较好，混合喷雾防效和产量都低于单独喷雾，说明在田间防治时可溶性硅与 40%咯菌腈·氟唑菌酰羟胺要错期喷雾，可能会达到较好防效，在今后有必要验证错期喷雾咯菌腈·氟唑菌酰羟和可溶性硅对玉米茎腐病的防治效果。本研究筛选对玉米茎腐病防效较好的药剂及配方，为玉米茎腐病的防治提供必要参考，今后在喷雾可溶性硅和杀菌剂的基础上，结合种子包衣、基施生物菌肥等措施进行进一步的试验，为由禾谷镰孢菌引起的玉米茎腐病的绿色防控探索最优方案。

第七节　杀菌剂对玉米穗腐病的毒力测定及田间药效试验

一、试验目的

通过菌丝生长速率法测定几种杀菌剂对玉米穗腐病的室内毒力，并在此基础上对抑制毒力较强的 4 种杀菌剂进行田间药效试验,筛选出有效防治玉米穗腐病的杀菌剂,为玉米穗腐病的防治提供参考依据。

1 材料与方法

1.1 供试材料

供试菌种:拟轮枝镰刀菌(*Fusarium verticillioides*),由甘肃省农业工程技术研究院植物病理学实验室提供,为单孢分离后培养菌株。

供试培养基:马铃薯葡萄糖琼脂培养基(Potato Dextrose Agar medium,PDAM),马铃薯200g,葡萄糖20g,琼脂粉17g,纯净水1 000mL,将马铃薯洗净去皮,再称取200克切成小块,加入1 000毫升蒸馏水,煮沸半小时后,用八层纱布过滤,在滤液中加入17克琼脂,继续加热搅拌均匀,待琼脂溶解完后加入葡萄糖20克,搅拌均匀,补足水分至1 000mL,分装到三角瓶中,加塞并包扎好,115℃灭菌20min备用。

供试药剂:选用8种杀菌剂供试验,详见表10-18。

表10-18 试验药剂基本情况

序号	杀菌剂	剂型	生产厂家
1	10%叶菌唑悬浮剂	悬浮剂SC	安徽久易有限公司
2	30%丙硫菌唑可分散性悬浮剂	悬浮剂SC	通州先正大农药化工有限公司
3	25%吡唑醚菌酯悬浮剂	悬浮剂SC	河北成悦化工有限公司
4	25g/L咯菌腈悬浮种衣剂	悬浮剂SC	先正达南通作物保护有限公司
5	43%氟菌·肟菌酯悬浮剂	悬浮剂SC	拜尔有限公司
6	70%噁霉灵可湿性粉剂	可湿性粉剂WP	天津市绿亨化工有限公司
7	25%氰烯菌酯悬浮剂	悬浮剂SC	江苏省农药研究所股份有限公司
8	30%肟菌戊唑醇悬浮剂	悬浮剂SC	德国拜尔股份有限公司

1.2 试验方法

1.2.1 室内毒力测定

采用菌丝生长速率法测定 8 种杀菌剂对玉米穗腐病病原拟轮枝镰刀菌的室内毒力，根据预试验结果每种药剂配置成 5 个不同浓度，分别将不同浓度的杀菌剂按照体积 1∶9 的比例加入到冷却至 50℃ 的 PDA 培养基中，充分混匀制成含药平板，每个处理 3 次重复，以添加等体积无菌水的 PDA 培养基为对照。用直径 5mm 的无菌打孔器打取菌饼，接种于含药培养基上，之后将培养皿置于光照培养箱中在 25℃ 条件下培养 72h，采用十字交叉法测量不同浓度药剂处理菌落直径，与对照比较计算各药剂处理对菌丝生长的抑制率，分析比较不同杀菌剂对供试病菌菌丝生长的影响（表 10-19）。

抑菌率 =（对照菌落直径 - 处理菌落直径）/（对照菌落直径 - 菌饼直径）×100%。

将药剂浓度换算成对数值作为自变量 x，抑菌率的几率值作为因变量 y，通过 Excel 软件建立毒力回归方程 $Y = A + BX$，利用此方程求得几率值为 5（校正死亡率为 50%）时的浓度，即为 EC_{50} 的浓度对数值，算出 EC_{50} 值，根据 EC_{50} 值进行药剂毒力大小比较，EC_{50} 越小，说明病菌对该药剂越敏感。

表 10-19 8 种药剂的施用剂量处理

杀菌剂	杀菌剂	杀菌剂	杀菌剂
	0.25		2.5
	0.05		0.5
10%叶菌唑	0.025	70%噁霉灵	0.25
	0.005		0.05
	0.0025		0.025

(续表)

杀菌剂	杀菌剂	杀菌剂	杀菌剂
	0.25		2.5
	0.225		0.5
30%丙硫菌唑	0.0025	25%氰烯菌酯	0.25
	0.0005		0.05
	0.00025		0.025
	2.5		0.5
	0.5		0.25
25%吡唑醚菌酯	0.25	25g/L咯菌腈	0.05
	0.05		0.025
	0.025		0.005
	2.5		0.05
	0.5		0.025
43%氟菌·肟菌酯	0.25	30%肟菌戊唑醇	0.005
	0.05		0.0025
	0.025		0.0005

1.2.2 田间药效试验

试验地设在甘肃省农业工程技术研究院黄羊试验田，采用完全随机区组化设计，每个小区面积 $25m^2$，根据室内毒力测定结果，选择室内抑菌效果较好的4种药剂进行田间药效试验，供试杀菌剂根据制剂田间推荐浓度使用，设置最大浓度、最小浓度、中间偏大浓度和中间偏小浓度等4个浓度梯度，以喷施等量清水作对照，共17个处理，各处理3次重复，共51个小区。其中，10%叶菌唑 $240mL/hm^2$、$360mL/hm^2$、$480mL/hm^2$ 和 $600mL/hm^2$，25%吡唑嘧菌酯 $150mL/hm^2$、$260mL/hm^2$、$370mL/hm^2$ 和 $480mL/hm^2$，丙硫菌唑 240mL/hm²、360mL/hm²、480mL/hm² 和 600mL/hm²，氰烯菌酯 1 490mL/hm²、1 990mL/hm²、2 490mL/hm² 和 2 990mL/hm²，玉米吐丝后 5~20d，选择适宜果穗，将培养 7 天的病原菌打成 8mm 的菌饼，用牙签刮取菌饼上菌丝并排插入果穗中部进行人工接种。在玉米灌浆期采用卫士-16 喷雾器进行穗部喷雾，连续施药 2 次，间隔 7d（表 10-20）。

表 10-20 试验药剂基本情况　　　　　单位：mL/hm²

序号	杀菌剂	药剂浓度
1	10%叶菌唑悬浮剂	240、360、480、600
2	30%丙硫菌唑可分散性悬浮剂	240、360、480、600
3	25%吡唑醚菌酯悬浮剂	150、260、370、480
4	25%氰烯菌酯悬浮剂	1 490、1 990、2 490、2 990

在玉米完熟期，将各处理接种的玉米果穗剥去苞叶，逐个调查记载发病穗数及发病级别（表 10-21），每小区调查 30 株，计算病情指数，根据各药剂处理的病情指数及空白对照组的病情指数计算防治效果。穗腐病的病情级别划分如下：1 级为发病面积占果穗总面积的 0~1%；3 级为发病面积占果穗总面积的 2%~10%，5 级为发病面积占果穗总面积的 11%~25%，7 级为发病面积占果穗总面积的 26%~50%；9 级为发病面积占果穗总面积的 51%~100%。

病情指数=Σ（各级病穗数×各级代表值）/（调查总穗数×最高级代表值）×100%

防治效果（%）=［（发病对照病情指数-处理病情指数）/发

病对照病情指数］×100%

表 10-21 玉米穗腐病抗性评价标准

病情级别	评价标准
1	发病面积占果穗总面积的 0~1%
3	发病面积占果穗总面积的 2%~10%
5	发病面积占果穗总面积的 11%~25%
7	发病面积占果穗总面积的 26%~50%
9	发病面积占果穗总面积的 51%~100%

1.2.3 室内考种

每个处理取 10 个果穗装入尼龙网袋中晾晒,晾干后进行室内考种,测量处理果穗穗长、穗粗、穗行数、行粒数、百粒重、秃尖长、含水量和穗粒重。

1.3 数据处理

数据采用 Microsoft Excel 2003 进行统计和回归分析。采用统计软件 SPSS 进行 ANOVA 单因素方差分析,处理间差异显著以最小差数法（LSD）检验。

2 结果与分析

2.1 杀菌剂对病原真菌菌丝生长的抑制效应

从表 10-22 可以看出,随着杀菌剂浓度逐渐增大,对菌落直径的抑制率逐渐增加,10%叶菌唑浓度增大 100 倍,其抑菌率增加 26 百分点;30%丙硫菌唑浓度增大 100 倍,其抑菌率增加 30.21 百分点;25%吡唑醚菌酯浓度增大 100 倍,其抑菌率增加 27.13 百分点;氟菌·肟菌酯浓度增大 100 倍,其抑菌率增加 28.17 百分点;70%噁霉灵浓度增大 100 倍,其抑菌率增加 73.03 百分点。

表 10-22　杀菌剂对拟轮枝镰刀菌菌丝的抑制

杀菌剂	质量浓度/(mg/L)	菌落直径（mm）		抑菌率/（%）
		对照	处理	
10%叶菌唑	0.25	74.41	7.80	89.51
	0.05		9.19	87.65
	0.025		18.13	75.63
	0.005		27.37	63.21
	0.0025		35.07	52.86
30%丙硫菌唑	0.25	74.41	38.60	48.12
	0.005		46.03	38.14
	0.0025		61.09	17.91
	0.0005		64.00	13.99
	0.00025		68.31	8.2
25%吡唑醚菌酯	2.5	74.41	13.23	82.22
	0.5		27.07	63.63
	0.25		28.10	62.24
	0.05		30.40	59.14
	0.025		33.42	55.09
43%氟菌·肟菌酯	0.25	80.45	33.50	46.95
	0.05		41.00	39.45
	0.025		47.33	33.12
	0.005		54.50	25.95
	0.0025		61.67	18.78
70%噁霉灵	2.5	74.41	20.22	80.94
	0.5		50.99	39.59
	0.25		63.83	22.33
	0.05		67.97	16.78
	0.025		74.56	7.91

(续表)

杀菌剂	质量浓度/(mg/L)	菌落直径（mm）对照	菌落直径（mm）处理	抑菌率/(%)
25%氰烯菌酯	2.5	74.41	10.10	94.54
	0.5		14.03	89.26
	0.25		16.16	85.80
	0.05		32.91	63.89
	0.025		62.79	23.73
25g/L 咯菌腈	0.5	80.45	36.70	58.8
	0.25		27.11	71.69
	0.05		26.40	72.52
	0.025		36.20	59.47
	0.005		73.87	8.85
30%肟菌戊唑醇	0.05	80.45	46.00	34.45
	0.025		53.67	26.78
	0.005		55.83	24.62
	0.0025		65.33	15.12
	0.0005		71.67	8.78

2.2 室内毒力测定结果

由表 10-23 可以看出，8 个毒力回归方程相关系数 R 均超过 0.9，说明 x、y 高度相关，用来计算供试药剂毒力有效。

表 10-23 显示，8 种杀菌剂对拟轮枝镰刀菌均具有较好的抑制效果，10%叶菌唑对拟轮枝镰刀菌的抑制效果显著优于其他药剂，其 EC_{50} 值为 0.0015ug/mL，其余 7 种供试药剂抑制样本菌落的毒力由强到弱依次为：25%吡唑醚菌酯、30%丙硫菌唑、25%氰烯菌酯、43%氟菌肟菌酯、25g/L 咯菌腈、30%肟菌戊唑醇和 70%噁霉

灵，EC_{50} 值分别 0.0163 < 0.0314 < 0.0451 < 0.0722 < 0.0883 < 0.1187<0.6482。

表 10-3　不同杀菌剂对拟轮枝镰刀菌的毒力测定

药剂	毒力回归方程	抑制中浓度（mg/L）	相关系数（R）
10%叶菌唑	y＝0.6182x+6.7426	0.0015	0.9663
25%吡唑醚菌酯	y＝0.3509x+5.6278	0.0163	0.9006
30%丙硫菌唑	y＝0.635x+5.9548	0.0314	0.9086
25%氰烯菌酯	y＝1.0697x+6.44	0.0451	0.9380
43%氟菌·肟菌酯	y＝0.4537x+5.518	0.0722	0.9886
25g/L咯菌腈	y＝0.7375x+5.9576	0.0883	0.9418
70%噁霉灵	y＝1.0593x+5.2201	0.6482	0.9598
30%肟菌戊唑醇	y＝0.4994x+5.4622	0.1187	0.9660

2.3　田间药效试验结果

如表 10-24，田间药效试验结果表明：4 种杀菌剂在大田实际应用环境下，对拟轮枝镰孢菌穗腐病均有一定的防治效果，能降低穗腐病病情。在药剂推荐剂量的最小浓度到最大浓度之间，10%叶菌唑防效为 69.44%～80.56%，25%吡唑醚菌酯防效为 61.11%～69.44%，30%丙硫菌唑防效为 46.30%～50.93%，25%氰烯菌酯防效为 64.81%～75.00%。由此可见 10%叶菌唑田间防效最好，25%氰烯菌酯和 25%吡唑醚菌酯防效次之，30%丙硫菌唑田间防效最低。

表 10-24 不同处理对玉米穗腐病的防治效果

处理	浓度/(mL/hm^2)	病情指数	防效（%）
CK		(60.00±3.33) aA	—
10%叶菌唑	240	(18.33±2.89) defgEF	(69.44±4.81) abcdAB
	360	(16.11±3.47) defgEF	(73.15±5.78) abcdAB
	480	(13.33±3.33) fgEF	(77.78±5.56) abAB
	600	(11.67±2.89) gF	(80.56±4.81) aA
25%吡唑醚菌酯	150	(23.33±3.33) cdBCDE	(61.11±5.56) deBCD
	260	(21.67±2.89) deCDEF	(63.89±4.81) cdABCD
	370	(20.00±0.00) defDEF	(66.67±0.00) bcdABC
	480	(18.33±2.89) defgEF	(69.44±4.81) abcdAB
30%丙硫菌唑	450	(32.22±8.39) bB	(46.30±13.98) fD
	550	(32.22±1.92) bB	(46.30±3.21) fD
	650	(31.67±2.89) bBC	(47.22±4.81) fD
	750	(29.44±5.85) bcBCD	(50.93±9.76) efCD
25%氰烯菌酯	1490	(21.11±6.94) defDEF	(64.81±11.56) bcdABC
	1990	(20.00±5.00) defDEF	(66.67±8.33) bcdABC
	2490	(16.67±5.77) defgEF	(72.22±9.62) abcdAB
	2990	(15.00±1.67) efgEF	(75.00±2.78) abcAB

注：表中同列数据为平均值±SE，同列数据后不同大写字母表示差异极显著（$P \leq 0.01$），不同小写字母表示差异显著（$P \leq 0.05$）。

2.4 室内考种结果

根据表 10-25 室内考种结果，与清水对照相比，各处理玉米行粒数、穗粒重和秃尖长均有显著变化，各处理组的玉米行粒数均比对照组多，穗粒重比对照组更重，处理组秃尖长大部分比对照短。

表 10-25 不同处理对玉米产量构成因素的影响

处理	穗长（cm）	穗行数	行粒数	秃尖（cm）	百粒重（g）	穗粗（cm）
CK	12.70±0.26a	15.93±0.50abc	18.67±1.61a	1.27±0.12a	31.15±0.38	4.33±0.03c
10%叶菌唑1	14.58±0.38bcd	16.27±0.61abc	25.73±0.92cde	1.19±0.08a	28.84±0.56	4.52±0.04bc
10%叶菌唑2	14.87±0.81bcd	15.60±0.60ab	22.50±5.99abcd	0.7±0.05bcde	30.95±0.44	4.33±0.03c
10%叶菌唑3	14.93±0.59bcd	15.80±0.35abc	22.70±2.51bcd	0.90±0.13b	28.28±0.29	4.79±0.05a
10%叶菌唑4	15.08±0.35cd	16±0.72abc	25.17±1.12bcde	0.63±0.08cde	29.80±0.72	4.53±0.02bc
25%吡唑醚菌酯1	14.70±0.95bcd	16.20±0.20a	27.13±2.04e	0.55±0.13de	29.87±0.35	4.54±0.02bc
25%吡唑醚菌酯2	15.05±1.20bcd	16.13±0.64abc	24.87±1.07bcde	0.62±0.06cde	30.43±0.35	4.71±0.05ab
25%吡唑醚菌酯3	15.33±0.57d	16.53±0.42bc	24.63±0.29bcde	0.87±0.10b	30.42±0.02	4.80±0.52a
25%吡唑醚菌酯4	14.60±0.53bcd	16.20±0.20abc	23.63±2.31bcde	0.75±0.05bcd	30.26±0.75	4.55±0.06bc
25%氰烯菌酯1	14.07±0.59bc	15.87±0.12abc	22.30±0.20abc	0.64±0.04cde	30.18±0.14	4.39±0.03c
25%氰烯菌酯2	14.97±0.15bcd	16.67±0.42c	25.23±0.45bcde	0.63±0.08cde	29.33±0.14	4.58±0.06abc
25%氰烯菌酯3	14.40±0.17bcd	16.20±0.40abc	21.83±1.93abc	0.77±0.20bc	27.19±0.32	4.52±0.02bc
25%氰烯菌酯4	15.03±0.59bcd	16.33±0.42bc	26.37±1.01de	0.53±0.15e	30.18±0.14	4.47±0.04bc
30%丙硫菌唑1	14.03±0.40bc	15.33±0.31abc	22.23±0.06abc	1.24±0.13a	29.02±0.27	4.36±0.05c
30%丙硫菌唑2	14.07±0.50b	16.27±0.81abc	21.57±1.51ab	0.65±0.15cde	28.10±0.04	4.46±0.03bc

(续表)

处理	穗长 (cm)	穗行数	行粒数	秃尖 (cm)	百粒重 (g)	穗粗 (cm)
30%丙硫菌唑3	14.73± 0.57bcd	16.47± 0.61bc	24.57± 1.39bcde	0.82± 0.13bc	30.65± 0.24	4.49± 0.03bc
30%丙硫菌唑4	14.67± 0.25bcd	16.60± 0c	21.04± 2.16ab	0.73± 0.06bcde	29.39± 0.18	4.44± 0.01c

3 结论与讨论

玉米是世界三大作物之一，同时也是重要的粮食作物、饲料作物和工业原料。穗腐病是一种重要的真菌病害，在世界各玉米产区普遍发生，可由多种病原菌引起。国内外学者对不同地区玉米穗腐病的致病菌进行了分离鉴定及致病性测定等研究，迄今已鉴定出40余种真菌可引起玉米穗腐病，这些真菌单独或复合侵染可引起该病害的发生。目前，已报道的病原菌主要包括拟轮枝镰孢菌（*Fusarium vertcillioides*）、禾谷镰孢菌（*F. graminearum*）、青霉菌（*Penicillium sp.*）、曲霉菌（*Aspergillus sp.*）等。在我国引起玉米穗腐的主要致病菌为镰孢菌，且各地的病原组成差异较大，主要以拟轮枝镰孢菌为优势种。

近年来玉米穗腐病的发病范围和发病程度呈上升趋势，一般年份发病率为5%~10%，严重时可达30%~40%。拟轮枝镰孢菌侵染玉米果穗后，不仅造成籽粒腐烂，降低玉米产量，同时病原菌所产生的伏马毒素严重影响着玉米品质，该毒素能够导致马脑白质软化症，猪的肺水肿、胸积水等，大大增加了对人畜的危害，严重者甚至导致死亡。玉米穗腐病可造成严重粮食减产和重大经济损失，尤其是真菌产生的毒素，对人类和其他动物的生命健康构成了严重威胁。由于引起玉米穗腐病的病原种类较多且各地优势菌株差异较大，导致选育抗病品种周期较长且抗性不持久，因此，目前防治玉米穗腐病最有效的方法依然是化学药剂防治，但是同一种化学药剂的长期单一和过量使用，容易产生抗药性，筛选对玉米穗腐病具有良好防效的多种新型杀菌剂意义重大。

目前，玉米穗腐病抗病品种较少，化学防治仍是目前最为有效的防治措施之一，化学防治具有见效快、药效显著等特点，使用杀菌剂可在短期有效控制玉米穗腐病的发生和蔓延，明显降低籽粒中毒素的含量，但目前国内暂未见登记用于玉米穗腐病防治的专用杀菌剂。因此，筛选低毒高效农药对于玉米穗腐病的有效防治变得十分迫切和尤为重要。为了有效地防治玉米穗腐病，本文以拟轮枝镰孢菌为供试菌种，采用菌丝生长速率法测定了 8 种杀菌剂对玉米穗腐病的室内毒力，并在此基础上对抑制毒力较强的 4 种杀菌剂，进行了田间药效试验，筛选出有效防治玉米穗腐病的杀菌剂，为玉米穗腐病的防治提供参考依据。

从试验结果可知，10%叶菌唑、25%吡唑醚菌酯、30%丙硫菌唑和25%氰烯菌酯对引起甘肃省玉米穗腐病的主要病原菌拟轮枝镰刀菌菌丝生长均有较强的抑制作用，进一步的田间药效试验表明，4 种杀菌剂在大田实际应用环境下，对拟轮枝镰孢菌穗腐病均有一定的防治效果，10%叶菌唑田间防效最好，25%氰烯菌酯和25%吡唑醚菌酯防效次之，30%丙硫菌唑田间防效最低。赫丹等（2023）发现叶菌唑可通过脂质过氧化引起的细胞膜损伤和阻碍麦角甾醇生物合成等方式，对轮枝镰刀菌表现出潜在的抗真菌活性，这与试验结果一致。吡唑醚菌酯是一种高活性的新型杀菌剂，郭聪聪等（2015）研究发现吡唑醚菌酯对拟轮枝镰孢菌产生的伏马毒素有一定的抑制作用，而且也能抑制菌株菌丝生长及孢子萌发，但是未明确该种药剂对拟轮生镰孢菌的田间防效。氰烯菌酯是一类2-氰基丙烯酸酯类杀菌剂，是国内创制的专业防治镰刀菌病害的农药，已登记用于小麦赤霉病和水稻恶苗病的防治，而玉米上尚未登记和大量使用，韩庆莉等（2022）的试验结果表明，吡唑醚菌酯与氰烯菌酯混配对镰刀菌的作用效果没有拮抗作用。

综上所述，以上三种药剂对拟轮枝镰孢菌引起的玉米穗腐病均有较好的防治效果，而且对玉米产量构成因素都有一定的正向协调作用，可以在病害发生时交替轮换使用，避免病原菌产生抗药性，吡唑醚菌酯与氰烯菌酯也可以混配施用以提高药效。玉米穗腐病的发生与虫害等多种因素相关，因此防治玉米穗腐病不光要防治病原菌，同时还应防治相关害虫，因此下一步可以筛选一些和这三种药剂联合施用的杀虫剂，提高玉米穗腐病防治效果。

参考文献

柴海燕，贾娇，白雪，等，2023. 吉林省玉米穗腐病致病镰孢菌的鉴定与部分菌株对杀菌剂的敏感性［J］. 中国农业科学 56（1）：64-78.

党晶晶，许文超，王亚楠，等，2017. 6种杀菌剂对玉米穗腐病的防治效果［J］. 河北农业科学，21（4）：44-46.

刁亚梅，倪珏萍，马亚芳，等，2007. 创制杀菌剂氰烯菌酯的应用研究［J］. 植物保护（4）：121-123.

段灿星，王晓鸣，宋凤景，等，2015. 玉米抗穗腐病研究进展［J］. 中国农业科学，48（11）：2152-2164.

鄂文弟，王振华，张立国，等，2006. 玉米瘤黑粉病的研究进展［J］. 玉米科学，14（1）：153-157.

甘吉元，甘国福，2010. 武威市制种玉米瘤黑粉病重发原因及防治措施 [J]. 植物医生，23（6）：7-8.

龚洛，邓佳辉，焦芹，等，2022. 玉米穗腐病防治药剂的室内毒力测定及田间防效 [J]. 植物保护，48（6）：374-381.

苟一丹，陈泰祥，齐杨菊，等，2022. 杀菌剂对甘肃省荞麦主要病原菌的室内毒力测定 [J]. 草业科学，39（3）：562-570.

郭成，王宝宝，杨洋，等，2019. 玉米茎腐病研究进展 [J]. 植物遗传资源学报，20（5）：11-18.

郭聪聪，付萌，庞民好，等，2015. 杀菌剂对玉米穗腐病菌的毒力及毒素产生的影响 [J]. 植物保护学报，42（6）：1036-1043.

郭建国，刘永刚，吕和平，等，2009. 河西玉米瘤黑粉病的化学防治技术 [J]. 江苏农业科学，1（18）：117-118.

郭普，2006. 植保大典 [M]. 北京：中国三峡出版社.

郭玉蓉，陈德蓉，毕阳，等，2005. 硅化物处理对甜瓜白粉病的抑制效果 [J]. 果树学报，22（1）：35-39.

韩庆莉，肖小阳，谢永辉，等，2022. 吡唑醚菌酯与氰烯菌酯混用对3种病原菌的抑制效果 [J]. 西南林业大学学报（自然科学），42（6）：164-168.

郝铠，孟有儒，2009. 玉米黑束病产量损失及品种抗病性鉴定 [J]. 草业科学，26（7）：133-136.

何树文，施秉成，张建朝，等，2014. 28%爱丽欧悬乳种子处理剂防治玉米瘤黑粉病效果试验初报 [J]. 种子科技，4（2）：53-55.

赫丹，徐剑宏，仇剑波，等，2023. 叶菌唑对轮枝镰刀菌的活性及作用机制 [J]. 农药学学报，25 (2)：353-363.

黄剑，吴文君，2004. 利用 EXCEL 快速进行毒力测定中的致死中量计算和卡方检验 [J]. 昆虫知识，41 (6)：594-598.

黄诗涵，徐靖茹，高维达，等，2022. 辽宁省玉米穗腐病致病菌新知镰孢的分离鉴定与生物学特性研究 [J]. 玉米科学 30 (5)：129-133.

李春霞，苏俊，龚士琛，等，2001. 玉米茎腐病接种方法的研究 [J]. 玉米科学，9 (2)：72-74.

李海春，傅俊范，2006. 玉米瘤黑粉病抗病性研究 [J]. 植物保护，32 (3)：57-59.

李清芳，马成仓，尚启亮，2007. 干旱胁迫下硅对玉米光合作用和保护酶的影响 [J]. 应用生态学报，18 (3)：531-536.

李晓丽，李凤岭，臧少先，等，2002. 玉米瘤黑粉病药剂防治研究 [J]. 河北职业技术师范学院学报，16 (2)：12-14.

李佐同，高聚林，王玉凤，等，2011. 硅对 NaCl 胁迫下玉米幼苗生理特性的影响 [J]. 玉米科学，19 (2)：73-76.

林少雯，刘树堂，隋凯强，等，2018. 水分胁迫下硅素对玉米苗期生理生化性状的影响 [J]. 华北农学报，33 (1)：160-167.

芦连勇，宋长江，智萍，2006. 玉米瘤黑粉病的发生规律及防治措施 [J]. 玉米科学，14 (增刊)：128-130.

逯燕腾，李新蕾，邓渊钰，等，2023. 抗氰烯菌酯假禾谷镰孢突变体的诱导及其生物学特性 [J]. 植物保护, 49（2）: 235-242.

马金慧, 杨克泽, 任宝仓, 2017. 不同药剂防治玉米茎基腐病田间药效试验 [J]. 天津农林科技（1）: 9-12.

梅丽艳, 郭梅, 李志勇, 2000. 选择性植物营养制剂对玉米茎基腐病影响的生物测定 [J]. 黑龙江农业科学（5）: 8-10.

孟有儒, 2004. 玉米病害概论 [M]. 兰州: 甘肃科学技术出版社.

孟有儒, 张保善, 1992. 玉米黑束病研究病害症状与病原生理特性的研究 [J]. 云南农业大学学报, 7（1）: 27-32.

宁东峰, 梁永超, 2014. 硅调节植物抗病性的机理: 进展与展望 [J]. 植物营养与肥料学报（5）: 1280-1287.

戚佩坤, 1978. 玉米、高粱、谷子病原手册 [M]. 北京: 科学出版社.

秦子惠, 任旭, 江凯, 等, 2014. 我国玉米穗腐病致病镰孢种群及禾谷镰孢复合种的鉴定 [J]. 植物保护学报, 41（5）: 589-596.

石菁, 张金文, 陆继有, 2010. 玉米瘤黑粉病抗性鉴定技术的评价 [J]. 玉米科学, 18（1）: 131-134.

石永红, 2014. 玉米黑束病的发生与防治 [J]. 现代农业科技（12）: 130-131.

宋淑玲, 李开松, 张东 2007. 硅肥在玉米上的应用试验初探 [J]. 山东农业大学学报（自然科学版）, 38（2）: 216-218.

隋韵涵，肖淑芹，董雪，等，2014. 九种杀菌剂对 *Fusarium verticillioides* 和 *F. graminearum* 毒力及玉米穗腐病的防治效果 [J]. 玉米科学，22（2）：145-149.

孙广宇，宗兆峰，2002. 植物病理学实验技术 [M]. 北京：中国农业出版社.

孙华，丁梦军，张家齐，等，2019. 河北省玉米穗腐病病原菌鉴定及潜在产伏马毒素镰孢菌系统发育分析 [J]. 植物病理学报，49（2）：151-159.

王道海，2016. 硅肥对玉米农艺性状及产量的影响 [J]. 现代化农业（4）：33-34.

王丽培，2010. 硅肥用量及与硅氮配施对夏玉米生长及抗逆性的影响 [D]. 郑州：河南农业大学.

王肇庆，尹淑霞，2014. 外施硅与灌溉方式对草地早熟禾白粉病病情的影响 [J]. 中国农学通报（10）：316-320.

魏国强，2004. 硅提高黄瓜白粉病抗性和耐盐性的生理机制研究 [D]. 杭州：浙江大学.

魏国强，朱祝军，钱琼秋，等. 2004. 硅对黄瓜白粉病抗性的影响及其生理机制 [J]. 植物营养与肥料学报，10（2）：202-205.

吴之涛，杨克泽，马金慧，等，2018. 玉米茎基腐病研究进展 [J]. 安徽农业科学，46（22）：5-7.

武艳菊，宋祥伟，刘振学，2006. 硅肥的研究现状及展望 [J]. 磷肥与复肥，21（3）：56-74.

谢颖，2010. 甘州区玉米瘤黑粉病发生及防治 [J]. 甘肃农业科技（7）：59-60.

谢颖，乔喜红，杨成德，2008. 张掖市玉米瘤黑粉病及锈病发生进程初探［J］. 甘肃农业大学学报（2）：58.

杨艳芳，2003. 硅对小麦白粉病的抗性研究［D］. 南京：南京农业大学.

杨艳芳，梁永超，娄运生，等，2003. 硅对小麦过氧化物酶、超氧化物歧化酶和木质素的影响及与抗白粉病的关系［J］. 中国农业科学，36（7）：813-817.

张爱华，车燕萍，卜锋，等，2022. 10%叶菌唑SC等防治小麦赤霉病、白粉病试验研究［J］. 农业灾害研究，12（10）：155-157.

张博，刘苹，张悦丽，等，2018. 几种生物制剂对小麦根腐病菌的毒力［J］. 麦类作物学报，38（3）：366-371.

张春民，刘玉英，石洁，2005. 玉米瘤黑粉病抗性鉴定技术研究［J］. 玉米科学，13（3）：109-111.

张丹丹，闵营辉，袁虹霞，等，2010. 9种化学药剂对玉米茎腐病菌的毒力测定及田间药效［J］. 河南农业科学，8（14）：89-91.

赵宏儒，张彦萍，张丽清，等，2004. 玉米施用硅肥的肥效初探［J］. 华北农学报，19（21）：29-31.

赵应娟，袁虹霞，2015. 不同杀菌剂对小麦赤霉病菌的毒力测定与田间药效试验［J］. 河南科学，33（6）：938-941.

郑安可，路妍，黄家英，等，2023. 9种植物源杀菌剂对向日葵锈病的防效分析［J］. 中国油料作物学报，45（3）：623-628.

周青，潘国庆，施作家，等，2002. 玉米施用硅肥的增产效果及其对群体质量的影响 [J]. 玉米科学, 10 (1): 81-83, 94.

周肇蕙, 韩闽毅, 严进, 1987. 玉米黑束病的初步研究 [J]. 植物病理学报, 17 (2): 84-88.

DATNOFF L E, DEREN C W, SNYDER G H, 1997. Silicon fertilization fordisease management of rice in Florida [J]. Crop Protection, 16: 525-531.

DATNOFF L E, SNYDER G H, R AID R N, et al., 1991. Effect of calcium silicate on blast and brown spot intensities and yields of rice [J]. Plant Disease, 75: 729-732.

GUO C, WANG B B, YANG Y, et al., 2019. Advances in Studies of Maize Stalk Rot [J]. Journal of Plant Genetic Resources, 20 (5): 11-18.

HUANG J, WU WJ, 2004. Calculation of median lethal dose and chi-square test in virulence determination using EXCEL [J]. Insect knowledge, 416: 594-598.

KIM S G, KIM K W, PARK E W, et al., 2002. Silicon-Induced Cell Wall Fortification of Rice Leaves: A Possible Cellular Mechanism of Enhanced Host Resistance to Blast [J]. Phytopathology, 92 (10): 1095-1103.

KIM Y, KHAN A L, KIM D, et al., 2014. Silicon mitigates heavy metal stress by regulating P-type heavy metal ATPases, Oryza sativa low silicon genes, and endogenous phytohormones [J]. BMC Plant Biology, 14 (1): 13.

LESLIE J F, ZELLER K A, LAMPRECHT S C, et al.,

2005. Toxicity, pathogenicity, and genetic differentiation of five species of fusarium from sorghum and millet. [J]. Phytopathology95 (3): 83-275.

LING C X, SU J, GONG S S, et al., 2001. Study on the method of inoculation of maize stem rot [J]. Journal of Maize Sciences, 9 (2): 72-74.

MAEKAWA K, WATANABE K, AINO M, et al., 2001. Suppression of rice seedling blast with some silicic acid materials in nursery box [J] Soil Science and Plant Nutrition, 72: 56-62.

PIENAAR J G, KELLERMAN T S, MARASAS W F, 1981. Field outbreaks of leukoencephalomalacia in horses consuming maize infected by *Fusarium verticillioides* (*F. moniliforme*) in South Africa. [J]. Journal of the South African Veterinary Association, 52 (1): 4-21.

MEI L Y, GUO M, LI Z Y, 2000. Bioassay of the effect of selective plant nutrition on Corn Stalk Rot [J]. Agricultural Sciences of Heilongjiang, 5: 8-10.

MENZIES J G, BOWEN P, EHRET D L, et al., 1992. Foliar Applications of Potassium Silicate Reduce Severity of Powdery Mildew on Cucumber, Muskmelon, and Zucchini Squash [J]. Journal of The American Society for Horticultural Science, 117 (6): 902-905.

NING D F, LIANG Y C, 2014. Progress and prospect of the mechanism of Silicon Plant Disease Resistance [J], Journal of Plant Nutrition and fertilizer (5): 1280-1287.

SEEBOLD K W, KUCHAREK T A, DATNOFF L E et al., 2001. The influence of silicon on components of resistance to blast in susceptible, partially resistant, and resistant cultivars of rice [J], Phytochemist, 91: 63-69.

TM WILSON, PF ROSS, LG RICE, et al., 1990. Fumonisin B1 levels associated with an epizootic of equine leukoencephalomalacia. [J]. Journal of Veterinary Diagnostic Investigation: Official Publication of the American Association of Veterinary Laboratory Diagnosticians, 2 (3): 6-213.

WANG H Q, YIN S X, 2014. Effects of external application of silicon fertilizer and irrigation methods on powdery mildew of Poa pratensis [J]. Bulletin of Chinese agronomy, 10: 316-320.

ZHANG B, LIU P, ZHANG Y L, et. al., 2018. Virulence of several biological agents to wheat root rot [J]. Journal of Wheat Crops, 383: 366-371.

ZHANG D D, YAN Y H, YUAN HX, LIU C Y, 2010. Toxicity determination and field efficacy of 9 chemicals against Corn Stalk Rot Pathogen [J]. Henan Agricultural Sciences, 8014: 89-91.

ZHAO Y J, YUAN H X, 2015. Toxicity of different fungicides to Fusarium Graminearum F. Sp. TRITICI and their efficacy in field trial [J]. Henan Science, 3306: 938-941.

附 录

附件1 青贮玉米品质分级
（摘自 GB/T 25882—2010）

1 范围

本标准规定了青贮玉米品质指标、品质分级及测定方法。本标准适用于对青贮玉米品质的评价和分级。

2 规范性引用文件

下列文件中的条款通过本标准的引用而成为本标准的条款。凡是标注日期的引用文件，其随后所有的修改单（不包括勘误的内容）或修订版均不适用于本标准，然而，鼓励根据本标准达成协议的各方研究是否可使用这些文件的最新版本。凡是不注日期的引用文件，其最新版本适用于本标准。

GB/T 6432 饲料中粗蛋白测定方法

GB/T 20194 饲料中淀粉含量的测定旋光法

GB/T 20806 饲料中中性洗涤纤维（NDF）的测定

NY/T 1209 农作物品种试验技术规程 玉米

NY/T 1459 饲料中酸性洗涤纤维的测定

3 术语和定义

下列术语和定义适用于本标准。

3.1 青贮玉米 silage maize

在玉米乳熟后期至蜡熟期间,收获包括果穗在内的地上部植株,作为青贮饲料原料的玉米。

4 技术要求

4.1 感官要求

植株较高,叶量较多,持绿性好,无明显倒伏,无明显大斑病、小斑病、黑粉病、丝黑穗病、锈病等病害症状。

4.2 水分含量

水分含量为 60%~80%。

4.3 品质分级

青贮玉米品质分级及指标应符合表 1 的规定。

表 1 青贮玉米品质分级指标

等级	中性洗涤纤维（%）	酸性洗涤纤维（%）	淀粉（%）	粗蛋白（%）
一级	≤45	≤23	≥25	≥7
二级	≤50	≤26	≥20	≥7
三级	≤55	≤29	≥15	≥7

注：粗蛋白、淀粉、中性洗涤纤维和酸性洗涤纤维为干物质（60℃温度下烘干）中的含量。

5 测定方法

5.1 取样方法

青贮玉米分析样品取样,按照 NY/T 1209 的规定执行。

5.2 水分含量

按照 NY/T 1209 的规定执行。

5.3 粗蛋白含量

按照 GB/T 6432 的规定执行。

5.4 中性洗涤纤维含量

按照 GB/T20806 的规定执行。

5.5 酸性洗涤纤维含量

按照 NY/T 1459 的规定执行。

5.6 淀粉含量

按照 GB/T 20194 的规定执行。

5.7 卫生标准

卫生指标按照相关国家标准的规定执行。

6 品质综合判定

中性洗涤纤维、酸性洗涤纤维、淀粉和粗蛋白四项指标中单项最低的等级。

三级以下的青贮玉米品质判定为等外。

附件2 青贮玉米病虫害绿色生态防控技术

1 术语和定义

下列术语和定义适用于本标准。

1.1 青贮玉米

青贮玉米，是把包括玉米穗在内的玉米植株全部收割下来经过切碎、加工后用发酵的方法制作成青贮饲料的玉米。

1.2 玉米病害

指玉米在生物或非生物因子的影响下，发生一系列形态、生理和生化上的病理变化，阻碍了正常生长和发育的进程，造成产量的损失和品质的下降，影响玉米经济效益的现象。玉米主要病害包括茎基腐病、丝黑穗病、瘤黑粉病、穗腐病、大斑病、普通锈病、矮花叶病、顶腐病、细菌性叶斑病。

1.3 玉米虫害

为害玉米的昆虫和螨类等称为玉米害虫，由它们引起玉米伤害称为玉米虫害。玉米虫害包括地上害虫和地下害虫，地上害虫主要有棉铃虫、玉米螟、蚜虫、红蜘蛛；地下害虫主要有地老虎、金针虫和蛴螬。

1.4 种子包衣

种子包衣是指利用黏着剂或成膜剂，用特定的种子包衣机，将杀菌剂、杀虫剂、微肥、植物生长调节剂、着色剂或填充剂等非种子材料，包裹在种子外面，以达到种子成球形或者基本保持原有形状，提高抗逆性、抗病性，加快发芽，促进成苗，增加产量，提高质量的一项种子技术。

1.5 农业防治

指通过选用抗病虫品种、适期播种、合理轮作和倒茬、合理施肥和密植等来防治玉米病虫害的方法和措施。

1.6 物理防治

指利用光、热、比重等物理学原理和一些简单机械来防治玉米病虫害的方法和措施。

1.7 生物防治

指利用自然界有益生物来控制或抑制玉米病虫害的方法和措施。

1.8 化学防治

指利用化学药剂来防治玉米病虫害的方法和措施。

1.9 施药器械

施药器械主要包括静电喷雾器、电动喷雾器、高杆喷雾机和植保无人机等。

1.10 防治原则

按照"预防为主,综合防治"的植保方针,结合生产实际和多年生产实践,以现有的防治理论及新的无公害农药、生物农药、植物免疫技术、植物刺激素、植物有益元素等使用技术相结合,提出"植物健康护理技术",达到生产绿色农产品的目的,以提高玉米的抗性,提高玉米的产量和质量,来减少农药的使用量和使用次数,达到减量控害的目的,生产优质无公害的绿色农产品。

1.11 防治时期

根据病害种类,结合天气条件和品种的抗病性,于病虫害发生初期及时用药,或根据品种特性及区域病虫害发生特点,因地制宜,使用本技术规程提前预防青贮玉米病虫害。

2 绿色防控技术

2.1 农业措施

2.1.1 田间管理

秋收后及时组织农户清除田间病残体,集中深埋或做沤肥处理,或使用大型拖拉机带犁具对土壤进行深耕,耕翻深度25~30cm,深耕后晒垡,使土壤在日光和寒冬下暴露、冻结,杀死其中的越冬病菌、虫卵,以减少越冬病源及虫源;田间杂草是地老虎成虫产卵的主要场所,也是幼虫转移到玉米幼苗上的主要途径,铲除杂草能有效压低虫口基数,或杂草返青后,用选择性杀虫剂喷施地埂及周边草滩,杀灭越冬虫源,注意要保护天敌。

2.1.2 科学施肥

根据青贮玉米基地土壤肥力情况结合配方施肥及玉米需肥规律,提倡有机肥、化肥并重,平衡施肥,玉米大喇叭口期是玉米施肥的关键时期，施肥量约占施肥总量的60%，以氮肥为主，适当补施钾肥，增施钙肥和锌肥等中微量元素肥料，使玉米健康生长。

2.1.3 选择品种

注意隔离并选择抗病、抗虫、优质的青贮玉米品种。

2.2 物理防治

2.2.1 温汤浸种

种子播种前晒种1~2d，同时进行选种，选择大小整齐一致的种子，并剔除霉粒、破粒和非本品种籽粒。并用温汤（即55~58℃温水）浸种，水面高出种子8cm，要不断搅拌，防止局部受热烫伤种胚。充分搅拌后盖秸秆做成的透气盖子等，使其自然吸水降温，浸种6~8h可杀灭种子表面的病菌及虫卵。

2.2.2 人工捕杀

在害虫个体较大而虫量较少且发生面积较小时，可进行人工捕捉。如地老虎幼虫长至4~5龄时开始为害，每天早晨检查玉米幼苗，发现被害植株时，扒开附近表土，即可找到害虫。

2.2.3 设施保护

夏季使用遮阳防虫网，具有遮阳、降温、防雨、防虫、抑菌、增产、提升品质等作用，在保护地栽培中应用非常广泛，能有效控制病虫害的发生。例如在棚室的通风口、入口等处用40目防虫网封盖，可有效防止蚜虫、飞虱等害虫进入棚室为害。

2.2.4 杀虫灯诱杀

田间悬挂频振式杀虫灯（间距80~120m）诱杀玉米螟、棉铃虫、地老虎等鳞翅目及蛴螬、金针虫等鞘翅目成虫，减少产卵量，降低虫口密度。具体悬挂时间在玉米大喇叭口初期，是越冬代成虫交配产卵期。直到2代玉米螟、棉铃虫产卵期结束。

2.2.5 黄板诱杀

利用蚜虫、蓟马和白粉虱等个体较小害虫对黄色有趋性的特性，每亩挂 20～25 块涂上黏液或蜜液的黄色黏虫板（25cm×40cm），挂放高度以高于生长期玉米植株端 30cm 左右为宜，可诱杀有翅蚜虫、白粉虱、蓟马等害虫的成虫。同时观察黏虫板上虫体数量等情况，并及时更换黏虫板。

2.3 生物防治

2.3.1 性诱剂的利用

根据玉米螟对性诱剂有较强烈反应，可用人工合成的玉米螟性信息素诱芯（含量 100～400μg）或直接从雌虫腹部提取性信息物制成诱芯，在田间诱杀雄虫，降低雌虫交配率和繁殖系数。每亩挂放 1 个玉米螟性诱捕器即可，大约 30d 更换 1 次诱芯。

2.3.2 利用天敌资源

赤眼蜂在防治玉米螟方面有很重要的作用。赤眼蜂寄生于玉米螟卵中，使卵不能正常孵化，或孵化后的幼虫不能正常生长。可在玉米螟产卵的始期、盛期、末期分别释放赤眼蜂，于上午释放，每亩 1 万～3 万头，设 2～4 个放蜂点，卵卡高度距地面 1m 为宜，选中上部较宽叶片，将靠近茎部往下的叶片卷起呈筒状，将蜂卡塞入筒内，用细棍（牙签、别针等）连同叶片别住，但口要上举而不要下垂，防止雨水流入。

2.4 健康护理

2.4.1 种子包衣技术

种子包衣是防治玉米苗枯病、根腐病、瘤黑粉病、丝黑穗、金针虫和蛴螬等病虫害绿色防控的主要手段。包衣配方为，100kg 种子净用量：

(1) 病虫害较重或抗性较差的品种组合：药品及用量：32.5%苯甲·嘧菌酯（阿米妙收）22.4g/100kg 种子+40%溴酰·噻虫嗪（福亮）150g/100kg 种子+0.136%赤·吲乙·芸薹 12g/100kg 种子+5g 成膜剂/100kg 种子+警戒色适量。主要防治苗枯病、根腐病、丝黑穗病等病害，并有效控制玉米地下、地表和地上多种害虫如蓟马、蛴螬和地老虎等，并能够提高玉米出苗率。

(2) 抗性相对较高的品种：3%苯醚甲环唑（敌委丹）9g/100kg 种子+40%溴酰·噻虫嗪（福亮）150g/100kg 种子+0.136%赤·吲乙·芸薹 12g/100kg 种子。

(3) 玉米瘤黑粉病、丝黑穗病感病品种：3%苯醚甲环唑（敌委丹）9g/100kg 种子+24%噻呋酰胺（稻康瑞）144g/100kg 种子+40%溴酰·噻虫嗪（福亮）150g/100kg 种子+0.136%赤·吲乙·芸薹 12g/100kg 种子。

2.4.2 雌穗分化期喷雾

玉米雌穗分化期（8~10 叶期）：叶面喷施"途保康（佳）"及"爱沃富"各 20~30mL 以及 32.5%苯甲·嘧菌酯（阿米妙收）20mL，提高雌穗的分化整齐度，以提高玉米前期抗逆性及抗病性，减少叶面农药使用 1 次。

2.4.3 大喇叭口末期（吐丝初期）叶面喷雾

大喇叭口末期（吐丝初期）：叶面喷施 0.136%赤·吲乙·芸薹 3~6g、"途保佳"40mL、25%噻虫嗪（阿克泰）5g、30%苯甲·丙环唑乳油 20mL 阿维·氯苯（亮泰）40mL，提高光合效率及抗逆性，并防治玉米锈病、叶斑病、茎基腐病，促进玉米穗发育及提高授粉质量，减少秃尖的发生，当锈病较重时亩用苯甲·嘧菌酯（阿米妙收）20mL+噻呋酰胺（稻康瑞）20mL 叶面喷雾。

2.4.4 灌浆初期防治

玉米完成授粉后很快转入籽粒灌浆期，其间玉米茎基腐病、玉米穗粒腐病处于侵染初期，叶斑类病进入发病高峰期，气温的升高也有利于红蜘蛛快速繁殖，是病虫害高发时期；植株抗性下降，也有利于病害的蔓延，是防治病虫害关键时期。防治上采用广谱性杀菌剂、杀虫剂，结合使用植物刺激素，叶面补充中微量元素，以提高玉米叶片的光合作用，并稳定提高植株的抗性，保障玉米的健壮生长。32.5%苯甲·嘧菌酯（阿米妙收）悬浮剂1 500倍液+可溶性硅（途保康）500倍液+助剂（安融乐、有机硅）叶面喷雾，或250g/L吡唑嘧菌酯乳油2 000倍液+可溶性硅（途保康）500倍液+助剂（安融乐、有机硅）叶面喷雾。红蜘蛛可进行点片防治，用1.8%阿维菌素乳油2 000倍液+73%炔螨特2 500倍液+助剂（有机硅）叶面均匀喷雾。

附件3 青贮玉米病害中英文名称及病原物学名

病害中文名称	病害英文名称	病原物拉丁文或英文名
玉米普通锈病	Common rust	*Pucciniasorghi* Schw.
玉米南方锈病	Southern corn rust	*Puccinia polysora* Underw.
玉米大斑病	Northern corn leaf blight	*Exserohilum turcicum*（Pass.）Leonard et Suggs
玉米小斑病	Sorthern corn leaf blight	*Cochliobolus heterstrophus*（Drechsler）Drechsler

(续表)

病害中文名称	病害英文名称	病原物拉丁文或英文名
玉米灰斑病	Gray leaf spot	*Mycosphaerella* Johns; *Cercospora zeae-maydis* Tehon &Daniels; *Cercospora zeina* Crous & Braun; *Cercospora sorghi* var. *maydis* Ellis & Everh.
玉米腐霉茎腐病	Pythium stalk rot	*Pythium aphanidermatum* Matthews; *Pythium graminicola* Subramaniam; *aphanidermatum* (Edson) Fitzpatrick
玉米镰孢茎腐病	Gibberella stalk rot	*Fusarium graminearum* Schwabe; *Gibberella zeae* (Schw.) Patch
玉米拟轮枝镰孢穗腐病	Fusarium ear rot/Pink ear rot	*Fusarium verticillioides* (Sacc.) Nirenberg; *Gibberella fujikuroi* (Sawada) Wollenw.
玉米禾谷镰孢穗腐病	Gibberella ear rot/ Red ear rot	*Fusarium graminearum*
玉米木霉穗腐病	Trichoderma ear rot	*Trichoderma viride* Pers. ex Fries; *Trichoderma harzianum* Rifai
玉米曲霉穗腐病	Aspergillus ear rot	*Aspergillus flavus* Link: Fr.; *Aspergillus niger* Tiegh
玉米青霉穗腐病	Penicillium ear rot / Blue eye	*Penicilliumoxalicum* Currie et Thom; *Penicillium chrysogenum* Thom; *Penicillium* (Link) Thom; *Talaromyces radicus* (A. D. Hocking &Whitelaw) Samsin, Yilmaz, Frisvad & Seifert
玉米瘤黑粉病	Common smut	*Mycosarcoma maydis* (DC.) Brefeld
玉米丝黑穗病	Head smut	*Sporisorium reilianum* (Kühn) Langdon et Full. f. sp. zeae
玉米鞘腐病	Corn sheath rot	*Fusariumproliferatum* (Mats.) Nirenberg
玉米黑束病	Black bundle disease	*Sarocladium strictum* (W. Gams) Summerbell
玉米弯孢霉叶斑病	Curvularia leaf spot	*Curvularia lunata* (Wakker) Boedijn; *Cochliobolus lunatus* Nelson et Haasis

(续表)

病害中文名称	病害英文名称	病原物拉丁文或英文名
玉米白斑病	Maize White Spot	*Pantoea ananatis*
玉米圆斑病	Northern corn leaf spot	*Bipolaris zeicola*（G. L. Stout）Shoemaker; *Cochliobolus carbonum* Nelson
玉米北方炭疽病	Eyespot	*Kabatiella zeae* Narita et Hiratsuka
玉米疯顶病	Crazy top downy mildew	*Sclerophthora macrospora*（Sacc.）Thirum. haw et Naras.
玉米纹枯病	Banded leaf and sheath blight	*Rhizoctoniasolani* Kühn; *Thanatephorus cucumeris*（Frank）Donk; *Rhizoctonia cerealis* Van der Hoeven; *Ceratobasidium cereale* Murray et Burpee; *Rhizoctonia zeae* Voorhees; *Waitea circinata* Warcup et Talbot
玉米细菌性顶腐病	Bacterial top rot	*Klebsiellapeneumoniae*（Schroeter, 1886）Trevisan, 1887; *Pseudomonas aeruginosa*（Schroeter, 1872）Migula, 1900; *Sphingmonas* sp.; *Serratia marcescens* Bizio, 1819
玉米细菌性茎腐病	Bacterial stalk rot	*Dickeya zeae* Samson et al.
玉米细菌干茎腐病	Bacterial dry stalk rot	*Pantoea agglomerans*（Ewing and Fife, 1972）Gavini, Mergaert, Beji, Mielcarek, Izard, Kersters&De Ley, 1989
玉米粗缩病	Maize Rough Dwarf Disease, MRDD	*Rice black - streaked dwarf virus*; *Southern rice black-streaked dwarf virus*; *Maize rough dwarf virus*
玉米矮花叶病	Maize dwarf mosaic	*Maize dwarf mosaic virus*; *Sugarcane mosaic virus*; *Penniserun mosaic virus*